S.F.
V.

Golo Mann
Marcel Reich-Ranicki
Enthusiasten der Literatur

Ein Briefwechsel

Aufsätze und Portraits

Herausgegeben von
Volker Hage

S. Fischer

Der S. Fischer Verlag dankt für die
freundliche Genehmigung zur Aufnahme dieser Texte
Satz: Fotosatz Otto Gutfreund GmbH, Darmstadt
Druck und Bindung: Clausen & Bosse, Leck
Printed in Germany
ISBN 3-10-062813-6

Inhalt

Vorwort

Angelus Gottfried Thomas Mann, genannt Golo, war durchaus nicht der vom Vater gering geschätzte Sohn, schon gar nicht als Erwachsener. Der Schriftsteller Thomas Mann, der Übermächtige, hatte freilich für den Knaben bloß einige distanzierte, indes mehr belustigte als wirklich abfällige Wendungen im ›Tagebuch‹ übrig. So etwa am Tag seines eigenen 44. Geburtstags (6. Juni 1919), der Junge war damals zehn – Anlaß dazu gab ein familiäres Ratespiel daheim: »Golo hatte nach allgemeiner Überzeugung an der Thür gehorcht; er verriet sich durch merklich erheuchelte Combinationen. Seine Falschheit sehr komisch.«

Spätestens im Jahr 1933 war der zweitgeborene Sohn, frisch bei Karl Jaspers promoviert (er hatte Philosophie und Geschichte studiert), neben Ehefrau Katia und Tochter Erika zum wichtigsten Gesprächspartner im Schweizer Exil avanciert – wobei Thomas Mann sich allerdings noch im September des Jahres darüber »erregt und verstimmt« zeigen konnte, daß auch Golo »eine Äußerung von mir gegen das Hitler-Deutschland« herbeisehne. Doch schon bald häufen sich Eintragungen wie diese: »Mit ihm manches über die Politik.«

Offenbar war der »gute Golo« auch als Anreger, Zuhörer und Beiträger, was die Mannsche Produktion anlangt, gern willkommen. So diktierte der Vater 1936 »nach einem Entwurf Golos« einen angeforderten »Beitrag über den Frieden«, und später setzte der Dichter einfach seinen Namen unter vom Sohn Verfaßtes, wie 1949 unter eine Buchkritik für die *New York Times* – die hundert Dollar Honorar reichte er brav weiter: »Übergab Golo dankbar den Check. Freute sich sehr.«

Und doch: an tieferen Signalen der Herzlichkeit von seiten

des Vaters mangelte es in all den Jahren, im Tagebuch und wohl auch sonst. Thomas Mann mag die nach dem Zweiten Weltkrieg wachsende Rivalität der Geschwister Erika und Golo bedauert haben – ein wenig dürfte er sich auch in der Gewißheit gesonnt haben, daß dabei nicht zuletzt um seine Gunst gestritten wurde. Als die Tochter sich im September 1949 über die »völlige Herzlosigkeit« des Bruders beklagte, widersprach die Mutter Katia – »mit Recht«, wie der Vater zwar notierte, um dann jedoch etwas wenig Schmeichelhaftes über den Sohn folgen zu lassen: »Ich verberge mir etwas Defekthaftes auch in diesem respektablen Falle natürlich nicht.«

Für Golo Mann war es zeitlebens schwer, aus dem Schatten des bewunderten Vaters herauszutreten. Das war ihm selbst nur zu bewußt. Und so nahm er es dem Kritiker Marcel Reich-Ranicki keineswegs übel, als der 1986 in einer Rezension zu Golo Manns Jugend-Autobiographie gleich eingangs davon sprach, der Sohn habe sich nur »mit oder gegen, doch nicht ohne Thomas Mann entfalten können«. Im Gegenteil: Golo Mann fuhr fort, in den Briefwechsel mit Reich-Ranicki höchst aufschlußreiche Details aus dem Mannschen Familienkosmos einzustreuen – und bisweilen mit einer Offenheit über das Verhältnis zum eigenen Vater zu reden, die einem fast den Atem verschlägt.

Nach 1933 habe sich die Beziehung zwischen dem Familienoberhaupt und ihm »entschieden zum Guten« verändert, schrieb er 1988 in einem Brief, und dann weiter: »Schlimm stand es zwischen meinem zehnten und meinem zwanzigsten Jahr und davon blieb natürlich immer irgend etwas hängen. Unvermeidlich mußte ich seinen Tod wünschen; war aber während seines Sterbens und danach völlig gebrochen; es dauerte Monate, bis ich mich einigermaßen von diesem Verlust erholte.«

Die hier bis auf wenige (offenbar verlorengegangene)

Briefe vollständig vorgelegte Korrespondenz zwischen dem Historiker und dem Kritiker, der von 1973 bis 1988 den Literaturteil der *Frankfurter Allgemeinen Zeitung* leitete, ist gewiß zuallererst unter dem Aspekt aufschlußreich, einen einzigartigen Einblick in die inneren Verhältnisse der Familie Mann zu gewähren – zugleich aber zeigt sie den Historiker Golo Mann auch als begeisterten Literaturkenner und -liebhaber. Genauer gesagt: Der Briefwechsel bietet das Doppelportrait zweier solcher Enthusiasten der Literatur. Denn so forsch sich Marcel Reich-Ranicki in seiner diktierten Büropost auch gibt (»nur ganz kurz, um Sie nicht mit ausführlichen Briefen zu langweilen«), spürbar wird selbst noch in den knappsten Briefen das Verlangen, sich mit einem Gleichgesinnten über Autoren und Bücher auszutauschen.

Nur auf den ersten Blick handelt es sich bei diesem Briefwechsel um reine Geschäftspost. Schnell, eigentlich von den ersten Kontaktversuchen an, wird in den Briefen Reich-Ranickis der Ton des Werbens spürbar und auf der Gegenseite die Bereitschaft, sich umwerben und in ein Gespräch ziehen zu lassen. Grundlage dafür zweifellos: die auf beiden Seiten vorhandene Wertschätzung des Werks von Thomas Mann, das gemeinsame Interesse an dessen Leben und Wirken. Zugleich aber auch Reich-Ranickis beharrliche und glaubwürdige Verehrung des Historikers und Schriftstellers Golo Mann – hier war nicht allein und wieder nur der Sohn gefragt, sondern eben auch er selbst als Autor.

Die Korrespondenz ist ein Lehrbeispiel dafür, wie ein eifriger Redakteur einem vielbeschäftigten Autor doch immer wieder etwas abringen kann – zumal wenn aufrichtige Zuneigung und Zuwendung im Spiel sind. Ohne Reich-Ranickis Ermunterung und Anfeuerung wäre das meiste davon mit großer Wahrscheinlichkeit nicht entstanden. Und so sind die im Anhang zum Briefwechsel abgedruckten Arbeiten Golo Manns für die *FAZ* nicht bloße Zugabe (zum Teil hier erstmals in Buchform), sondern beides zusammen zeigt erst das ganze Spektrum dieser Zusammenarbeit. Aus demselben Grund sind auch jene Briefe und Grüße nicht ausgelassen worden, die der Routine zwischen Redakteur und Mitarbeiter entsprangen – ein solcher Briefverkehr besteht nicht nur aus Highlights.

Wenn man sich fragt, wer von den Autoren des Mann-Clans eigentlich dem Kritiker Reich-Ranicki in seinen Vorlieben, Einstellungen und Überzeugungen am nächsten steht, so muß die Antwort nach der Lektüre dieser Briefe und auch der hier ebenfalls wieder abgedruckten Artikel Reich-Ranickis lauten: eindeutig Golo, jener Mann-Sohn, der dem Vater bewußt nicht ins literarische Fach gefolgt war, sondern sich der Erzählkunst als Historiograph und belesener Kenner genähert hatte – übrigens immer wieder auch der Lyrik: über sie wußte er mit größter Kompetenz und Farbigkeit zu schreiben.

Golo Mann hatte sich zudem im Laufe seines Lebens jene Souveränität in geistigen Dingen erworben, die ihm klare politische Urteile erlaubte – nicht zuletzt auch über die beiden Großen der Familie, die Gebrüder Thomas und Heinrich Mann, die er als »die zwei unwissenden Magier« ansah: »Unwissend, weil schlecht informiert, weil wirklichkeitsfern.« So stand es 1974 im ersten für Reich-Ranicki geschriebenen Beitrag, aus Anlaß einer Neuausgabe von Heinrich Manns Memoiren ›Ein Zeitalter wird besichtigt‹.

Derlei deutliche Worte waren Reich-Ranickis Sache – da erkannte er auch etwas vom eigenen Temperament wieder. Jahre später nahm er den auszugsweisen Vorabdruck von Golo Manns eigenen Erinnerungen – er lief im März 1986 in der *FAZ* an – zum Anlaß, den originellen Kopf und inzwischen einigermaßen regelmäßigen Mitarbeiter öffentlich zu preisen. Dieses Buch zeuge »vom Reichtum und von der Freiheit der Beobachtung und von der Unabhängigkeit des

Urteils«, es triumphiere »des Autors ausgeprägter Sinn für das Anschauliche und das Anekdotische, für das Pointierte und das Aphoristische«. Und als die ›Erinnerungen und Gedanken‹ dann als Buch erschienen, setzte der Lobredner in einer umfangreichen Besprechung noch einmal nach: »Man braucht bei uns glücklicherweise nicht viel Mut, um den Mächtigen zu widersprechen. Golo Mann indes hat immer wieder gewagt, was in unserer Gesellschaft ungleich riskanter ist – nämlich Ansichten zu äußern, die der Mode und dem Zeitgeist zuwiderlaufen.«

Der Kritiker und der Historiker lernten einander 1970 in Hamburg persönlich kennen, wo Reich-Ranicki damals noch als ständiger Mitarbeiter der *Zeit* lebte. Lediglich ein kurzer brieflicher Kontakt war dem drei Jahre zuvor vorausgegangen: Reich-Ranicki hatte Golo Mann – neben vielen anderen – zur Mitarbeit an einem Band über Heinrich Böll eingeladen, der Befragte formvollendet abgelehnt. Zu Beginn des Jahres 1974 unternahm der nunmehr frischgebackene und ehrgeizige Literaturchef der *FAZ* einen neuen Anlauf und erhielt eine abwartend zustimmende Antwort. Zögerlich war der Umworbene, neben der von ihm auch später immer wieder ins Feld geführten Arbeitsüberlastung, vor allem aus Sorge um das berufliche Schicksal von Reich-Ranickis Amtsvorgänger Karl Heinz Bohrer, des heutigen *Merkur*-Herausgebers, der damals seinen Posten räumen mußte – freilich nicht entlassen wurde, wie Golo Mann offenbar annahm, sondern noch längere Zeit als London-Korrespondent für die *FAZ* arbeitete.

Auch das mag etwas Verbindendes zwischen dem Historiker Mann und dem Literaturkritiker Reich-Ranicki gewesen sein: Beide begannen ihre eigentliche Karriere erst spät. Der eine war immerhin schon 49 Jahre alt, als er – lange nach dem Tod des Vaters – mit einem wichtigen Buch erstmals in Erscheinung trat (1958 mit seiner ›Deutschen Geschichte des

19. und 20. Jahrhunderts‹), der andere war 53, als er 1973 in Frankfurt am Main den verheißungsvollen Posten des verantwortlichen Literaturredakteurs der *FAZ* übernahm.

Nach den leichten Startschwierigkeiten kam die Zusammenarbeit jedenfalls recht flott in Gang. Gleich der erste Vorschlag Reich-Ranickis traf ins Schwarze, eben das Angebot, über Heinrich Manns ›Zeitalter‹ zu schreiben. »Die Gelegenheit, einmal etwas Bewunderndes über den Onkel zu sagen, nehme ich gern wahr«, antwortete der 65jährige Golo Mann im Mai 1974 postwendend. Zwar mußte aus Frankfurt noch ein wenig gedrängelt werden, doch im September kam tatsächlich das umfangreiche Manuskript aus Kilchberg am Zürichsee – und schon diese erste Lieferung ließ den Redakteur frohlocken.

Das führte im übrigen zu einem der Dokumentation dieser Korrespondenz wenig dienlichen Nebeneffekt: Reich-Ranicki nämlich griff zum Telefonhörer und dankte dem neuen Mitarbeiter, ohne die geringste schriftliche Spur zu hinterlassen. Das kam auch später immer wieder vor, und nur in den seltensten Fällen dürfte sich ein Echo davon in der Korrespondenz finden (ein Briefanfang Golo Manns lautete: »Nach unserem Telephongespräch«).

Und gleich das folgende Angebot aus Frankfurt war wieder ein Treffer: die Anfrage nämlich, ob der neue Mitarbeiter sich vorstellen könne, einmal eine Lyrikinterpretation für die *FAZ*-Kolumne »Frankfurter Anthologie« beizusteuern. Das wurde in der Schweiz als »reizende« Idee empfunden, und tatsächlich lieferte Golo Mann bis 1988 eine ganze Reihe origineller und liebevoller Gedichtanalysen (sie sind im Anhang enthalten). Bisweilen hat ein Redakteur auch einfach Glück mit dem Augenblick der Anfrage: Ende 1974, als Reich-Ranicki seine Idee vorbrachte, fühlte sich der empfindsame Autor gerade vom Feuilleton der *Süddeutschen Zeitung* verprellt, jener Kulturredaktion, der er sich ebenfalls verbunden fühlte – eine Kritik gegen ihn im Blatt ließ sich nicht mit seiner Vorstellung von Fairneß und »Dezenz« vereinbaren.

Schon im Jahr darauf gelang es erstmals, ihm etwas über den Vater für die Zeitung zu entlocken: Zu einer Umfrage aus Anlaß von Thomas Manns 100. Geburtstag, an der sich insgesamt 18 Autoren beteiligten, steuerte der Sohn ebenfalls etwas bei. Die Frage lautete schlicht und einfach: »Was bedeutet Ihnen Thomas Mann, was verdanken Sie ihm?« – und schon der erste Satz der Antwort war so bezeichnend wie verlockend: »Ich versuche so zu tun, als hätte ich diesen Autor nie gekannt.« Als Reich-Ranicki zehn Jahre später, 1985, einigen der Beteiligten dieselbe Frage noch einmal vorlegte, entzog sich der Sohn wiederum nicht, doch dieses Mal war der Ton deutlich persönlicher, und an einer Stelle brach sich sogar helle Begeisterung über den Vater Bahn. Golo Mann hatte gerade im dritten Band des ›Joseph‹-Romans den ›Bericht von Mont-kaws bescheidenem Sterben‹ erneut gelesen und schrieb nun: »Da sprechen dann die Kritiker, die Herren Germanisten, von dem kühlen, selbstischen Ironiker! Ach du großer Gott! Wie schön ist das, wie tief und reich an Menschenkenntnis, Menschenfreundschaft ...«

Was der Sohn freilich hier nicht erwähnte, das war die Thomas Manns ›Tagebuch‹ zu entnehmende Tatsache, daß Golo Mann den Vater einst genau dieses Kapitel selbst hatte vortragen hören – und zwar zusammen mit der Mutter als privilegiertem Publikum (Eintrag vom 25. April 1935: »Las dann K. und Golo das Kapitel von Mont-kaws Sterben«). Dafür war mittlerweile in den Briefverkehr mit Reich-Ranicki ein zunehmend vertrauter und mitteilsamer Ton gekommen, gelegentlich sogar mit einer Art Lust an der Offenbarung – zumeist verschämt in einem Postskriptum untergebracht, das fast immer mit einer anderen Schreibmaschine getippt war: von Golo Mann eigenhändig und voller

Tippfehler angehängt, während der offizielle Teil des Briefs häufig von seiner Sekretärin geschrieben wurde.

»Wieder so ein PS«, begann im April 1976 ein derartiger Nachsatz, und mit der Hand hatte der Verfasser später (offenbar, nachdem er noch einen zweiten Bogen einspannen mußte) ergänzt: »Wieder so ein langes PS«. Es ging natürlich um den Vater, über den Reich-Ranicki in einem Artikel gesagt hatte, er sei »eitel wie ein Tenor« gewesen. Große Verteidigungsrede: »Dazu *litt* er viel zu sehr unter sich selber. Wenn er, ferner, abstoßende Eigenschaften hatte oder abstoßend sein *konnte*, wie, andererseits, hätte ein insgesamt abstoßender, also doch widriger, böser Mensch *schöne* Sachen schreiben können?« Bisweilen wirkten diese offenbar rasch hingeschriebenen Einlassungen wie Assoziationen, die dann – zum Glück für uns heute – nicht mehr gestrichen worden sind.

Dann kam einmal, im Juni 1981, ein Brief Golo Manns – »strict privat« – ausschließlich zu einer Rezension von Reich-Ranicki (über Thomas Manns ›Tagebücher 1937–1939‹): mit einer überraschenden und für die sonst übliche, fast demonstrative Bescheidenheit des Mann-Sohns geradezu ungewöhnlichen Wendung: »Daß der Unterzeichnete in den ›Tagebüchern‹ so oft, so freundlich erwähnt wird, das hätten Sie doch einmal erwähnen können. Mich erwähnt nie jemand.« Nur selten zeigten sich Niedergeschlagenheit und depressive Anwandlungen so ungeschminkt wie hier – oder auch ein halbes Jahr zuvor bei der Beantwortung des *FAZ*-Prominenten-Fragebogens, wo er auf die Frage nach seiner »gegenwärtigen Geistesverfassung« geantwortet hatte: »Tiefe Unzufriedenheit mit meinen Arbeiten, so wie sie in den letzten acht Jahren waren.«

Versäumnisse überall – so stellte es sich zunehmend für den überaus prominenten und beim Publikum beliebten Autor dar. Unzufrieden war er mit dem Eigenen, unzufrieden immer wieder auch mit seiner Haltung dem Vater gegenüber, ambivalent in seiner Rolle als Sohn und Erbe. Etwa ganz deutlich 1985 in einem Brief an Reich-Ranicki: »Sie meinen, ich schreibe zu wenig über TM oder verschweige zu viel von dem, was ich weiß. Da mag etwas dran sein.« Er schreibe eben nur »das unvermeidliche Minimum«. Der Grund? Eine Erklärung in englischer Sprache, ein Schlüsselsatz: »I want to be myself and not the son« – das bis zum Schluß niemals zur Ruhe gekommene Thema und Trauma.

So schrieb er dann Anfang 1988 in einem ausführlichen Dankschreiben, nachdem ihm Reich-Ranicki ein Exemplar seines Buches ›Thomas Mann und die Seinen‹ geschickt hatte, die Titelformulierung kritisch aufgreifend: Heinrich Mann habe doch gewiß nicht dazu gehört, und auch er selbst sei doch – »in aller Bescheidenheit« und ohne den gewaltigen Einfluß zu bestreiten – mehr »der Meine als der Seine«. Und in seinem letzten Brief an Marcel Reich-Ranicki (Juni 1990) haderte der nun 81jährige Golo Mann, vier Jahr vor seinem Tod, immer noch damit, daß der Kritiker ihn als »ungeliebten Sohn« tituliert hatte: »Es stimmt nicht so recht« – um dann, in einem allerletzten Postskriptum, den Briefempfänger noch einmal für einen Beitrag über den Vater zu loben, mit einer an Grandezza und zugleich Wehmut kaum zu überbietenden Formulierung: »Verehrter Freund, solange Sie so von TM sprechen, dürfen Sie dessen mißratenen Sohn als den Franz Moor des Mannschen Hauses, als einen schlechten und obendrein vertrottelten Nachahmer Richards des Dritten vor einem hunderttausendköpfigen Publikum charakterisieren ...«

Noch ein persönliches Wort: Als ich, damals ein junger Literaturkritiker, zwischen 1975 und 1980 bei Reich-Ranicki in der *FAZ* arbeitete, gehörte zum größten Vergnügen das Stöbern in jenem uns Mitarbeitern zugänglichen Vorordner, in dem die Korrespondenz der Literaturredaktion zunächst gesammelt wurde – schon in jener Zeit begeisterte mich besonders der immer wieder auch recht launige Briefwechsel mit Thomas Manns Sohn (so etwa dessen Satz: »Also bitte, überschätzen Sie mich nicht, damit Sie mich nicht eines Tages *unter*schätzen!«). Ein ebensolches Vergnügen ist es nun, diesen Briefwechsel, ergänzt um die daraus hervorgegangenen Arbeiten Golo Manns (und manches, was die Briefpartner übereinander öffentlich gesagt und geschrieben haben), aus Anlaß des 80. Geburtstags von Marcel Reich-Ranicki herauszugeben.

Hamburg, Januar 2000 — Volker Hage

Briefwechsel zwischen
Golo Mann und Marcel Reich-Ranicki

Kilchberg am Zürichsee
10. Juni 1967

Sehr geehrter Herr Reich-Ranicki,
ich danke für Ihr Schreiben vom 2. Juni*, muß Sie jedoch leider enttäuschen. Ich habe für Heinrich Böll die allerhöchste Achtung, für den Menschen wie den Schriftsteller, und was ich von ihm las, las ich auch stets mit Gewinn und Genuß. Aber ich kenne sein Werk zu wenig, als daß ich im Zusammenhang mit seinem Werk etwas schreiben könnte. Das liegt nun einmal an meiner Berufswahl. Diese, die Arbeiten, die ich mache, zwingen mich zu zuviel Lektüre in einer völlig anderen Sphäre, als daß ich das Werk eines zeitgenössischen deutschen Schriftstellers so lesen könnte, wie ich es eigentlich sollte. Von dem entsetzlichen Druck der dauernden Vortragsverpflichtungen will ich gar nicht reden. Kurz und gut, es kann nicht sein, ich bedaure es.

Mit freundlichen Grüßen
Ihr ergebener Golo Mann

Frankfurt am Main
11. März 1974

Lieber, sehr verehrter Herr Mann,
vielleicht erinnern Sie sich noch an unser kurzes Gespräch während des Heine-Kongresses in Düsseldorf. Daß ich inzwischen bei der *F.A.Z.* gelandet bin, ist Ihnen, glaube ich, bekannt.

Längst wollte ich Ihnen schreiben, doch habe ich es nicht recht gewagt, weil Sie, wie ich der Korrespondenz entnehmen mußte, Ende vergangenen Jahres der Redaktion des Literaturblatts etwas gram waren. Inzwischen sind nun einige Monate vergangen, und so wage ich die Frage, ob Sie bereit wären, wieder einmal eine Kritik für uns zu schreiben? Mir

* Ein Rundbrief Reich-Ranickis, der an verschiedene Autoren ging und zur Teilnahme an einem Buch über Heinrich Böll einlud.

wäre daran ganz außerordentlich gelegen. Worüber würden Sie am liebsten schreiben? Könnten Sie mir bitte Vorschläge machen, denn Sie sind ja gewiß über die gesamte Frühjahrsproduktion bestens informiert.

Ich brauche wohl nicht hinzuzufügen, daß wir immer sehr froh wären, sowohl Kritiken aus Anlaß von Neuerscheinungen, als auch essayistische Arbeiten von Ihnen über allgemeinere Themen in der *F.A.Z.* drucken zu können. Lassen Sie mich bitte nicht zu lange auf Ihre Antwort warten, die, wie ich sehr hoffe, eine positive sein wird.

Mit einem sehr herzlichen Gruß
Ihr Marcel Reich-Ranicki

Kilchberg am Zürichsee
23. März 1974

Lieber, sehr verehrter Herr Reich-Ranicki,
danke für Ihren Brief. Ja, natürlich erinnere ich mich an unsere Begegnung in Düsseldorf und natürlich wußte ich, daß Sie nun bei der *FAZ* tätig sind. Etwas bekümmert war ich Ende vorigen Jahres wirklich; keineswegs, bitte glauben Sie mir das, über Ihre Berufung nach Frankfurt, aber darüber, daß man Herrn Bohrer m.E. doch nicht behandelt hat, wie es sich gehört hätte. Ich schrieb damals an Joachim Fest darüber. Ich meine, irgendein Kompromiß, der auch die Fortsetzung seines Wirkens an der *FAZ* in irgendeiner Form ermöglicht hätte, hätte sich finden lassen können. Was er nun eigentlich machen wird, das weiß ich nicht. Kennen Sie mich ein wenig, so wissen Sie, daß ich immer für Kompromiß und Frieden und solche guten Dinge bin.

Was mögliche Besprechungen für Sie betrifft: bitte geben Sie mir etwas Zeit. Ich bin im Moment wieder einmal furchtbar unter Arbeitsdruck, habe schon zuviel versprochen, mich in allerlei Betrieb eingelassen, von dem ich nicht weiß, ob er meinen Jahren und meinem Wesen eigentlich ansteht.

Schwäche. – Ich werde mich aber bei Ihnen melden, wenn ich ein bißchen freies Land sehe.

Mit freundlichen Grüßen
Ihr Golo Mann

Frankfurt am Main
3. Mai 1974

Lieber, sehr verehrter Herr Mann,
besten Dank für Ihr freundliches Schreiben vom 23. März. Überdies habe ich Ihren Brief an Herrn Fest vom 10. April gelesen, in dem Sie versprachen, mal eine Kritik für unser Literaturblatt zu schreiben. Allerdings sagen Sie, daß es im Augenblick bei Ihnen furchtbar aussehe, Sie seien mit Aufträgen überhäuft. Wenn ich bis zu dem Zeitpunkt warten soll, bis sich diese Situation geändert hat, dann wird es gewiß sehr lange dauern. Ich kann also nur hoffen, daß Sie trotz der Arbeitsüberlastung Zeit finden, für uns zu schreiben. Hier gleich eine ganz schüchterne Frage: Heinrich Manns ›Ein Zeitalter wird besichtigt‹ erscheint jetzt bei Claassen in Hamburg. Hätten Sie nicht Lust, etwas darüber zu schreiben? Es wäre mir daran ganz außerordentlich gelegen. Es könnte ebenso eine längere Kritik, also von 7–10 Seiten sein, oder auch eine kurze, also von etwa 2 oder 3 Maschinenseiten. Mit anderen Worten: Der Umfang bleibt ganz und gar Ihnen überlassen. Nur meine ich, daß es für viele Leser sehr wichtig wäre, ein Urteil über dieses Buch aus Ihrer Feder zu lesen. Falls Sie dies keineswegs machen möchten, dann lassen Sie es mich bitte kurz wissen, vielleicht gleich mit einem anderen Vorschlag.

Sie sehen, daß ich etwas hartnäckig bin, aber ich hoffe sehr, daß Sie dafür Verständnis haben.

Mit vielen sehr herzlichen Grüßen von

Ihrem ergebenen
Marcel Reich-Ranicki

Gastein
10. Mai 1974

Sehr verehrter, lieber Herr Reich-Ranicki,
Danke für Ihren Brief. Ihr Vorschlag HM's ›Zeitalter‹ zu besprechen ist mir angenehm. Es kann aber erst im Juli geschehen: Juni, und was vom Mai noch bleibt, sind schon über und über verkauft. Aber da diese neue Ausgabe noch gar nicht erschienen ist, so wird, hoffe ich, Juli es auch noch tun. Die Gelegenheit, einmal etwas Bewunderndes über den Onkel zu sagen, nehme ich gern wahr: das Buch ist schön.

Mit herzlichen Grüßen
Ihr Golo Mann

Frankfurt am Main
31. Mai 1974

Lieber, verehrter Herr Mann,
es freut mich ganz außerordentlich, daß Sie Heinrich Manns ›Ein Zeitalter wird besichtigt‹ für uns zu besprechen bereit sind. Ich schicke Ihnen gleichzeitig das noch nicht gebundene Buch. Das gebundene Exemplar folgt, sobald es da ist.

Was den Umfang der Kritik betrifft: jeder Umfang ist mir recht, auch wenn Sie zehn Maschinenseiten schreiben wollen.

Sehr herzlich
Ihr Marcel Reich-Ranicki

Frankfurt am Main
2. September 1974

Lieber, verehrter Herr Mann,
nehmen Sie es mir bitte nicht übel, daß ich mir erlaube, Sie zu fragen, wann ich mit Ihrem Manuskript über Heinrich Manns ›Ein Zeitalter wird besichtigt‹ rechnen kann.

Natürlich wäre mir sehr daran gelegen, diese Kritik möglichst bald zu erhalten. Wollen Sie mir bitte eine Nachricht zukommen lassen?

Mit einem so herzlichen wie ergebenen Gruß
Ihr Marcel Reich-Ranicki

Kilchberg am Zürichsee
5. September 1974

Sehr verehrter, lieber Herr Reich-Ranicki,
Eben Ihr nur zu berechtigter Mahnbrief. Ach, das Ding ist schon seit einigen Tagen fertig, und ist lang genug – *hoffentlich* nicht zu lang! – und, ich denke, auch gelungen genug. Aber meine Sekretärin ist wieder einmal in München, wo sie seit einigen Jahren recht häufig ist. Und es fällt mir so furchtbar schwer, einen längeren Aufsatz ins Reine zu schreiben, weil ich nur mit einem einzigen Finger tippe. Ich habe der Oben-Erwähnten Manuskript und Tonband nach München geschickt, werde sie heute telephonisch antreiben, daß sie, von ihren dortigen Pflichten abweichend, das cito citissime mache. Kurzum, binnen acht Tagen sollten Sie es haben.

Mit herzlichen Grüßen
Ihr Golo Mann

Kilchberg am Zürichsee
7. September 1974

Lieber Herr Reich-Ranicki,
da schicke ich Ihnen, was Sie gewollt haben. Oder haben Sie es *so* lang vielleicht doch nicht gewollt? Nun, ich hätte es drei Mal länger machen mögen. Wenn Sie kürzen *müssen*, so würde ich mich als friedwilliger, obendrein stark abgekämpfter Mensch nicht dagegen wehren. Lieber wäre es mir freilich, Sie würden einmal eine generöse Ausnahme machen.

Mit den freundlichsten Grüßen
Ihr ganz ergebener
Golo Mann

PS Ich meine, daß man es bei den Initialen, HM, TM, belassen sollte, die ausgeschriebenen Namen würden auf die Dauer sehr stören. Zum Schluß mache ich eine Ausnahme.

Als Titel *könnte* ich mir denken: Der linke Bruder? Aber das entscheiden Sie. [1]*

Kilchberg am Zürichsee
13. September 1974
(Nach unserem Telephongespräch)

Lieber Herr Reich-Ranicki,
ich denke, Sie haben recht, die Schlußpointe ist schwach, der allerletzte Abschnitt kann ruhig wegfallen. Mit dem vorletzten, i.e., HMs eigener Beschreibung Lichnowskys, steht es für mein Gefühl anders. Der Aufsatz hat so sein Ausklingen. Mit der François-Poncet-Geschichte endet er holterdipolter (»it runs out of gas«). Jedoch, was sein müßte, müßte sein. Was ich Sie *bitten* möchte, wegzulassen: Die Sätze in Klammern, S. 12. Sie tuen den Gemeinten zuviel Ehre an; diese werden sich freuen, indem sie merken, daß ich mich über sie ärgere (was ich natürlich tue). Sonst *könnte* man etwa weglassen: S. 6, von: »Einmal, ein einziges Mal«, bis zum Ende des Abschnittes.

Dies in Eil und mit herzlichen Grüßen
Ihr Golo Mann

Frankfurt am Main
18. September 1974

Lieber, sehr verehrter Herr Mann,
leider ist es mir weder gestern noch heute gelungen, Sie telefonisch zu erreichen. Nachdem ich soeben gehört habe, daß Sie unterwegs nach Stuttgart seien, muß ich Ihnen doch rasch schreiben.

* Die Ziffern in [ ] verweisen auf die entsprechenden Texte Golo Manns (Seiten 125–259).

Ihr Brief wegen der Änderungen ist etwas zu spät hier angekommen. Ich konnte Ihren Wunsch nur auf der zweiten Seite berücksichtigen. Das heißt also: Ihr Artikel endet nicht mit dem Gespräch mit François-Poncet, sondern enthält auch noch den ganzen vorletzten Absatz des Manuskripts. Der letzte Absatz ist, wie Sie es gewünscht haben, weggefallen. Nicht berücksichtigen konnten wir hingegen – weil die erste Seite schon geprägt war – die Streichung der Klammer, die mit den Worten beginnt: »Daß ich über den Komplex H.M.–T.M. . . . « Wir bitten um Verständnis und Entschuldigung.

So ist Ihr Artikel ganz und gar ungekürzt erschienen, und das freut mich sehr. Und ich will auch nicht verheimlichen, daß mir auch jener Satz, den Sie streichen wollten, doch sehr nötig scheint.

Noch einmal vielen Dank für diesen hervorragenden Essay, der noch sehr häufig, ich bin dessen sicher, von Literarhistorikern zitiert werden wird. Und was ich Ihnen telefonisch gesagt habe, möchte ich hier wiederholen: Wann immer und was immer Sie publizieren möchten – es wird uns immer eine Ehre sein, Ihre Beiträge drucken zu dürfen.

Mit vielen sehr herzlichen Grüßen
Ihr Marcel Reich-Ranicki

Kilchberg am Zürichsee
21. September 1974

Lieber Herr Reich-Ranicki,
zum Abschluß dieser Episode, die uns ja ganz intensiv zusammenbrachte, möchte ich Ihnen doch noch danken für die wirklich sehr gelungene Aufmachung des H.M.-Essays und für die ungekürzte Wiedergabe; daß das Ding für eine Tageszeitung etwas gar zu lang sei, wußte ich gut.

Was die zukünftige Mitarbeit betrifft, ja, gerne – im

Grundsatz. Aber ich darf den guten Dr. Goldschmit* nicht ganz verraten, er hat sich mir gegenüber immer höchst freundlich-tadelfrei verhalten. Und München ist nun einmal meine Heimatstadt; ich bin so unglaublich altmodisch, daß ich noch an so etwas glaube. Andererseits unterschätze ich die Vorzüge der *FAZ* nicht; ihr politischer Teil ist mir eigentlich der liebere, da ist die *Süddeutsche* etwas Wischiwaschi. Übrigens zahlt sie besser, ein für einen »freien Schriftsteller« nicht zu verachtendes Moment. Kurz, ich werde versuchen, was ich in meinem Leben so oft versucht habe und was im Grunde niemals geht: den Kompromiß.

Mit herzlichen Grüßen,
auch für Joachim Fest
Ihr Golo Mann

Frankfurt am Main
5. Dezember 1974

Lieber, sehr verehrter Herr Mann,
ich muß Sie doch wieder belästigen. Denn Sie haben mir, als wir wegen Ihres Artikels über Heinrich Mann korrespondierten, doch versprochen, von Zeit zu Zeit für uns etwas zu schreiben. Wie sieht es damit aus? Haben Sie irgendwelche Themenvorschläge? Dürfen wir Ihnen etwas zur Besprechung vorschlagen?

Und hätten Sie nicht Lust, einmal sich an unserer Rubrik »Frankfurter Anthologie« zu beteiligen? In dieser Rubrik wird an jedem Sonnabend ein Gedicht eines deutschsprachigen Autors interpretiert. Die Spielregeln: das Gedicht darf höchstens 32 Zeilen umfassen, die Interpretation (eher persönlich als philologisch) höchstens 2 Maschinenseiten mit 30 Zeilen. Es kann sich ebenso um einen zeitgenössischen Autor handeln, wie um einen aus der Vergangenheit, nur

* Rudolf Goldschmit, damaliger Feuilletonchef der *Süddeutschen Zeitung*.

muß das Gedicht in einer im Buchhandel greifbaren Ausgabe enthalten sein. Wie wäre es mit einem Gedicht von Chamisso oder Platen oder Rückert?

In der Anlage einige Beispiele aus der »Frankfurter Anthologie«.

Darf ich hoffen, daß ich von Ihnen bald hören werde?

Mit einem sehr herzlichen Gruß
stets Ihr ergebener
Marcel Reich-Ranicki

Kilchberg am Zürichsee
11. Dezember 1974

Sehr verehrter lieber Herr Reich-Ranicki,
schönen Dank für Brief und Sendung. Was heißt da belästigen?

Die Idee mit der Gedichtinterpretation ist reizend, so etwas werden Sie in Kürze von mir erhalten. Anderes später. Ein glücklicher Zufall will, daß das Feuilleton der *Süddeutschen* gerade heute in puncto Kritik gegen mich entschieden weiter ging als sich mit meinem Begriff von Dezenz in der Kritik verträgt. Mein Schulfreund Michael Lichnowsky, zwölfjährig, als ihn sein Hauslehrer wegen Faulheit gerügt hatte: »Hier arbeite ich wie ein Knecht, und das ist dann der Lohn!« – Der Knecht wird das irgendwie merken lassen müssen.

Mit herzlichen Grüßen
Ihr Golo Mann

Kilchberg am Zürichsee
11. Januar 1975

Lieber Herr Reich-Ranicki,
hier das, was man neulich am Telephon über Fontane besprach. Vielleicht wäre es möglich, die beiden Gedichtchen in der Mitte, ›Summa summarum‹ und ›Lebenswege‹ [2],

nicht das eine unterm andern, sondern nebeneinander zu drucken? Das würde, wenn es möglich ist, Platz sparen.

Mit herzlichen Grüßen
Ihr Golo Mann

Kilchberg am Zürichsee
8. Februar 1975

Lieber Herr Reich-Ranicki,
hier nun etwas, was es, der Länge nach, gerade knapp trifft; das Gedicht ist 32 Zeilen lang [3]! Der Text – o, wieviel mehr wäre da zu sagen gewesen!

Ich denke, die Kleinigkeit über Fontane lassen wir besser ungedruckt. Sie war für die Reihe geschrieben und taugte nicht dafür. Ein geringes Fontane-Feuilleton aus heiterem Himmel, das scheint mir ungeeignet. Auch: es ist höchste Zeit, daß ich irgendwelche ungedruckte Sächelchen für meinen »Nachlaß« sammle, damit doch später wenigstens *ein* Student irgendwas zu tun findet.

Mit herzlichen Grüßen,
auch für Joachim Fest,
Ihr Golo Mann

PS Im April muß ich einen kleinen Essay über den Bruder Klaus schreiben, als Nachwort zum zweiten Band seiner ›Briefe‹, der im Herbst erscheinen wird. Kürzer als über Heinrich. Wäre das vielleicht etwas für Sie? Mir wäre es lieb, erstens als Reklame für das Werk, und zweitens, weil ich mit dieser Arbeit auch etwas Geld verdienen sollte und vom Verlag bekomme ich nichts. Denn es ist wieder so ein halb subventioniertes Ding und nebenbei ein Risiko für den Verleger. Die häufigen Gratisarbeiten beginnen, mir etwas auf die Nerven zu gehen.

PS *Wenn* Sie aber das Fontane-Dingchen doch einmal bringen, dann bitte um Gotteswillen das mit dem »Lamento über Lohn-Abhängigkeit« zu streichen!

Frankfurt am Main
den 13. Februar 1975

Lieber, verehrter Herr Mann,
vielen Dank für Ihren Brief vom 8. Februar.

1. Ihre ›Conrad-Ferdinand-Meyer-Interpretation‹ [3] ist originell und ganz ausgezeichnet und paßt hervorragend für unsere »Frankfurter Anthologie«.

2. Nein, Ihren Fontane-Beitrag geben wir nicht zurück. Natürlich bringen wir diesen Aufsatz und es lohnt sich sehr. Der Satz über die »Lohnabhängigkeit« ist schon, Ihrem Wunsch gemäß, gestrichen.

3. Ihr Nachwort zum zweiten Band der Briefe von Klaus Mann nehmen wir selbstverständlich und sehr gern.

4. Und worüber Sie auch in nächster Zeit schreiben sollten, denken Sie an uns; in dieser Zeitung ist immer für Sie Platz genug.

Sehr herzlich
Ihr Marcel Reich-Ranicki

Kilchberg am Zürichsee
17. April 1975

Lieber Herr Reich-Ranicki,
beigeschlossen, überpünktlich, die versprochene Winzigkeit über T.M. [4]

Übrigens haben die beiden Gedicht-Sächelchen mir eine ganze Menge Echo gebracht. Wie denn die »Frankfurter Anthologie« gewiß eine gute Idee ist. Die Leute mögen Gedichte, und solche Gedichte, viel mehr, als die »veröffentlichte Meinung« meint.

Mit freundlichen Grüßen
stets Ihr Golo Mann

PS I liked Joachim Fests Bericht* über dies Bonner Ehrendoktor-Buch. Da wäre nun wirklich *viel* weniger *viel* mehr gewesen. Es grenzt an Parodie alles Philologentums. War es sechse oder sieben / Als diesen Vers geschrieben? / War es sieben oder achte, als er zu Papier ihn brachte? etc. etc. – Wichtiger: TMs »Politik« ist treffend gesehen; obgleich Fest den Essay ›Ein Bruder‹ unterschätzt. (Er hieß ›Ein Bruder‹, *nicht* ›Bruder H.‹**)

Frankfurt am Main
21. April 1975

Lieber, verehrter Herr Mann,
soeben habe ich Ihren Brief vom 17. April erhalten und das Manuskript über Thomas Mann. Ich übertreibe nicht, wenn ich sage, daß ich sehr glücklich bin, diese Ihre Äußerung in der *F.A.Z.* drucken zu können. Ich danke Ihnen bestens.

Joachim Fest habe ich gezeigt, was Sie zu seiner Kritik schreiben. Er läßt Ihnen seine Grüße und seine Verehrung übermitteln.

Daß Sie auf die Gedicht-Interpretationen ein starkes Echo gehabt haben, freut mich, aber es wundert mich nicht im geringsten. Wir haben immer wieder Beweise dafür, daß die »Frankfurter Anthologie« sehr viele Leser findet. Lyrik wird wieder modern und ohne Zweifel auch ältere Lyrik. Apropos: hätten Sie nicht Lust, wieder einmal ein Gedicht für diese

* Joachim Fest, ›Mißverständnisse um Thomas Mann‹, *F.A.Z.* vom 5.4.1975 (Rezension zu Paul Egon Hübingers Monographie ›Thomas Mann, die Universität Bonn und die Zeitgeschichte‹, München 1974).

** Hier irrt Golo Mann: Der 1938 verfaßte Essay hieß ursprünglich ›Der Bruder‹ (nicht ›Ein Bruder‹) und sollte so auch in Thomas Manns Essayband ›Achtung Europa!‹ erscheinen, was aus politischer Opportunität allerdings unterblieb; in überarbeiteter Fassung erschien er erstmals im März 1939 in der Zeitschrift *Das Neue-Tage-Buch* unter dem Titel ›Bruder Hitler‹, bei dem es dann auch geblieben ist, auch wenn er dem Verfasser zunächst nicht zusagte. – Thomas Mann, ›Bruder Hitler‹. In: ›Essays‹, Bd. IV, herausgegeben von Hermann Kurzke und Stephan Stachorski. Frankfurt am Main 1995, S. 305–312.

Rubrik zu interpretieren? Sie können sich aussuchen, was Sie wollen, nur bitte ein deutschsprachiges Gedicht und nicht länger als 32 Zeilen. Ich glaube, Sie dachten mal an Platen oder Rückert oder Heine. Natürlich könnte es auch ein zeitgenössischer Lyriker sein.

Und Sie wollten doch auch mal etwas Größeres über Klaus Mann schreiben? Ich dränge nicht, aber ich erlaube mir, wieder einmal zu sagen, daß die Spalten dieser Zeitung immer zu Ihrer Verfügung stehen und natürlich für alles, worüber Sie zu schreiben Lust haben.

Sehr herzlich
stets Ihr
Marcel Reich-Ranicki

Kilchberg am Zürichsee
5. Juli 1975

Lieber Herr Reich-Ranicki,
ein kleines Geständnis, eine Beichte, ungern. Ich muß diese Erinnerungen an Klaus doch an die *Neue Rundschau* geben. Erstens hatte ich sie Hartung* schon zugesagt, nachdem ich sah, wie lang das Ding werden würde. Und es ist wirklich furchtbar lang geworden, 35 von meinen Schreibmaschinenseiten. Und der *Rundschau*, unter deren Herausgebern ich zeichne, ohne je etwas Erkleckliches für die arme Zeitschrift zu tun, muß ich ja ab und an etwas geben, etwas Solides geben. [5]

Dafür habe ich gerade Ihrem Kollegen Dr. Rudolph** eine Buchbesprechung zugesagt und Gewichtigeres folgt eher früher als spät.

Mit herzlichen Grüßen
Ihr Golo Mann

* Rudolf Hartung, damaliger Redakteur der *Neuen Rundschau*.
** Hermann Rudolph, seinerzeit verantwortlicher Redakteur für die *F.A.Z.*-Seite ›Politische Bücher‹.

Kilchberg am Zürichsee
1. November 1975

Lieber Herr Reich-Ranicki,
etwas verspätet – Reisen, Reisen, Reisen würde *mein* ›Cornet‹ anfangen – schicke ich Ihnen beigeschlossen den ›Pilgrim‹ [3] zurück. Von einem Druckfehler abgesehen ist eine kleine Änderung notwendig geworden. Ich weiß jetzt authentisch, was ich immer ahnte; daß auch die Mutter Meyers sich ertränkt hat. Das muß da hinein.

Leider war es mir nicht mehr recht möglich, Sie in Frankfurt zu sehen. Ich war nur einen Abend dort, um einen Vortrag Dolf Sternbergers zu hören. Sonst gar nicht, obwohl die S. Fischer-Leute mich dringend sehen wollten; aber ich war zu müd dazu. Und in den nächsten Wochen, Monaten herrscht das Gesetz der Schulaufgabenhetze. Ein Vortrag vor dem Bremer-Tabakskollegium über ›Die Deutschen und das Meer‹. Das Adenauer-Centenarium. Und dann ein Vortrag vor dem Institut de France und dann wieder einer in Frankfurt. Wie soll das weiter gehen?

Mit schönen Grüßen
Ihr Golo Mann

Frankfurt am Main
6. November 1975

Lieber, verehrter Herr Mann,
vielen herzlichen Dank für Ihren Brief vom 1. November und die Rücksendung Ihres Beitrags für unsere »Frankfurter Anthologie«.

Mit großem Interesse sehe ich, daß Sie demnächst allerlei Vorträge halten werden. Mit großem Bedauern sehe ich aber, daß Sie uns ganz vergessen haben. ›Die Deutschen und das Meer‹, das ist ein Thema, das natürlich auch die *F.A.Z.* interessiert. Und wie schaut es mit Adenauer aus? Wäre das nicht etwas für uns? Worüber werden Sie im Institut de France sprechen, und worüber in Frankfurt? Mit anderen Worten: was immer Sie machen wollen, wir möchten es drucken. Und obwohl ich grundsätzlich und ein für allemal keine Katzen im Sack kaufen möchte – Ihre Katzen sind wir sogar im geschlossenen Sack zu kaufen bereit. Also falle ich Ihnen zu Füßen und bitte Sie wieder einmal um Beiträge und frage mich und Sie, wie lange Sie uns auf eine Antwort werden warten lassen.

Und noch einmal bitte ich Sie um einen Beitrag für unsere »Frankfurter Anthologie«. Es ist allerhöchste Zeit, daß sich ein solcher Lyrikkenner wie Sie wieder einmal über ein Gedicht bei uns äußert.

Übrigens: da Sie über Ihre Schwester Erika nicht schreiben wollten, was ich natürlich gut verstehen kann, haben wir Hans Mayer um einen Beitrag gebeten, der in unserer Sonnabendbeilage gedruckt ist. Ich schicke Ihnen hier auf jeden Fall ein Exemplar.

In der Hoffnung, bald von Ihnen zu hören, grüßt Sie herzlichst

Ihr Marcel Reich-Ranicki

Frankfurt am Main
7. November 1975

Lieber, verehrter Herr Mann,
Sie haben gewiß meinen gestrigen Brief erhalten. Ich habe aber vergessen, Sie zu fragen, ob Sie sich inzwischen entschlossen haben, das Buch, über das wir vor einigen Wochen gesprochen haben, für uns zu besprechen, nämlich ›Bankiers, Künstler und Gelehrte. Unveröffentlichte Briefe der Familie Mendelssohn aus dem 19. Jahrhundert‹. Wir schicken Ihnen beiliegend eine Fotokopie des Klappentextes, dem sich entnehmen läßt, was man in diesem Buch finden kann.

Bitte, lassen Sie mich wissen, ob ich Ihnen den Band (mit Anhang zirka 320 Seiten) zuschicken darf. Und haben Sie vielleicht Ihrerseits irgendwelche Rezensionsvorschläge?

Bitte, lassen Sie von sich hören und seien Sie allerherzlichst gegrüßt

von Ihrem
Marcel Reich-Ranicki

Kilchberg am Zürichsee
14. November 1975

Lieber Herr Reich-Ranicki,
ich verdanke Ihre Briefe vom 6. und 7. cr. Das Buch, dessen Besprechung Sie mir vorschlagen, ist mir verlockend; gibt es keine ausführliche Besprechung, so könnte es doch eine kurze geben.

Beigeschlossen schicke ich Ihnen, auf Ihren Wunsch, eine Kopie meines Bremer Tabak-Vortrags. Ich halte nichts davon. Man sollte sowas nicht drucken, nur, weil es von meiner Wenigkeit stammt. Ich bin dagegen. Nein, ich schicke es Ihnen überhaupt nicht. Es muß nicht alles gedruckt werden, was man so zu reden gezwungen wird. ›Der Brief in der Weltliteratur‹, dies Thema ging zur äußersten Not noch an. ›Die Deutschen und das Meer‹ geht eigentlich nicht mehr an. Was wird mein nächstes Thema sein? ›Die Europäer und die Kultur‹? Oder ›Der Mensch und das Tier‹?

Sie erkundigen sich nach »Adenauer«. Ich werde da in der ersten Dezemberhälfte einen Beitrag schreiben müssen für ein Adenauer-Werk, dessen zweiter Band im Januar oder Februar bei der Deutschen Verlagsanstalt erscheint. Das käme als Vorabdruck für die *FAZ* wohl in Frage. Aber ehe es nicht *gemacht* ist, kann ichs nicht wissen. Jedenfalls werde ich nicht zur Konkurrenz damit gehen.

Sonst? Zwischen Ihnen und der Darmstädter Akademie würde ich gerne Mr. Kissinger spielen, wenn ich wüßte wie. Hat so ein Krieg Sinn?

Herzliche Grüße
Golo Mann

Frankfurt am Main
20. November 1975

Lieber Herr Mann,
vielen herzlichen Dank für Ihren Brief vom 14. November. Der Band mit den Mendelssohn-Briefen ist bereits an Sie unterwegs. Ich freue mich sehr, daß Sie dieses Buch für uns besprechen. Der Umfang der Kritik bleibt natürlich ganz und gar Ihnen überlassen.

Sie möchten zwischen der Darmstädter Akademie und mir gern Mr. Kissinger spielen. Sie sind mir in jeder Rolle lieb, auch in der eines Kissinger. Nur ist mir von dem Krieg zwischen mir und der Akademie nichts bekannt. Ich nehme die Akademie sehr ernst, und im Unterschied zu vielen meiner Kollegen (etwa von der *Zeit*), die längst die Akademie abgeschrieben haben und sich weigern, an ihren Sitzungen teilzunehmen, war ich sowohl in diesem als auch im vergangenen Herbst dabei.

Ganz besonders schätze ich den Mann, der, wie allgemein gesagt wird, die zentrale Rolle in dieser Akademie spielt, nämlich unseren verehrten Freund Dolf Sternberger*. Ich halte Sternberger für einen ganz außerordentlichen Schriftsteller. Als er sich vor etwa einem Jahr bei mir bitterlich beklagte, er habe noch nie einen Literaturpreis erhalten, habe ich ihm versprochen, dafür zu sorgen, daß er schleunigst ausgezeichnet wird. Es war mir auch möglich, dies innerhalb von wenigen Monaten zu verwirklichen. Ich war Vorsitzender der Jury des Berliner Kritikerpreises, der ihm im März dieses Jahres verliehen wurde. Kann man konkreter zeigen, wie sehr man einen Schriftsteller schätzt? Überdies habe ich, seit ich in dieser Zeitung tätig bin, Sternberger immer wieder um Beiträge gebeten, obwohl die Zusammenarbeit mit diesem ganz vorzüglichen Schriftsteller, offen gesagt, nicht ganz

* Dolf Sternberger, damaliger Vizepräsident der Deutschen Akademie für Sprache und Dichtung und Berater der *F.A.Z.*

leicht ist. Er hat auch tatsächlich mehrere Beiträge für uns geschrieben, die wir gern gedruckt haben.

Aber so sehr ich Herrn Sternberger bewundere, so wenig bin ich bereit, über die Arbeit der Darmstädter Akademie mit barmherziger Nachsicht zu berichten. Mein Bericht, der nach der diesjährigen Oktobersitzung erschienen ist, mag scharf sein, aber scheint mir nach wie vor gerecht. Er ist von sehr vielen Beobachtern, zumal aus Darmstadt und natürlich auch aus den Reihen der Akademie als geradezu befreiend und auf jeden Fall als dringend nötig empfunden worden. Die Akademie arbeitet, meine ich, sehr schlecht. Der Büchner-Preis für Sperber und gleichzeitig der kleinere Preis für Bloch* ist eine der vielen Dummheiten, die diese Akademie produziert. Wenn etwas schlecht ist, dann muß es klar und deutlich gesagt werden. Mit Kriegsführung hat das alles nichts zu tun. Aber wenn Sie vermitteln wollen, lieber Herr Golo Mann – mir soll es, wie gesagt, recht sein.

Mit einem sehr herzlichen Gruß
Ihr Marcel Reich-Ranicki

Frankfurt am Main
2. Dezember 1975

Lieber Herr Mann,
Sie haben gewiß meinen Brief vom 20. November erhalten, sowie den Band mit den Mendelssohn-Briefen. Ich habe hier noch einen Vorschlag für Sie oder, richtiger gesagt, eine Bitte: im List Verlag ist eine nicht sehr umfangreiche (zirka 300 Seiten) Biographie der Caroline Schlegel-Schelling von Eckart Kleßmann erschienen. Hätten Sie Lust, dieses Buch für uns – sei es kurz, sei es lang – zu besprechen? Darf ich es Ihnen zuschicken?

* Der bedeutende Philosoph Ernst Bloch erhielt 1975 von der Deutschen Akademie den Sigmund-Freud-Preis für wissenschaftliche Prosa zugesprochen, während der Hauptpreis, der Georg-Büchner-Preis, an den Schriftsteller Manès Sperber ging.

Wahrscheinlich arbeiten Sie jetzt an Ihrem Adenauer-Aufsatz. Ich denke nicht daran, Sie zu stören oder gar zu drängen. Aber Sie werden doch so freundlich sein und uns das Manuskript, sobald es fertig ist, zuschicken? Ein ungewöhnlich schönes Foto ist schon vorbereitet.

Sehr herzlich
Ihr Marcel Reich-Ranicki

Kilchberg am Zürichsee
5. Dezember 1975

Lieber Herr Reich-Ranicki,
schönen Dank für Ihren Brief vom 2. Dezember, auch noch für den vom 20. November. Ich war mittlerweile einmal wieder ziemlich unterwegs, in Bremen und anderswo. Die Biographie der Caroline kann ich nicht besprechen, ich habe schon wieder Schulaufgaben über und über. Das andere über die Mendelssohn-Briefe wird kommen, aber Zeit brauchen.

Mit dem Adenauer-Aufsatz ist das folgende Ärgerliche. Ich schreibe den Aufsatz für das zweibändige Sammelwerk, das die DVA veranstaltet, Herausgeber die CDU, Kohl, Bruno Heck. Es müßte also ein Vorabdruck sein, ich kann nicht zwei Aufsätze schreiben. Nun bieten die Leute einen ungewöhnlich ruppigen Vertrag; Verbot aller Vorabdrucke und erbärmliches Honorar obendrein. Ich habe dem Dr. Gotto, Konrad Adenauer-Stiftung, Bonn, Adenauerallee 118, nun geschrieben, daß ich den Vertrag so nicht unterzeichnen kann, allermindestens das Recht, meinen Aufsatz zuerst in der *FAZ* zu veröffentlichen, beanspruchen muß, unter der lächerlichen Bedingung, daß das Honorar an die DVA geht. *Diese* Bedingung wird man ja wohl akzeptieren. – Mein Aufsatz soll über Adenauer im Rückblick gehen: wie ein Lebenswerk, natürlich sein spätes, sich in den letzten 10 Jahren gewandelt hat, teils durch neue Publikationen (aber umstürzend Neues ist da natürlich nicht zutage gekommen), teils durch den Wandel in den Dingen dieser Welt. Da liegt Neues; ich darf ja ehedem Publiziertes nicht wiederholen.

Noch ein Wort zur Deutschen Akademie für Sprache und Dichtung. Es scheint mir durchaus nichts dagegen zu sagen zu sein, daß Sie ein teilnehmender Kritiker sind; das wäre an sich sogar dankenswert. Richtig ist auch, daß die Akademie nicht leistet, was ein solches Institut eigentlich leisten sollte. Nur: dafür liegen die Ursachen recht tief. Sie sind, meine ich, doch nicht so ohne weiteres der neuen Leitung zuzuschieben. Dieser müßte man doch die Chance von ein bißchen Zeit geben und das Erbe, welches sie übernimmt, zunächst einmal als mildernden Umstand kreditieren. Die tieferen Ursachen und schweren Hindernisse: der Föderalismus, gegen den ich an sich wahrlich nichts habe, der aber nun einmal einer *deutschen* (nicht bayerischen) Akademie arg im Wege steht; damit verbunden der Mangel an Geld (wieviel Geld hat etwa die Académie Française zur Verfügung?); ferner überhaupt die Rolle, welche die Literatur im offiziellen Deutschland noch immer gespielt hat und auch heute noch spielt. Beispielshalber die Pflege der Sprache. Die Académie Française hat es unlängst, und zwar im Auftrag der Republik, unternommen, die französische Sprache gegen das Eindringen des Amerikanischen zu verteidigen, dort, wo es unnotwendig ist, das heißt, wo gute französische Worte für das neuerdings auf amerikanisch Ausgedrückte existieren. Ich wäre an sich sehr dafür, daß eine Deutsche Akademie ein Gleiches unternähme. Nur: ich fürchte, daß man sie auslachen würde, wenn sie es unternähme. Ganz abgesehen davon, daß der menschliche Apparat und das Geld dafür ganz einfach nicht zur Verfügung stehen. – Dies so zum Nachdenken.

Mit den freundlichsten Grüßen
Ihr Golo Mann

PS Über Dolf Sternberger denke ich ganz wie Sie. Er ist ein vorzüglicher, durchaus *zuverlässiger* Schriftsteller, ein sehr liebenswürdiger Mensch obendrein; nebenbei bemerkt war seine Haltung im Dritten Reich beispielhaft, und er macht überhaupt nichts davon her! Aber: »kurz, das Gefühl der Feierlichkeit«. Daran fehlt es ihm, wie es dem großen Fontane daran fehlte.

Kilchberg am Zürichsee
9. Januar 1976

Lieber Herr Reich-Ranicki,
weil es einmal so ausgemacht war, schicke ich Ihnen hier meinen Adenauer-Essay*; jedoch: ich meine, er kommt jetzt zu spät. Hält man ihn gegen den Schwall dessen, was in den letzten zwei Wochen so erschienen ist, so enthält er auch nur wenig neue Gedanken; diese stehen am Ende. Kürzen kann man natürlich eine ganze Menge. Aber wenn ich Sie wäre, so würde ich es jetzt nicht mehr bringen; ich hätte mich halt mehr beeilen sollen.

Mit herzlichen Grüßen
Ihr Golo Mann

Frankfurt am Main
15. Januar 1976

Lieber Herr Mann,
erlauben Sie, daß ich Ihnen energisch widerspreche. Ihr Adenauer-Essay enthält nämlich viele neue Gedanken, ist vorzüglich geschrieben und kommt keineswegs zu spät. Nun können Sie einwenden, daß ich nicht allzu viel von dieser Materie verstehe. Damit hätten Sie freilich recht. Aber Joachim Fest, der davon auf jeden Fall mehr versteht, ist ebenfalls der Ansicht, daß es sich um eine ausgezeichnete Arbeit handelt.

* Golo Manns Aufsatz ›Konrad Adenauer – Ein Staatsmann der Sorge‹ erschien in der F.A.Z. vom 14.2.1976. Nachzulesen in: Golo Mann, ›Zeiten und Figuren. Schriften aus vier Jahrzehnten‹. Frankfurt am Main 1979, S. 380–397.

Wir planen, Ihren Aufsatz in der ersten oder zweiten Februarnummer zu bringen, und zwar: wenn möglich, ungekürzt. Sollten sich beim Umbruch Kürzungen als erforderlich erweisen, dann werden sie, Sie können dessen sicher sein, nur unerheblich sein und sorgfältig gemacht werden.

Mit sehr herzlichen Grüßen
Ihr ergebener
Marcel Reich-Ranicki

Kilchberg am Zürichsee
20. Januar 1976

Lieber Herr Reich-Ranicki,
danke für Ihren Brief vom 15. Januar. Ja, nun gut, wenn Sie es so sehen, und wenn Joachim Fest es so sieht, dann kann es mir nur recht sein. In Rhöndorf hat der Essay auch einigen Anklang gefunden. Mich überrascht das, aber angenehm. Nun frage ich mich wegen des Titels, der Überschrift. Der, den ich darüber setzte, scheint mir etwas vollmundig. In dem Buch, das im Spätfrühjahr oder Frühsommer erscheinen soll, wird es heißen: ›Adenauer: Verwandeltes Bild?‹ – Mich dünkt, das macht den Mund weniger weit auf, sagt aber immerhin etwas mehr, oder etwas weniger wenig.

Mit herzlichen Grüßen
Ihr Golo Mann

Frankfurt am Main
1. März 1976

Lieber Herr Mann,
schüchtern und devotest erlaube ich mir die Frage, wann ich den versprochenen Artikel über die Mendelssohn-Briefe erhalten werde. Und wie sieht es mit eventuellen weiteren Themen aus?

Darf ich Sie auch daran erinnern, daß Sie wieder einmal ein Gedicht für unsere »Frankfurter Anthologie« interpretieren wollten? Wir hatten noch nie ein Gedicht von Platen, nie eins von Lenau. Aber natürlich ist mir auch jeder andere Dichter recht.

Bitte, lassen Sie von sich hören und seien Sie bestens gegrüßt

von Ihrem
Marcel Reich-Ranicki

Kilchberg am Zürichsee
6. März 1976

Lieber Herr Reich-Ranicki,
nur allzu berechtigt ist Ihre Mahnung; weniger berechtigt meine Bitte, sich noch bis Mitte April zu gedulden, was die Mendelssohn-Briefe betrifft. Das macht nun auch nichts mehr aus. – Ein Platen-, oder Lenau- oder Rückert-Gedicht kommt gewiß auch bald; dergleichen ist ja eine Erholung. – Wie wäre es übrigens mit einer Horaz-Ode und Übersetzung von meiner Meisterhand? Ich habe da mehrere, die ich sehr liebe und habe sie unlängst übersetzt. Aber nein, das geht gewiß nicht, es müssen ja deutsche Gedichte sein. Sonst würde das gar zu weit führen.

Der Adenauer-Aufsatz, deucht mich, hat sich recht gut gemacht, war auch schön illustriert, das Echo beträchtlich.

Herzliche Grüße,
auch für Joachim Fest
Ihr Golo Mann

Frankfurt am Main
9. März 1976

Lieber Herr Mann,
vielen herzlichen Dank für Ihren Brief vom 6. März. Also schön, Ihr Artikel über die Mendelssohn-Briefe wird bis Mitte April kommen. Eine weitere Stundung wird jedoch nicht erteilt werden.

Daß Sie ein Platen- oder Lenau- oder Rückert-Gedicht machen wollen, freut mich außerordentlich. Aber die Kunst ist lang, und das Leben ist kurz. Also bitte doch so schnell wie möglich.

Für die »Frankfurter Anthologie« kommen indes nur deutschsprachige Gedichte in Frage. Horaz also ganz ausgeschlossen. Aber es würde mich außerordentlich reizen, eine von Ihrer Meisterhand angefertigte Übersetzung einer oder mehrerer Horaz-Oden zu lesen. Wie wäre es, wenn Sie für uns einen kleinen Artikel über Horaz und Ihr persönliches Verhältnis zu Horaz schrieben und in diesen Artikel die Übersetzungen der Oden einbauten?

Auch ich habe, wie nicht anders zu erwarten war, über Ihren Adenauer-Aufsatz viel zu hören bekommen, und zwar ausschließlich Positives. Mein Aufsatz über Klaus Mann – unter dem Titel ›Schwermut und Schminke‹* – kommt in unserer Tiefdruckbeilage vom 13. März: Es ist übrigens eine gekürzte Fassung, die vollständige wird in meinem Buch ›Nachprüfung über deutsche Schriftsteller von gestern‹ zu lesen sein.

In der Hoffnung, sehr bald von Ihnen zu hören, grüßt Sie sehr herzlich

Ihr
Marcel Reich-Ranicki

Frankfurt am Main
9. April 1976

Lieber Herr Mann,
darf ich Sie in aller Bescheidenheit und nicht ohne Demut daran erinnern, daß Sie am 6. März Ihre Kritik des Bandes mit den Mendelssohn-Briefen für Mitte April anzukündigen

* Marcel Reich-Ranicki, ›Schwermut und Schminke‹, in: ›Thomas Mann und die Seinen‹. Stuttgart 1987. Taschenbuchausgabe: Frankfurt am Main 1990, S. 199–221. – Im weiteren zitiert nach der Taschenbuchausgabe.

die Güte hatten. Nun ist es noch nicht soweit, ich weiß es, doch wollte ich Sie daran rasch erinnern.

Und wie ist es mit dem ebenfalls versprochenen Beitrag für unsere »Frankfurter Anthologie«?

Sie hatten auch einen Artikel über Horaz in Aussicht gestellt.

Haben Sie inzwischen ein Belegexemplar der Buchausgabe der »Frankfurter Anthologie«* erhalten?

Bitte, lassen Sie bald von sich hören und seien Sie ergebenst und herzlichst gegrüßt

von Ihrem
Marcel Reich-Ranicki

Kilchberg am Zürichsee
13. April 1976

Lieber Herr Reich-Ranicki,
eine zarte Gegenerinnerung. Ich schrieb Ihnen damals, daß ich »Mitte April an die Besprechung der Mendelssohn-Briefe gehen würde« oder so ähnlich. Nicht, daß ich sie am 15. abliefern würde! Ich bin nun wirklich dabei, aber es wird noch ein paar Tage dauern. Es wird keine sehr lange Besprechung; die Briefe sind durchaus keine »Briefe der Weltliteratur«. – Erst dies, anderes später.

Ihren Aufsatz zu den Briefen und dem Leben meines Bruders las ich damals, recht gründlich. Mit Ausnahme eines einzigen Wortes »verabscheuen« im Zusammenhang des Verhältnisses Vater–Sohn, erfand ich jedes einzelne der Urteile, aus denen der Aufsatz sich zusammensetzte, als richtig. Das Ganze trotzdem nicht. Warum nicht? Weil die Sympathie fehlte. Gänzlich ohne Sympathie, scheint mir, geht so etwas doch nicht. In der Überschrift war das Wort Schminke nicht

* Die Beiträge der »Frankfurter Anthologie« werden fortlaufend in Buchform publiziert; Frankfurt am Main 1976ff.

gerecht. Es trifft zu für den 17jährigen, den 20jährigen, für den 25jährigen schon nicht mehr, für den 40jährigen rein gar nicht. Dessen Trauer und Verlorenheit war leider völlig ungeschminkt. – Ihr »Börne« war viel schöner.

Herzliche Grüße
Golo Mann

PS Bitte richten Sie doch Dr. Hermann Rudolph aus, er möchte sich mit dem, was ich ihm versprach, August Nitschke*, noch etwas gedulden.

PS2: Ist Hofmannsthal schon in Ihrer Anthologie erschienen?**

Kilchberg am Zürichsee
22. April 1976

Lieber Herr Reich-Ranicki,
hier die Mendelssohn-Sache [6]. Hellere Funken konnte ich aus dem Buch nicht schlagen. Natürlich könnte man die ganze letzte Partie, die Geschichte Arnold Mendelssohns und so weiter weglassen und müßte dann mit der Bezugnahme auf Treitschke etc. schließen. Mir persönlich erscheint allerdings das Bekenntnis dieses Maoisten aus reicher Familie höchst interessant und schier noch interessanter die Reaktion des Onkels Joseph. Zu den Selbsttäuschungen unserer deutschen Terroristen gehört auch die, welche sie glauben läßt, daß sie was ganz Neuartiges seien!

Mit herzlichen Grüßen
Ihr Golo Mann

* August Nitschke, Historiker und seinerzeit neben Golo Mann u.a. Mitherausgeber der ›Propyläen Weltgeschichte‹.

** Leider ja! Anm. vom Sekretariat.

Wieder so ein langes PS Ich las Ihre neuesten T.-Miana*. Es scheint mir ähnlich zu stehen, wie mit dem über Klaus. Wieder ist *beinahe* alles richtig. Wieder fehlt was Entscheidendes. Wieder ist nicht *alles* richtig. »Eitel wie ein Tenor« war er ganz bestimmt nicht. Dazu *litt* er viel zu sehr unter sich selber. Wenn er, ferner, abstoßende Eigenschaften hatte oder abstoßend sein *konnte,* wie, andererseits, hätte ein insgesamt abstoßender, also doch widriger, böser Mensch *schöne* Sachen schreiben können? Bitte, sich das doch einmal zu überlegen. Unhaltbar ist mir ferner der Satz: er habe nichts erlebt und über alles geschrieben. Sein Erleben, zugegeben, war karg, verglichen mit dem Erleben Casanovas. Dafür muß es bedeutend mehr Intensität gehabt haben. Übrigens besaß er *Imagination,* die beim Dichter recht wohl für reales Erleben aufkommen darf. Daß er »mit seinem Pfund wucherte«, ist sehr wahr. – Seine Tagebücher, mit denen zur Zeit mein Bruder [Michael] sich beschäftigt, könnten doch ein paar Überraschungen bringen. Die sind nun *nicht* für Publizität, Nachwelt etc. geschrieben. Sie scheinen aber Güte, viel Familiensinn und sonst noch allerlei zu zeigen. Man wird da sehen. – Eines ist mir bei der Lektüre Ihres Artikels eingefallen. Es ist folgendes vorstellbar: Um die Fehler des Vaters zu vermeiden, könnte ein Schriftsteller ins gegenteilige Extrem verfallen, überhaupt nicht über sich reden oder andere weislich reden machen, und so als Festredner, Buchbesprecher etc. nachgefragt sein, ohne daß je wer von seiner Identität als Schriftsteller überhaupt Notiz nähme: er wäre nur für andere da, nicht als er selber für sich selber.

* Marcel Reich-Ranicki, ›Das Genie und seine Helfer. Über die Briefe an Otto Grautoff und Ida Boy-Ed‹. In: ›Thomas Mann und die Seinen‹. Frankfurt am Main 1990, S. 21–28. Erschien zuerst in der *F.A.Z.* vom 17.4.1976.

Frankfurt am Main
11. Mai 1976

Lieber Herr Mann,
bitte, entschuldigen Sie, daß ich erst heute auf Ihren Brief vom 22. April reagiere. Sie können sich denken, daß die verspätete Antwort mit dem Streik zusammenhängt, der natürlich unsere ganze redaktionelle Planung über den Haufen geworfen hat.

Ihr Aufsatz über die Mendelssohn-Briefe ist ebenso belehrend wie aufschlußreich. Ich bin sicher, daß viele Leser ihn ebenso gern lesen werden, wie ich es getan habe. Wann? Hierauf kann ich Ihnen leider noch nicht mit Sicherheit antworten.

Nun zu den Kürzungen: ich konnte mich auf keinen Fall entschließen, die ganze letzte Partie, also die Geschichte Arnold Mendelssohns, einfach zu streichen. Wir haben daher einen Kompromißweg gewählt: wir haben diese Geschichte etwas gekürzt und möchten noch an einer anderen Stelle eine Kürzung vorschlagen. Ihr Manuskript befindet sich in der Setzerei, weshalb es mir unmöglich ist, es Ihnen zwecks Überprüfung der von uns vorgeschlagenen Kürzungen zurückzuschicken. Ich sende Ihnen statt dessen den Abzug der geplanten Seite. Ihr Artikel liest sich in der jetzigen Fassung ebenfalls vorzüglich. Daß hier einzelne Absätze weggefallen sind, wird niemand merken. Bitte, sehen Sie den Text durch und lassen Sie mich wissen, ob Sie mit dieser Fassung einverstanden sind.

Was Sie zu meinen Artikeln über Klaus und Thomas Mann geschrieben haben, ist für mich außerordentlich wichtig und interessant. Sie können mir glauben, daß ich volles Verständnis für Ihre Gesichtspunkte habe. Ich würde mich sehr freuen, sollte ich mal die Möglichkeit haben, mich mit Ihnen über diese Themen zu unterhalten.

Schließlich eine ganz andere Angelegenheit: haben Sie je

die Prosa von Wolfgang Koeppen gelesen? Ich schätze Koeppen außerordentlich, halte ihn für einen der bedeutendsten deutschen Romanciers nach 1945 und bedaure sehr, daß zwischen Leistung und Erfolg dieses Autors nach wie vor ein deutliches Mißverhältnis herrscht. Er wird im Juni 70 Jahre alt. Wir werden einiges aus diesem Anlaß bringen. Könnten Sie etwas zum Thema Koeppen schreiben? Ich wage diese Frage nur deshalb, weil es ja schließlich möglich ist, daß das eine oder andere Buch von Koeppen Sie beeindruckt hat und daß Sie etwas zu diesem Thema sagen könnten und möchten.

Bitte, lassen Sie rasch von sich hören und seien Sie sehr herzlich gegrüßt

von Ihrem ergebenen
Marcel Reich-Ranicki

Kilchberg am Zürichsee
26. Mai 1976

Lieber Herr Reich-Ranicki,
mit den sehr maßvollen Kürzungen meiner Besprechung der Mendelssohn Briefe bin ich natürlich sehr einverstanden.

Zu Wolfgang Koeppen vermag ich leider nichts zu sagen. Ich las wohl einmal einen Roman von ihm, aber es ist gar zu lange her. Und was verstehe ich schon von Belletristik? Nach Joachim Kaiser: gar nichts. Er mag auch recht haben.

Etwas mehr als von Prosa jedoch von Gedichten. Verehrter Herr, wie konnten Sie die bisher doch so gelungene »Frankfurter Anthologie« verunzieren und das elende Zeug jenes Polizistenmörders bringen, zusammen mit dem entsprechenden Kommentar des Herrn Fried*? Ne comprends pas. Ich verstehe die Welt nicht mehr.

Mit herzlichen Grüßen
Ihr Golo Mann

* Erich Fried hatte Peter Paul Zahls Gedicht ›mittel der obrigkeit‹ besprochen.

Frankfurt am Main
31. Mai 1976

Lieber, verehrter Herr Mann,
vielen Dank für Ihren Brief vom 26. Mai. Daß Sie zu Koeppen nichts schreiben wollen, kann ich sehr wohl verstehen.

Was das Gedicht des Polizistenmörders betrifft, ich glaube, der Satz stammt von Wilde, daß damit, daß einer seine Wechsel nicht bezahlt, noch nicht bewiesen sei, daß er schlecht Geige spielt. Fallada hat, soviel ich weiß, einen Menschen erschossen und dennoch gute Romane geschrieben, und so kann man auch ein Polizistenmörder sein und ordentliche Gedichte schreiben. Das Gedicht von Zahl ist nach Ansicht aller, mit denen ich darüber zu sprechen Gelegenheit hatte (darunter sind natürlich auch mehrere Redakteure unserer Zeitung), ein gutes, maßvolles Gedicht in der Nachfolge Brechts. Die Interpretation von Fried scheint mir überaus vernünftig, sie betont ja auch ausdrücklich, daß man die Schuld immer auf beiden Seiten suchen solle. Ihnen gefällt weder das Gedicht noch der Fried'sche Kommentar. Ich respektiere Ihre Ansicht voll und ganz, bitte Sie aber höflichst, doch zur Kenntnis zu nehmen, daß man in dieser Sache auch anderer Ansicht sein kann. Nach dem Zahl haben wir ein Gryphius-Gedicht, und da sind wir uns bestimmt wieder einmal ganz einig.

Damit aber in Zukunft das Niveau der Gedichte und Kommentare unserer »Frankfurter Anthologie« noch besser wird als bisher, bitte ich Sie dringend, wieder etwas für diese Rubrik zu schreiben. Platen, Rückert und Lenau kamen bisher überhaupt nicht vor. Aber Sie können machen, was Sie wollen, Goethe und Schiller nicht ausgeschlossen.

Und vielleicht haben Sie einen Vorschlag für einen Artikel für uns?

Sehr herzliche Grüße
Ihr Marcel Reich-Ranicki

Frankfurt am Main
4. Juni 1976

Lieber Herr Mann,
ich wollte Ihnen nur mitteilen, daß Ihr Artikel über die Mendelssohn-Briefe ein überraschend starkes Echo gefunden hat. Überraschend ist dabei nur, daß ein an sich doch etwas abgelegenes Thema soviele Leser tatsächlich interessiert hat.

Gleichzeitig sende ich Ihnen einen Leserbrief; vielleicht wollen Sie dem Herrn Wenz einige Zeilen schreiben.

Meinen Brief vom 31.5. haben Sie gewiß inzwischen erhalten.

Herzlichst Ihr
Marcel Reich-Ranicki

Kilchberg am Zürichsee
15. Juni 1976

Lieber Herr Reich-Ranicki,
(könnten wir das verfluchte verehrter oder verehrter verfluchter nicht endlich weglassen?)

Schönen Dank für Ihren Brief vom 31. Mai und den nachfolgenden. Diesem Dr. Wenz habe ich geschrieben und ihn über die Familie Arnstein so gut ich konnte aufgeklärt; das übrige muß er sich selber besorgen.

Der Polizistenmörder hätte, was mich betrifft, auch Raub- oder Lustmörder sein dürfen, wenn es mir nur gegeben gewesen wäre, sein Gedicht schön zu finden. Weil mir nun diese Gabe gefehlt hat, so muß mans auf sich beruhen lassen; wie sollte ich mir wohl jene Unfehlbarkeit anmaßen, die heutzutage man selbst dem Heiligen Vater abzustreiten sich erkühnt! De gustibus non disputandum – die Römer haben immer alles am besten gewußt. Aber auch auf die hört man nicht mehr.

Ach ja, Gedichte. Ich schicke Ihnen bald etwas. Aber wissen Sie, daß es mir gar nicht leicht fällt? Ich habe die gelehrten

Bücher nicht, die ich haben müßte. Ich habe nur die Gedichtbände. Lenau: ›Lieblich war die Maiennacht‹ … oder ›Drei Zigeuner fand ich einmal‹ … ja, wie liebe ich das! Ein Gleiches gilt für Rückert: ›Das versunkene Dorf‹ oder ›Die Wolke‹ oder ›An des Tages Enden steht der liebe Stern‹ … das darüber Reden ist gar nicht so leicht. Es ist halt schön. Trotzdem, ich werde, bald.

Herzliche Grüße
Golo Mann

Kilchberg am Zürichsee
6. Juli 1976

Lieber Herr Reich-Ranicki,
hier eine Kleinigkeit für die »Anthologie«: der gewünschte Rückert [7]. Ich hatte es erst mit meiner Lieblingsballade, ›Dem versunkenen Dorf‹ versucht, aber da gelang mir der Kommentar zu kurz. ›Chidher‹, über den ich mehr hätte sagen können, ist selber zu lang für die Anthologie. Im Grunde erging es mir ein bißchen wie bei Fontane, wenn Sie sich an den erinnern. Am liebsten hätte ich gern sechs kleine Rückertgedichte zusammengestellt. Aber das darf ja nun nicht sein. Das Wort zum Schluß, das Werben für Rückert, das, glaube ich, darf doch wohl sein.

Mit schönen Grüßen
Ihr Golo Mann

Frankfurt am Main
15. Juli 1976

Lieber Herr Mann,
vielen Dank für Ihren Brief vom 6. Juli und den schönen Rückert-Kommentar. Die Rückert-Werbung am Ende darf natürlich sein. Allerdings mußten wir den Satz streichen, in dem Sie sich beschweren, daß es keine Taschenbuchausgabe gibt, denn die Welt ist doch nicht so schrecklich, wie Sie mei-

nen. Es gibt eine Taschenbuchausgabe der Rückert-Gedichte, und wir nennen sie in der bibliographischen Notiz.

1973 ist bei Hanser ein Buch von Max Fürst ›Gefilte Fisch. Eine Jugend in Königsberg‹ mit einem Nachwort von Heißenbüttel* erschienen. Diese Erinnerungen eines deutschen Juden haben sich als überaus erfolgreich erwiesen. Inzwischen ist schon die 5. Auflage erschienen. Fürst hat jetzt eine Art Fortsetzung geschrieben unter dem Titel ›Talisman Scheherezade. Die schwierigen zwanziger Jahre‹. Ich schicke Ihnen beiliegend die Ankündigung des Verlages. Natürlich habe ich keine Ahnung, ob Sie Lust haben, sich mit einem solchen Gegenstand zu befassen. Aber es ist ja nicht ausgeschlossen, daß Sie mal etwas Leichteres lesen möchten, und überdies handelt es sich ja um ein Buch, das zu allerlei Reflexionen über die Situation der Juden in der Weimarer Republik Anlaß geben könnte.

Der erste Band ›Gefilte Fisch‹ war in unserer Zeitung (aus Gründen, auf die ich hier lieber nicht eingehen möchte) nicht besprochen. Daraus geht hervor, daß Sie beide Bände zusammen rezensieren könnten, daß Sie sich aber auch, sollten Sie es vorziehen, nur auf den neuen Band beschränken können.

Lassen Sie mich bitte kurz wissen, ob ich Ihnen die Bücher zusenden darf. Und vielleicht haben Sie Rezensionsvorschläge?

Mit vielen sehr herzlichen Grüßen
Ihr Marcel Reich-Ranicki

Frankfurt am Main
1. September 1976

Lieber Herr Mann,
da ich im Urlaub war, hören Sie erst jetzt von mir, was Sie freundlichst entschuldigen wollen. Ich wollte Ihnen vor allem mitteilen, daß Ihre Rückert-Interpretation nächste

* Helmut Heißenbüttel, Schriftsteller, Lektor, Essayist.

Woche gedruckt wird. Daß dies erst jetzt erfolgt, hat rein technische Gründe. Das soll heißen: jede »Frankfurter Anthologie« ist mit einem Artikel in entsprechender Länge gekoppelt. Der Termin, an dem die ganze Seite ins Blatt kommt, ist weitgehend vom Thema des Hauptartikels dieser Seite abhängig. Ich schreibe Ihnen dies, weil ich befürchte, daß es Sie ein wenig verwundert, daß Ihr Beitrag schon einige Wochen liegt.

Jetzt ein Vorschlag: In der DDR ist, veröffentlicht von der dortigen Akademie der Künste und herausgegeben von Stephan Hermlin, ein ›Deutsches Lesebuch – von Luther bis Liebknecht‹ erschienen, das nun auch bei Hanser in München veröffentlicht wurde. Die Anthologie ist keineswegs einseitig gemacht und alles in allem, wie mir scheint, durchaus beachtlich. Sie beginnt mit ›Ein feste Burg ist unser Gott‹ und enthält Texte, die Sie alle oder fast alle natürlich längst kennen. Hätten Sie Lust, aus Anlaß dieser Anthologie einen Artikel für uns zu schreiben?

Vor wenigen Wochen habe ich Ausschnitte aus den ›Tagebüchern‹ Thomas Manns in der *Neuen Züricher* gelesen. Natürlich möchten wir auch einige Ausschnitte publizieren, und daß wir für diesen Zweck genug Platz hätten, brauche ich Ihnen nicht zu sagen. Ich weiß, daß sich mit dieser Edition Ihr Bruder Michael befaßt, der aber wohl wieder in Amerika ist. Mit wem könnten wir in Zürich in dieser Sache verhandeln? Ist Wysling* bevollmächtigt, uns gegebenenfalls Texte zur Verfügung zu stellen? Bitte, nehmen Sie es mir nicht übel, daß ich Sie in dieser Sache belästige.

Haben Sie vielleicht Rezensionsvorschläge? Bitte, lassen Sie bald von sich hören und seien Sie bestens gegrüßt

von Ihrem
Marcel Reich-Ranicki

* Hans Wysling, ehemaliger Leiter des Zürcher Thomas-Mann-Archivs.

Kilchberg am Zürichsee
11. September 1976

Lieber Herr Reich-Ranicki,
allerverbindlichsten Dank, allerverehrtester Herr Professor, für das Ihrige vom 1. September. Ja, lassen Sie mir doch die Anthologie, besorgt von Stephan Hermlin, (solch einen schönen Namen möchte ich auch haben!) zugehen, ich will dann sehen, ob ich was halbwegs Sinnvolles damit anfangen kann. Die Gefahr ist: daß man den Herausgeber und den Verlag etc. lobt wegen ihrer Liberalität. Das habe ich einmal auf einem anderen Feld getan, und es ist dem unglücklichen Gelobten dann überaus schlecht bekommen.

Mit meiner Rückert-Miniatur, da hatte ich nie ein [Gefühl], daß es Eile hätte.

T.M.s ›Tagebücher‹. Da ist nur der Herr Professor Michael Mann (7 Orchard Road, Orinda, California 94563, USA) zuständig. Ich habe mich absolutissima forma aus diesem Geschäft zurückgezogen. Der Verantwortliche glaubt an Vorabdrucke nur für die kurze Frist vor der Veröffentlichung des Ganzen, resp. der Auswahl, denn er ist entschlossen, nur eine Auswahl zu veröffentlichen und glaubt damit, ich glaube es auch, im Sinn des Tagebuchschreibers zu handeln. Was neulich die *NZZ* tat, war also eigentlich gar nicht in seinem Sinn, beruhte auf irgendeinem kleinen Mißverständnis.

Rezensionsvorschläge meinerseits – momentan keine. Und zu viele Schulaufgaben diesen Herbst und Winter.

Mit herzlichen Grüßen
Ihr Golo Mann

Frankfurt am Main
14. September 1976

Lieber Herr Mann,
allerverbindlichsten Dank für Ihren Brief vom 11. September, dem man, wäre man leichtsinnig, entnehmen könnte, daß Sie in bester Laune sind.

Der Herr Hermlin, dessen Name Ihnen so gefällt, heißt in Wirklichkeit weder Stephan noch Hermlin, sondern Rolf und Leder. Seine Anthologie ist an Sie bereits unterwegs, und ich bin ganz sicher, daß die vielen in dem Band enthaltenen Texte Sie zu einem wunderbaren Artikel animieren werden.

Ihre Rückert-Interpretation ist in allerhöchsten Kreisen mit huldvollem Wohlgefallen aufgenommen worden.

An den Herrn Professor Michael Mann habe ich heute ein Bittschreiben gerichtet, von dem ich mir doch einigen Erfolg erhoffe.

Sehr herzlich
Ihr Marcel Reich-Ranicki

Frankfurt am Main
15. November 1976

Lieber Herr Mann,
devot und schüchtern nahe ich Ihnen mit der zaghaften Frage, ob das von Stephan Hermlin herausgegebene ›Lesebuch‹ von Ihnen ganz vergessen wurde. Natürlich haben Sie wichtigeres zu tun und doch scheint es mir, daß diese ostdeutsche Sammlung Anlaß zu einem Aufsatz geben könnte, in dem Sie uns alle über den Gegenstand und die damit zusammenhängende Problematik belehren. Ich jedenfalls bin da der Belehrung sehr bedürftig.

Überhaupt fällt es mir schwer zu verheimlichen, daß ich schon seit längerer Zeit in unserer Zeitung einen Beitrag aus Ihrer Feder vermisse. Wenn Sie uns nichts Größeres anbieten wollen, woran uns freilich außerordentlich gelegen wäre, dann vielleicht, abgesehen von dem ›Deutschen Lesebuch‹, mal wieder einen Beitrag für unsere »Frankfurter Anthologie«? Es steht ja die gesamte deutsche Dichtung zu Ihrer Verfügung.

Bitte, lassen Sie wieder von sich hören und verzeihen Sie einem Ungeduldigen seine Aufdringlichkeit.

Herzlichst, Ihr ergebener
Marcel Reich-Ranicki

Kilchberg am Zürichsee
18. November 1976

Lieber Herr Reich-Ranicki,
danke für Ihren Brief vom 15. November. In Hermlins Buch las ich längst, seinem eigenen Rezept folgend; ich las so lange darin, daß ich es nun beinah ganz gelesen habe. Sie werden die Besprechung binnen kurzem erhalten.

Was Größeres? An sich hätte ich gerne das Buch von Carl Friedrich von Weizsäcker besprochen; ein Vorabdruck, den ich im *Merkur* las, hat mir so imponiert, daß ich ihn zwei bis drei Mal gelesen habe. Aber dies Ding wird gewiß schon an einen Kompetenteren vergeben sein.

Mit herzlichen Grüßen
Ihr Golo Mann

PS Ein neuer Beitrag zur »Anthologie«: Sobald Muse Melpomene mich besucht ...

Frankfurt am Main
25. November 1976

Lieber Herr Mann,
es tut mir sehr leid, aber das Buch von Weizsäcker hat unser Ressort für »Politische Bücher« bereits vergeben.

Es freut mich, daß Sie einen neuen Beitrag für unsere »Frankfurter Anthologie« in Aussicht stellen. Allerdings wollen Sie auf die Muse warten, was mich etwas, wie man heutzutage zu sagen pflegt, verunsichert.

Sehr schön wäre es, wenn ich Ihren Aufsatz über das ›Lesebuch‹ von Hermlin schon am 1. oder 2. Dezember erhalten könnte.

Es grüßt Sie herzlichst, Ihr dankbarer Leser

Marcel Reich-Ranicki

Kilchberg am Zürichsee
26. November 1976

Lieber Herr Reich-Ranicki,
hier diese Kleinigkeit [8]. Mehr brauchte wohl nicht zu sein oder war aus einer solchen Anthologie nicht zu machen; es wäre denn, man hätte aus einzelnen Stücken wie etwa Fontanes köstlichen und überaus klugen Brief über Wilhelm II. zitiert. Aber ich darf nicht zu jenen Rezensenten gehören, die die Zahl der Zeilen durch allzu reichliche Zitate vermehren.

Herzliche Grüße
Golo Mann

PS Das Paar Hans Mayer–Stephan Hermlin anno 46 war wirklich sehr belustigend.

Frankfurt am Main
1. Dezember 1976

Lieber Herr Mann,
ich möchte Ihnen rasch so herzlich wie möglich für die Besprechung des ›Lesebuchs‹ von Hermlin danken. Sie meinen, Sie hätten nur eine Kleinigkeit geschrieben, mir will es jedoch scheinen, daß dies ein Glanzstück ist, das den Hermlin treffend und mit gehöriger Ironie interpretiert und seiner Anthologie trotz allem volle Gerechtigkeit widerfahren läßt. Da ich Hermlin kenne und nicht leiden kann, aber diese An-

thologie ebenfalls schätze, bin ich besonders froh über Ihre virtuose Rezension.

Allerdings will ich nicht verheimlichen, daß die Qualität dieses neuen Beitrags meinen von Ihnen nicht immer gern gesehenen Appetit auf weitere Artikel von Ihnen ganz außerordentlich gesteigert hat.

Sehr herzlich
Ihr Marcel Reich-Ranicki

Kilchberg am Zürichsee
23. April 1977

Lieber Herr Reich-Ranicki,
für die ›Nachprüfungen‹* wollte ich Ihnen erst danken, nachdem ich die Dinge, oder doch alle mir bisher unbekannten davon, gelesen hätte; so danke ich Ihnen jetzt, herzlich. Auch für die Widmung, obgleich sie, neben anderen, mich auch ein wenig ängstigt. Denn:

Es fürchte die Götter das Menschengeschlecht...
Der fürchte sie doppelt, den je sie erheben etc.

Also bitte, überschätzen Sie mich nicht, damit Sie mich nicht eines Tages *unter*schätzen! Ja, das sind höchst lesenswerte Aufsätze und höchst treffsicher (für mich, fast immer). Für diesen Leser kommt hinzu, daß er, daß ich die Mehrzahl der nachgeprüften Autoren kannte, einige sehr genau: Werfel, Feuchtwanger, selbst Hesse. Einige weniger genau, aber doch so, daß ich lebendige Eindrücke von ihnen bewahre: Arnold Zweig, Joseph Roth, Kisch, auch, obgleich ich ihn nur zweimal sah, Hofmannsthal. Ihrem Hesse-Portrait stimme ich völlig zu, aber nur, soweit es eben reicht. Hätten Sie Hesses *politische* Äußerungen, Briefe, Artikel mit dazugenommen, so wäre das Bild um eine Nuance, sogar um eine Abweichung

* Marcel Reich-Ranicki, ›Nachprüfung. Aufsätze über deutsche Schriftsteller von gestern‹. Stuttgart 1977.

reicher geworden. Denn Hesse war, in aller Diskretion und Schlichtheit, ein *sehr* kluger politischer Beurteiler. T.M. darin überlegen, daß sein Urteil in *dieser* Sphäre niemals von Literatur angekränkelt war. Und er war leidenschaftlicher dabei, als ich wußte, ehe ich seine politischen Schriften las. – Eine Nuance würde ich auch bei dem Feuchtwanger-Essay anbringen. Ich glaube nämlich, daß Sie seinen Weltruhm doch überschätzen. Was ihn bezeichnete, war nicht so sehr der wirkliche Weltruhm, den er gewiß zeitweise genoß, sondern seine überaus gesteigerte Vorstellung davon. Es konnte ihm einfach nichts passieren, weil er sich durch seinen Ruhm wie durch einen Panzer geschützt glaubte. Im französischen Internierungslager, 1940 zu mir: »Ein Brief an den Sowjetbotschafter in Paris und ich bin frei!« Ich: »Den Brief würde ich aber schreiben!« Geschrieben wurde er nie. Umgekehrt: »Ach, ihr anderen, ihr seid ja gar nicht in Gefahr. Aber vorgestern hat Goebbels eine lange Radioansprache ausschließlich gegen mich gehalten!« Und so oft. Weder in Frankreich, noch, seit 1940 in Amerika, ist er je wirklich wohlhabend gewesen. In den fünfziger Jahren mußte eine gemeinsame Freundin ihm geradezu manchmal Geld leihen! Er lebte zugleich prunkvoll und bescheiden; nie hatte er häusliche Hilfe, seine Frau war ihm eine überaus tüchtige Sklavin. – Arnold Zweig – wie recht haben Sie mit dem »deutschen Idealisten«! Meinerseits würde ich hinzugefügt haben: daß er ein gräßlicher Schulmeister war! Er hat mich belehrt, daß ich seekrank wurde. Allerdings hat er seinen Marx wirklich gelesen, Feuchtwanger nicht. Feuchtwanger war *nicht* wirklich gescheit, meiner Beobachtung nach. – Wassermanns steilen Balzac-Ehrgeiz bringen Sie großartig heraus. Nicht ganz für mein Gefühl: das Schwermütige in seinem Wesen. Den ›Caspar Hauser‹, sein spannendstes, auch sein schwermütigstes Buch, las ich mit 16 und vergötterte es geradezu. Und während sonst die Lieblingslektüren der späten Kindheit alle verwelkt sind, hält der ›Caspar Hauser‹ für mich heute noch, was er damals war, oder doch beinahe. – Gerecht und glänzend finde ich die Besprechung des ›Mephisto‹. Sie trifft ins Schwarze. Daß ich mit dem zweiten Stück nicht *ganz* einverstanden bin, schrieb ich Ihnen glaube ich damals schon. Ebenso über die T.M.-Stücke; da stimmen wir einmal nicht ganz überein. – Die Wahrheit hat viele Seiten.

Ja, da könnte man noch fortfahren. Vielleicht einmal mündlich, etwa über Werfel.

Insgesamt scheinen mir diese Rückblicke sehr notwendig. Einige unter den Schriftstellern, derer Sie sich da annehmen, sind ja heute fast vergessen; das geht schnell. Und sonderbare, anscheinende Willkür waltet über dem Vergessenen wie über den seither steil Aufgestiegenen (Hesse!).

Mit herzlichen Grüßen
stets der Ihre
Golo Mann

PS Das über die Kleist-Anekdoten erhalten Sie pünktlich. Was ist pünktlich?

Frankfurt am Main
27. Mai 1977

Lieber Herr Mann,
Ihr Brief vom 23. April hat mich überrascht, gefreut und verblüfft. Daß Sie sich die Zeit genommen haben, viele in meinem Buch ›Nachprüfung‹ enthaltene Aufsätze zu lesen, damit habe ich nicht gerechnet. Ihre kritischen Bemerkungen sind für mich, ich übertreibe nicht, ganz außerordentlich wertvoll. Ich danke Ihnen sehr, daß Sie sich die Mühe gemacht haben, mir dies alles zu schreiben.

Ihr Beitrag über die Kleist-Anekdoten wird erst Anfang September nötig sein. Doch ist es ganz ausgeschlossen, daß unsere Leser in der Zwischenzeit nichts aus Ihrer Feder bei uns geboten bekommen. Vor allem ist es höchste Zeit, daß Sie wieder einen Beitrag für unsere »Frankfurter Anthologie« schreiben. Darf ich Sie um Vorschläge bitten? Denn natürlich möchten wir es vermeiden, daß Sie sich zu einem Gedicht äußern, das schon einmal in dieser Rubrik war, in der es bisher immerhin rund 150 Gedichte gegeben hat.

Und was haben Sie im Augenblick in Arbeit? Ließe sich nicht davon etwas für unsere Zeitung abzweigen? Was immer Sie uns anbieten werden, wir werden es dankbar nehmen. Also bitte, lassen Sie von sich hören.

Sehr herzlich
Ihr Marcel Reich-Ranicki

PS Der zweite Band der »Frankfurter Anthologie« ist soeben erschienen, das Belegexemplar wird gewiß in diesen Tagen bei Ihnen sein.

Kilchberg am Zürichsee
20. August 1977

Lieber Herr Reich-Ranicki,
hier das Versprochene [9]. Es mag angehen, wenn auch nicht mehr. Ich wollte, ich könnte diesen Herbst mehr Besprechungen schreiben, es gibt Interessantes genug. Ich darf aber absolut nicht. Finden Sie in irgendeiner andern Zeitung oder Zeitschrift eine Buchkritik von mir, so dürften Sie mich einen schlechten Menschen nennen.

Mit herzlichen Grüßen
Ihr Golo Mann

PS Da hat nun Hans Mayer meine ›Drei Zigeuner‹ behandelt! Ach, und wie! Aber, da ichs nicht machte, wie darf ich klagen?

Kilchberg am Zürichsee
23. Oktober 1977

Lieber Herr Reich-Ranicki,
könnten Sie mir nicht einen *großen* Gefallen tun. Ich mache mir Sorge wegen den Besprechungen des wirklich menschlich sehr reichen und hübschen Buches von Clary-Aldringen ›Geschichten eines alten Österreichers‹. Bisher soll nur eine ganz kurze und schnöde Besprechung in der *Welt* gestanden haben; vermutlich gab mans einem jungen Manne, der nie von Österreich-Ungarn gehört hat! Ich fürchte, sowas kann heute sinnvoll nur ein Alter oder doch Älterer schreiben und ein bißchen Sympathie fürs Konservative muß er auch haben. Es läge mir hier so sehr viel daran, erstens sachlich, aber auch, weil der arme alte Herr ein bißchen Freude vor seinem Tod so sehr gut brauchen könnte! Ich lege Ihnen bei, was Dr. Peter Lahnstein für das Nachtasyl des Süddeutschen Rundfunks gemacht hat. Könnte man das nicht drucken, falls Sie das Buch nicht schon vergeben haben?

Mit herzlichen Grüßen
stehts der Ihre
Golo Mann

Frankfurt am Main
26. Oktober 1977

Lieber, verehrter Herr Mann,
meine Gewissensbisse sind groß, denn ich fürchte sehr, daß ich es unterlassen habe, Ihnen für Ihren schönen und nachdenklichen Beitrag über Kleist zu danken. Dies sei hiermit geschehen. Inzwischen ist ja unsere Kleist-Beilage erschienen und hat Ihnen hoffentlich gefallen.

Jetzt habe ich noch für Ihren Brief vom 23. Oktober zu danken. Sie haben vollkommen recht, das Buch von Clary-Aldringen sollte von einem älteren Menschen besprochen werden. Und bei einem solchen und überdies geschätzten

Mitarbeiter befindet sich das Rezensionsexemplar; ich hoffe sehr, daß ich das Manuskript in der nächsten Woche erhalten werde. So bleibt mir nichts anderes übrig, als Ihnen vorerst das Manuskript von Peter Lahnstein beiliegend zurückzuschicken.

Ich erinnere mich, daß Sie zu meinem Leidwesen in absehbarer Zeit keine Kritiken schreiben wollen. Aber gilt das auch für die »Frankfurter Anthologie«? Ich hoffe doch sehr, daß Sie Lust haben, mal wieder ein Gedicht zu interpretieren. Die Krupps sind wichtig, aber die deutsche Lyrik ebenfalls. Vergessen Sie das nicht und lassen Sie bitte von sich hören.

Sehr herzlich
Ihr Marcel Reich-Ranicki

Kilchberg am Zürichsee
11. April 1979

Lieber Herr Reich-Ranicki,
ein Wort des Dankes dafür, daß Sie meinen Freund Pierre Bertaux diesen wunderschönen »Brief« an mich haben schreiben lassen. Das war eine gute Idee und natürlich hat kein anderer Artikel mich so gefreut wie dieser.

Mit herzlichen Grüßen
Ihr Golo Mann

Frankfurt am Main
23. April 1979

Lieber Herr-Mann,
über Ihren kurzen Brief vom 11. April habe ich mich sehr gefreut. Übrigens vermutete ich Sie längst in Bayern, nun sehe ich, daß Sie offenbar nach wie vor über Kilchberg zu erreichen sind.

Wie auch immer: Ihr freundliches Lebenszeichen ermutigt mich zur ebenso devoten wie dringlichen Bitte, unsere Zeitung doch nicht ganz zu vergessen. Könnten Sie nicht wieder einmal ein Buch rezensieren? Ich mache keine Vorschläge, wäre aber für eine Andeutung, was für Sie zur Zeit in Betracht käme, sehr dankbar.

Ferner wundern sich die Leser unserer »Frankfurter Anthologie«, daß in dieser Rubrik schon sehr lange nichts aus Ihrer Feder zu lesen war. Sie erinnern sich: es geht um ein deutschsprachiges Gedicht im Umfang bis zu 30, höchstens 36 Versen, und um einen Kommentar von maximal zwei Maschinenseiten mit je 30 Zeilen. Wie wäre es mit einem Gedicht von Rückert, Lenau, Platen oder Heine? Sie kennen doch dieses Repertoire auswendig. Nur bitte ich, bevor Sie schreiben, um kurze Anfrage, weil wir es vermeiden möchten, daß Sie über ein Gedicht schreiben, das schon einmal in unserer »Frankfurter Anthologie« war.

Ich hoffe, es geht Ihnen gesundheitlich gut und verbleibe mit vielen herzlichen Grüßen und nicht ohne Hoffnung,

Ihr
Marcel Reich-Ranicki

Kilchberg am Zürichsee
3. Mai 1979

Lieber Herr Reich-Ranicki,
herzlichen Dank für Ihren Brief und die Einladung zu gelegentlicher Mitarbeit.

Die »Frankfurter Anthologie«. Sehr gerne würde ich über Hofmannsthals ›Terzinen über Vergänglichkeit‹ etwas sagen, weil man darüber ohne Mühe allerlei sagen kann. Auch ist es Hofmannsthals schönstes Gedicht.

Sind die ›Terzinen‹ aber schon dagewesen, so schlage ich vor: Heine, ›Nicht gedacht soll seiner werden!‹ Auch darüber läßt sich ohne Mühe allerlei sagen, zumal wenn man andere Gedichte von Heine illustrierend mit heranzieht. Mit Platen und Rückert ist es schwierig. Es geht mir da etwas wie es Robert Schumann ging, als jemand ihn fragte, was denn diese Klaviersonate nun eigentlich aussage? Seine Antwort: »Das kann ich Ihnen genau erklären« – und setzte sich ans Klavier und spielte die Sonate noch einmal.

Ferner darf ich Ihnen eine Buchbesprechung vorschlagen: Peter Lahnstein, ›Auf den Spuren von Karl V.‹ (List Verlag). Es ist ein sehr hübsch und gut gemachtes Buch, merkwürdige und merkwürdiger Weise geglückte Verbindung von Biographie und Reisebeschreibung. Wäre aber eine harmlose Sache, nur so etwa drei Schreibmaschinenseiten. Was denken Sie dazu?

Mit herzlichen Grüßen
Ihr Golo Mann

Frankfurt am Main
8. Mai 1979

Lieber Herr Mann,
vielen Dank für Ihren Brief vom 3. Mai. Ich freue mich außerordentlich, daß Sie Hofmannsthals ›Terzinen‹ vorschlagen. Glücklicherweise umfassen alle drei Teile 36 Verse, so daß die ›Terzinen‹ gerade noch für uns in Frage kommen. Denken Sie bitte daran, daß Ihr Kommentar nicht mehr als 60 Maschinenzeilen umfassen darf. Es bereitet mir geradezu Schmerzen, ein Manuskript aus Ihrer Feder zu kürzen. Daher bitte ich Sie dringend, mir derartige Schmerzen ersparen zu wollen. Also: 60 Maschinenzeilen, deren Länge freilich Ihnen überlassen bleibt.

Allerdings muß ich hinzufügen, daß ich an einer Äußerung von Ihnen zu Heines ›Nicht gedacht soll seiner werden!‹ ebenso interessiert bin. Mit anderen Worten: ich mache von Ihren beiden Vorschlägen Gebrauch, überlasse die Reihenfolge Ihnen und wäre am glücklichsten, wenn Sie mir beide Interpretationen bald und gleichzeitig zuschicken könnten.

Und schließlich: ich freue mich außerordentlich, daß Sie das Buch von Peter Lahnstein ›Auf den Spuren von Karl V.‹

für uns rezensieren wollen. Das Exemplar geht sofort an Sie ab. Wir warten auf Ihre Kritik.

Mit herzlichen Grüßen
Ihr Marcel Reich-Ranicki

Kilchberg am Zürichsee
12. Mai 1979

Lieber Herr Reich-Ranicki,
hier die Besprechung des Lahnstein [10]. Wegen der ›Terzinen‹ und dem von mir beanspruchten Platz brauchen Sie sich keine Sorgen zu machen; ich will nur von den *ersten* handeln und auch nur die sollen gedruckt werden. Hoffentlich komme ich demnächst dazu. Wenn ich nur nicht so müd und überanspruchte wäre.

Mit herzlichen Grüßen
Ihr Golo Mann

8021 Icking
20. Mai 1979

Lieber Herr Reich-Ranicki,
Hier die von den ›Terzinen über Vergänglichkeit‹ handelnde Bagatelle [11]. Bitte lassen Sie doch ja die Orthographie kontrollieren, ich bin nicht firm darin und hier einstweilen noch ohne jede Hilfe, wie auch die Schrift erweist. ›Nicht gedacht soll seiner werden‹ folgt ein wenig später.

Immer der Ihre
Golo Mann

PS Den Text selber glaubte ich nicht copieren zu müssen. Es ist *nur* das Gedicht, zu dessen Haupt ›Über Vergänglichkeit‹ steht. Die nachfolgenden handeln, II III und IV, von anderen Dingen, sind übrigens parfümiert und unnotwendig.

Frankfurt am Main
28. Mai 1979

Lieber Herr Mann,
vielen herzlichen Dank für Ihren sehr schönen Beitrag über die Hofmannsthal-›Terzinen‹. Ich möchte ja nicht als unersättlich und undankbar gelten, doch habe ich in Ihrem Brief vom 20. Mai gelesen, daß der Beitrag zu Heines Gedicht ›Nicht gedacht soll seiner werden‹ »ein wenig später« folgen werde.

Mit vielen sehr herzlichen Grüßen
Ihr Marcel Reich-Ranicki

Kilchberg am Zürichsee
6. August 1979

Lieber Herr Reich-Ranicki,
hier etwas Versprochenes [12], um Sie auf Weiteres für in weiterer Ferne Versprochenes zu vertrösten.

Herzlich stets der Ihre
Golo Mann

Frankfurt am Main
10. August 1979

Lieber Herr Mann,
soeben habe ich Ihren Beitrag zu Heines ›Nicht gedacht soll seiner werden‹ erhalten. Ganz vorzüglich. Vielen Dank.

Ich muß Ihnen auch noch für den Brief* vom 16. Juli 1979 danken. Natürlich bin ich gern einverstanden und sehr froh, daß Sie Wassermanns ›Caspar Hauser‹ für unsere geplante Serie** machen werden. Wir werden mit dieser Serie vermutlich erst Ende dieses Jahres beginnen, weshalb ich Ihnen ausnahmsweise diesmal schreiben kann, daß ich Ihren Bei-

* Brief nicht aufzufinden.
** Unter der Rubrik »Romane von gestern – heute gelesen«.

trag noch nicht unbedingt sofort brauche. Ich werde mir erlauben, Ihnen in dieser Sache noch einmal zu schreiben, doch bleibt es natürlich dabei, daß Sie den ›Caspar Hauser‹ machen [13].

Es grüßt herzlichst
stets Ihr Marcel Reich-Ranicki

Icking
26. März 1980

Lieber Herr Reich-Ranicki,
meiner ersten Belästigung jage ich eine zweite hinterdrein. Auch diese *muß* sein, als Zusatz zu meinem Leserbrief. Denn natürlich werden die Leute wieder nicht glauben, daß ich den zweiten Artikel schrieb, ohne die erste Nummer gesehen zu haben.

Ich fürchte, diese Angelegenheit schadet mir entsetzlich.

Herzliche Grüße
Ihr Golo Mann

[In einer *FAZ*-Glosse vom 21.3.1980 hatte sich der damalige Feuilletonchef Günther Rühle darüber mokiert, daß in der ersten deutschen Ausgabe des Männermagazins *Penthouse* u.a. »der ehrenwerte Golo Mann« in Erscheinung tritt; der wunschgemäß ergänzte Leserbrief erschien am 31.3.1980]

Bis zum Jüngsten Tage nicht
Zu Ihrer Notiz über die neue Zeitschrift *Penthouse* (*F.A.Z.* vom 21. März): Ich habe, als ich meine gelegentliche Mitarbeit an der Zeitschrift zusagte, nicht die leiseste Ahnung von ihrem Charakter gehabt. Der Redakteur, der mich in Kilchberg besuchte und einen durchaus seriösen Eindruck machte, erklärte mir, es sei eine Zeitschrift »für Intellektuelle«. Auf meinen Einwand, daß es so viele »Intellektuelle« doch nicht gebe, nun, er meine eben alle akademischen Berufe... Man kann es auch so sehen. – Von Honorar war überhaupt nicht die Rede. Noch nie habe ich mich, wenn ich einen

Artikel schreibe, vorher nach dem Honorar erkundigt und alle Feuilleton-Chefs, mit denen ich je zu tun hatte, mögen bestätigen, daß ich zu den scharfen Forderern nicht gehöre. Leider wird nun auch noch die zweite Nummer von *Penthouse* einen Beitrag von mir enthalten. Dies erklärt sich daraus, daß die Redaktion die Beiträge sechs Wochen vor Erscheinen benötigt, ich also meinen zweiten Artikel lieferte, lange bevor ich die erste Nummer in Händen hatte. Von jetzt ab jedoch wird *Penthouse* bis zum Jüngsten Tag nichts mehr von mir erhalten. Die Honorare, die ich erhielt, stelle ich einem Schweizer wohltätigen Institut zur Verfügung.
Golo Mann, Kilchberg bei Zürich

Frankfurt am Main
1. August 1980

Lieber Herr Mann,
Sie haben vielleicht meinen Kommentar* zu der Erklärung der 24 Schriftsteller und Künstler in Sachen Engelmann in der *F.A.Z.* vom 21. Juli gelesen. Dennoch schicke ich Ihnen sicherheitshalber eine Fotokopie beiliegend zu. Zwar bin ich sicher, daß Sie meinen Hinweis auf das Alter einiger gerade der bekannteren Unterzeichner nicht mißverstanden haben, doch möchte ich Ihnen auf jeden Fall die Kopie eines Briefes zuschicken, den ich heute an einen Leser zu schreiben genötigt war. Offenbar halten mich manche Leser für einen Jüngling, wo ich ja ebenfalls schon zur älteren Generation gehöre. Wie also könnte ich überhaupt auf die Idee kommen, das Alter in einem negativen Sinne anzuführen?

Darf ich bei dieser Gelegenheit an Ihren Beitrag für unsere

* Marcel Reich-Ranicki, ›Ein deutscher Zwist. Der Politiker Strauß, der Schriftsteller Engelmann und ein aktueller Protest‹, *F.A.Z.* vom 21.7.1980. – Der Publizist Bernt Engelmann hatte Franz Josef Strauß als »ehemals aktiven Nazi« bezeichnet und damit den Protest von einigen Künstlern und Wissenschaftlern hervorgerufen, darunter auch Golo Mann. Reich-Ranicki mokierte sich darüber (»Bemerkenswert ist das Alter der Unterzeichner«), ohne sich jedoch auf die Seite Engelmanns zu stellen, dessen »polemische Methode« er im Gegenteil als »zumindest fahrlässig« bezeichnete. Sowohl an Engelmann wie an Strauß richtete er den Appell: »Es ist im allgemeinen Interesse, daß in Zukunft an die Stelle der Haßausbrüche sachliche Argumente treten.«

»Frankfurter Anthologie« erinnern? Sie wollten mir da einige Vorschläge machen.

Sehr herzlich
stets Ihr Marcel Reich-Ranicki

Kilchberg am Zürichsee
16. August 1980

Lieber Herr Reich-Ranicki,
haben Sie, wenngleich verspäteten, Dank für Ihren Brief vom 1. August. Ihren Artikel ›Ein deutscher Zwist‹ hatte ich damals gleich gelesen, und es fand derselbe entschieden meinen Beifall: vernünftig und gerecht, besonders was den Fall Engelmann betrifft. Das mit den lauter alten Leuten hatte ich natürlich nicht so verstanden wie der gute Herr Stewens … Meinerseits schicke ich Ihnen die Kopie einer Ansprache*, die ich unlängst im Nachtstudio des Bayerischen Rundfunks vortrug und in der ich auch noch einmal auf diese Angelegenheit zu sprechen komme; nur so zu Ihrer Informierung.

Jetzt noch zur Frage meines nächsten Beitrages für die »Frankfurter Anthologie«, den ich Ihnen allerdings erst für binnen einigen Wochen versprechen kann: Schiller: ›Nänie‹, Brentano: ›Der Spinnerin Lied‹. Goethe: ›Im Gegenwärtigen Vergangenes‹ (Ros und Lilie …) Hölderlin: ›An Landauer‹. Platen: Ghasel: ›Es liegt an eines Menschen Schmerz‹ … Oder Platen: ›Wem dein wachsender Schmerz‹ … Goethe: ›Sankt Nepomuks Vorabend‹ …

* Golo Mann, ›In eigener Sache‹, Sendung im Bayerischen Rundfunk am 5.8.1980. Der Beitrag beginnt mit den Sätzen: »In eigener Sache – darüber zu sprechen liegt mir eigentlich nicht. In meiner Jugend kannte ich einen großen deutschen Schriftsteller und verehrte ihn sehr, Thomas Mann. Der durfte, kraft seiner Persönlichkeit, sehr oft über sich selber sprechen und schreiben; aber ich fand, daß er des Guten doch manchmal zu viel tat und daß ich, sein Sohn, das Gegenteil davon tun sollte.« Zu der aktuellen Diskussion über die Engelmann-Strauß-Kontroverse merkt er an, er bereue seine Unterschrift (s. Fußnote auf Seite 68) nicht im mindesten. Er sei an der politischen Entwicklung der Bundesrepublik »stärkstens interessiert« und wolle ab und zu dazu Stellung nehmen: »Aber nicht als engagierter Parteimann, sondern als freier Beobachter, der von Fall zu Fall urteilt, so gut, so klärend, wie er eben kann.«

Bitte stellen Sie mir doch aus der Zahl dieser Gedichte drei zur Wahl, denn ich weiß noch nicht, über welches ich am ernährendsten reden könnte; dergleichen muß man versuchen, obs gelingt.

Mit herzlichen Grüßen
stets der Ihre Golo Mann

PS Es ist mir immer noch lieber, die Engelmann, Kuby usw. sind so reich und mächtig, wie sie sind, reicher und mächtiger, als, seit es die deutsche Sprache gibt, je deutsche Schriftsteller waren, als daß etwa Neonazis und Beschöniger von Hitlers Verbrechen es wären. Was ich jedoch an diesen Reichen und Mächtigen verachte: daß sie gleichzeitig auch die Getretenen sein wollen. Und Strauß ist dumm genug, ihnen alle zwei Jahre das unbeherrschte Kraftwort zu liefern, mit dem sie dann zwei Jahre lang als Getretene ganz glänzend leben können. – Tatsächlich tun jene neun von zehn jüngeren Schriftstellern, Künstlern etc. dem Manne Unrecht. Er ist selber viel »intellektueller«, als er manchmal tut und als jene glauben. Sogar hat er sich einmal buchstäblich einen Intellektuellen genannt!

Frankfurt am Main
22. August 1980

Lieber Herr Mann,
über Ihren Brief vom 16. August habe ich mich sehr gefreut. Was Sie in Sachen Engelmann und Kuby sagen, ist nur allzu wahr.

Nun soll ich also aus den Gedichten drei auswählen. Hier sind sie: Goethe ›Im Gegenwärtigen Vergangenes‹, Platen ›Es liegt an eines Menschen Schmerz‹ und Platen ›Wem dein wachsender Schmerz‹. Ich will nicht verheimlichen, was mir am liebsten wäre – daß Sie nämlich alle drei Gedichte machen, doch selbstverständlich jedes für sich. Sie erinnern sich an den Maximalumfang des Gedicht-Kommentars: 2 Maschinenseiten mit 30 Zeilen. Ich warte gespannt auf Ihr Manuskript und danke im voraus.

Sehr herzlich
Ihr Marcel Reich-Ranicki

Berzona, Val Onsernone
10. September 1980

Lieber Herr Reich-Ranicki,
Hier schicke ich Ihnen die erste der auf längere Sicht versprochenen Interpretationen. Das Gedicht schreibe ich nicht ab, es ist die Achte Ode, in jeder Platen-Ausgabe leicht zu finden. [14]

Leider ist die »Reinschrift« recht unreinschriftlich ausgefallen, die Luft war allzu drückend, glaube ich, und ein dritter Versuch wäre noch schlechter gelungen. Vielleicht findet sich ein hilfreicher Geist, der es noch einmal ins Reinste bringt. – Übrigens gefielen mir die früheren Sachen besser.

Herzliche Grüße
Golo Mann

Frankfurt am Main
3. Oktober 1980

Lieber Herr Mann,
da ich nicht wußte, wo Sie sind, habe ich es unterlassen, Ihnen zu danken. Hoffentlich wird dieser Brief Sie erreichen. Also: Ihr Kommentar zu dem Gedicht von Platen ist sehr schön und wird bald kommen.

Alles Gute und viele herzliche Grüße,

Ihr
Marcel Reich-Ranicki

Frankfurt am Main
11. November 1980

Lieber Herr Mann,
entschuldigen Sie bitte, daß Ihre Platen-Interpretation noch nicht gedruckt ist, aber Sie wissen ja, daß es bei unserer »Frankfurter Anthologie« immer etwas dauern muß. Der Beitrag wird unsere Nummer vom 22. November schmücken. Ich hoffe, daß Sie inzwischen ein Belegexemplar des fünften Bandes der »Frankfurter Anthologie« erhalten haben, in dem zwei Ihrer Interpretationen (Heine und Hofmannsthal) enthalten sind.

Natürlich habe ich auch heute eine Bitte: Sie haben doch irgendwann wenigstens Teile des ›Mann ohne Eigenschaften‹ gelesen. So wird es Ihnen, hoffe ich, nicht viel Mühe bereiten, nachstehende Fragen zu beantworten:

1. Was halten Sie vom ›Mann ohne Eigenschaften‹?
2. Was halten Sie von dem Vorschlag in der beigelegten Glosse* der *F.A.Z.* vom 6.11.1980?

Zu der 2. Frage möchte ich daran erinnern, daß die aus den fünfziger Jahren stammende Ausgabe des ›Mann ohne Eigenschaften‹ längst vergriffen ist und daß man diesen Roman also nur in der in der Glosse erwähnten fast 2.200 Seiten umfassenden Ausgabe haben kann.

Wir erwarten keine langen Ausführungen, aber ich wäre doch sehr froh, wenn Sie die Güte hätten, 2–4 Maschinenseiten mit 30 Zeilen zu diesem Thema schreiben zu wollen. Wir brauchen das Manuskript bis spätestens 30. November.

Mit viel Vergnügen habe ich neulich bei der etwas traurig geratenen Geburtstagsfeier für Nowakowski Ihr Gedicht gehört und dabei Ihre Reime aufrichtig bewundert.

* In dieser Glosse plädierte Marcel Reich-Ranicki für eine stark gekürzte Auswahlausgabe von Robert Musils Roman (mit den »schönsten Episoden, Szenen und Skizzen«), um dessen Popularität zu steigern.

Ich hoffe sehr, daß Sie bei unserer Musil-Umfrage mitmachen werden und grüße Sie herzlichst,

Ihr Marcel Reich-Ranicki

Kilchberg am Zürichsee
24. November 1980

Lieber Herr Reich-Ranicki,
verspäteten Dank für das Ihrige vom 11. November, verspätet, darum, weil die Ickinger Adresse nun wieder nicht mehr zutrifft. Ich habe mich wieder auf Kilchberg zurückgezogen und versuche, das verdammte Ding im Isartal wieder loszuwerden, womits aber seine Schwierigkeiten zu haben scheint. Gelingt es nicht, so bin ich bankrott ...

Nun aber und es schmerzt mich, Ihnen mitteilen zu müssen: Ich kann das, worum Sie mich bitten, nicht machen*. Es fehlt mir im Moment ganz einfach die Zeit dafür. Es sind Jahrzehnte und Aberjahrzehnte her, daß ich den ›Mann ohne Eigenschaften‹ las. Die Erinnerung ist zugleich stark und vage; ich müßte das Ding noch einmal lesen oder doch einen beträchtlichen Teil, und dazu komme ich nicht. Ihre Idee finde ich ausgezeichnet und stimme Ihnen völlig bei: da der Roman in einer vorzüglichen Neuausgabe vorliegt, spricht rein gar nichts gegen eine solche Konzentration. Wie TM über die Filme nach seinen Romanen zu sagen pflegte: »Der Roman selber bleibt ja ...« – So mein Urteil; aber zur Zeit könnte ich es nicht in einigen Seiten artikulieren. Übrigens *konnte* der ›Mann ohne Eigenschaften‹ kein Erfolgsbuch sein. Wenn ›Joseph und seine Brüder‹ im Grunde ja auch kein Erfolgsbuch war, aber doch ein Buch, das mehr in die Breite wirkte als jenes, so lag das nicht, wie Musil glaubte, daran, daß TM von Haus aus »Groß-Schriftsteller« war und es seinen Lesern

* Der Reich-Ranicki zustimmende Beitrag entstand dann doch und erschien in der *F.A.Z.* vom 13.12.1980. [15]

gefällig machte; das machte er in ›Joseph und seine Brüder‹ sicher nicht, im ›Faustus‹ noch viel weniger. Es muß schon noch an was anderem gelegen haben …

Recht leid tat es mir zu hören, daß die Geburtstagsfeier für den noblen Nowakowski etwas traurig war. Woran das nun wieder lag? Er hätte doch was Lustiges verdient!

Mit herzlichen Grüßen
stets der Ihre Golo Mann

Kilchberg am Zürichsee
26. Mai 1981

Lieber Herr Reich-Ranicki,
ich nahe mich Ihnen, wie Kleist dem Goethe, auf den Knien meines Herzens, in einen Sack gekleidet und Asche auf meinem Haupt. Nämlich: ich kann das nicht tun, was ich Ihnen neulich am Telefon versprach. Ich fühle mich im Moment so überfordert, so erschöpft, daß ich es nicht kann, das eine, ›Königliche Hoheit‹, sowenig wie das andere, ›Preußen‹. Ein Vortrag ›Spanien gestern und heute‹ an den ich einige Wochen wandte, um ihn 600 Smokings im Kölner »Gürzenich« zu bieten, nach einem dreistündigen »Herrenessen« obendrein, hat mir vollends den Rest gegeben. Sie mögen fragen: warum tun Sie denn so etwas? Aber da gabs nun wieder persönlichste Gründe dafür, nicht mich, aber jemand anderen, um den ich mich sorge, betreffend. So ist der Lauf der Welt. Den Vortrag habe ich dann vor 60 Klötzen in Luzern wiederholt, was mir den Rest gab. Die ganze Arbeit eignet sich für die Veröffentlichung rein gar nicht, denn was man über Spanien sagt, ist die folgende Woche schon wieder veraltet. Nun bin ich im Begriff, das Pour le Mérite-Treffen in Berlin abzusagen, pflichtvergessener-, also höchst unpreußischerweise; dies nur als Beispiel dafür, wie es mit mir steht.

›Königliche Hoheit‹, sollte die Reihe dann noch laufen, so

könnte ich das dann irgendwann im Herbst nachliefern, vielleicht auch im Sommer, es ist eine vergleichsweise unschwierige und reizvolle Arbeit. Aber ›Preußen‹ – suchen Sie sich einen anderen, jüngeren und darum besseren. I said my say über Preußen längst und es widert mich, mich zu wiederholen und bei mir selber abzuschreiben. Glauben Sie mir, es müssen nicht immer die alten, veralteten Kanonen sein, die über so was schreiben; sie braucht neuere, zeitgemäßere Waffen.

Bitte seien Sie nicht zu zornig auf mich. Etwas schon, aber nicht sehr. Ich will es mit der *Frankfurter* durchaus nicht verderben. Die *Süddeutsche*, der ich ehedem entschieden mehr Ehre als Schande machte, und das ziemlich häufig, scheint überhaupt nichts mehr von mir zu wollen.

Mit herzlichen Grüßen
stets der Ihre Golo Mann

Kilchberg am Zürichsee
5. Juni 1981

Lieber Herr Reich-Ranicki,
welch generöser Brief*! Ich hatte Angst, ihn zu öffnen, und wie erleichtert war ich darnach! – Ja, gewiß, das über ›Königliche Hoheit‹ werden Sie erhalten; es ist eine hübsche Ferienaufgabe, im August, man glaube es oder man glaube es nicht, werde ich etwas Ferien machen ... [16]

Die Preußerei dagegen, ich konnte es nicht, ich kann's nicht. Da müssen nun endlich einmal andere her, junge Leute mit *frischem* Blick. Zum Beispiel Sebastian Haffner ...

Wegen der erbetenen Audienz müßten Sie sich an den Chef meines Hofmarschall-Amtes, Friedrich Wilhelm von Itzenplitz wenden. Ich könnte mir jedoch durchaus vorstellen, daß er Ihnen einen positiven Bescheid erteilen wird.

* Brief nicht aufzufinden.

Gelegentlich meines nächsten Besuches in Frankfurt oder nahe Frankfurt. Worüber zur rechten Zeit ein mehreres.

Mit herzlichen Grüßen
Ihr Golo Mann

Kilchberg am Zürichsee
12. Juni 1981

Lieber Herr Reich-Ranicki,
vor einer halben Stunde erhielt ich Brief* und Sendung vom 10. Juni und las Ihre Besprechung der ›Tagebücher‹** im Augenblick. Ich finde sie großartig; das beste, nicht nur, was über das Ding geschrieben wird, sondern was darüber geschrieben werden *kann*. Sie nähern sich dem Gegenstand von nahezu allen denkbaren Seiten, treffen immer die Nuance, unterscheiden goldrichtig. So zwischen Eitelkeit und sich wichtig nehmen; in diesem Fall eine fundamentale Unterscheidung. Sie fragen, ob TM ein Parvenu gewesen sei, ohne, scheint mir, darauf eine klare Antwort zu geben. Die meine: nein, das war er nicht. Aber seine Herkunft war provinziell, und davon kam er nie ganz los. Meine Mutter pflegte zu sagen: »Die Buddenbrooks, das sind doch keine Herrschaften!« Nicht so, wie man dies in der Arcisstraße war; nur eben so gute Bürgersleute. Gute Bürgersleute in einer kleinen Stadt. Daher stammt auch sein Antisemitismus, von dem er nie *völlig* wegkam (sein Bruder auch nicht). Wie sollten junge Kleinstadt-Patrizier der 1890er Jahre nicht antisemitisch sein? Gewaltig imponierten ihm bei den Pringsheims die berühmten Freundschaften: Wagner, Björnson, Lenbach. So ist später auch in Amerika die Freundschaft mit dieser Agnes Mayer zu erklären; sie war ihm unerträglich, aber eben doch eine sehr große Dame, mit Palast in Washington, Schloß auf

* Brief nicht aufzufinden.

** Marcel Reich-Ranicki, ›Die Chronik seines Leidens‹. In: ›Thomas Mann und die Seinen‹. Frankfurt am Main 1990, S. 50–63. Erschien zuerst in der *FAZ* vom 13.6.1981.

dem Land, Zugang zum Weißen Haus etc. etc. Und selbst daß er während der Frankfurter »Goethewoche«, anfang der 20er Jahre, neben dem Reichspräsidenten Ebert sitzen durfte, imponierte ihm. Natürlich stammte er aus einer Zeit, in der es noch Rangunterschiede gab; wem kann heute ein Botschafter imponieren, wie der Botschafter von Hösch dem TM in Paris imponierte?! – Übrigens ist das Ganze ein unwichtiger Aspekt.

Die »Audienz« erhalten Sie gewiß, aber doch wohl erst im Herbst. Die Sache ist die, daß ich mich seit langem mit einem Bankert quäle, zu dem ich buchstäblich kam, wie die Jungfrau zum Kind, und das nun endlich geboren werden *muß*. Diese Zeilen für Sie strict privat.

Daß der Unterzeichnete in den ›Tagebüchern‹ so oft, so freundlich erwähnt wird, das hätten Sie doch einmal erwähnen können. Mich erwähnt nie jemand. Noch in keiner dieser unzähligen Essay-Anthologien ist ein Essay von mir aufgenommen, obwohl ich weiß, daß meine besten Essays auf der Höhe des deutschen in unserem Jahrhundert stehen. Woher kommt das? Daher, daß solche Sammlungen meistens von Ihren Tübinger-Freunden gemacht oder doch indirekt regiert werden? Oder daran, daß ich mich eben rein gar nicht wichtig nehme? Man will was von mir; aber so wie die Gäste des reichen Herrn John in ›Peter Schlemihl‹ was von dem grauen Manne wollen. Eine Situation, die ich längst akzeptiert habe, die mich teils amüsiert, teils verwundert – verwundet, das eigentlich nicht.

Mit herzlichen Grüßen
Ihr Golo Mann

Frankfurt am Main
28. Januar 1982

Lieber, verehrter Herr Mann,
Sie waren neulich so leichtsinnig anzudeuten, daß Sie, was freilich kein Geheimnis bleiben konnte, die Festansprache zu Ehren von Wilhelm Busch halten werden. Wären Sie gewillt und bereit, den Text dieser Rede der Nation in der *F.A.Z.* zugänglich zu machen?

Ich sehe Ihrer gnädigen Antwort mit Spannung entgegen und grüße Sie devotest,

Ihr Marcel Reich-Ranicki

PS Ich wage es nicht, ich geniere mich, ich fürchte mich – und wage es doch: Sie wissen, demnächst ist Goethes 150. Todestag. Nein, ich denke überhaupt nicht an einen Essay aus Ihrer Feder aus diesem Anlaß. Nichts liegt mir ferner, als Sie zu überfordern, zumal ich Ihre leidende Stimme immer noch im Ohr habe. Gleichwohl überlege ich mir, ob Sie nicht doch Lust hätten, eine Kleinigkeit, eine graziöse Arabeske, eine charmante Marginalie, eine subtile Randbemerkung zu irgend einem Aspekt oder Werkchen des Herrn aus Weimar zu schreiben? Auch zwei, drei hübsche Maschinenseitchen würden mich beglücken. Dies mag Ihnen gleichgültig sein, allein, die Seitchen würden auch die Nation beglücken.

Kilchberg am Zürichsee
8. Februar 1982

Verehrtester,
›lauter Verrisse‹ hieß glaube ich einmal irgend ein Buch*; der Autor will mir gerade nicht einfallen. Jedenfalls »Körbe, lauter Körbe« ist leider der Inhalt des Briefes, den ich Dero zu schreiben widerwillig mich anschicke. Der Busch-Vortrag ist

* Anspielung auf den populärsten Titel Reich-Ranickis, das Buch erschien erstmals 1970.

zwar noch nicht geschrieben, aber wie die Ernte eines bankrotten Gutsbesitzers schon auf dem Halm verkauft; an die süddeutsche Konkurrenz*. Da gibts wie gewöhnlich Gründe. Ich hatte vor Zeiten ja sehr häufig einiges in der *Süddeutschen,* aber seit Jahren nichts mehr. Nun wurde ich unlängst mit zwei hohen Münchner Ehrungen überschüttet, einer münchnerischen und einer bayrischen. Ich muß mich da also nun hin und wieder blicken lassen, wenn schon nicht persönlich so doch indirekt. Und Goethe? Da will mir absolut nichts einfallen. Ich bin ja im Grund kein Goetheaner. Und man soll nicht schreiben, wenn einem das Herz nicht danach ist. Glauben Sie mir, ich erfuhr es »den harten Weg« oft und oft. Unlängst, das war nun das Sonderbarste und Schlimmste meiner Schriftstellerei-Erlebnisse: ich mußte eine große historische Arbeit aufgeben, mit der ich mich jahrelang, ich wiederhole jahrelang, befaßte**. Sie gefiel jenen nicht, in deren Auftrag sie geschrieben wurde; die Schuld aber lag im Grunde doch bei mir, denn schon nach einigen Monaten merkte ich, daß der Held kein Held und nicht viel mit ihm anzufangen war, machte aber weiter, gegen besseres Wissen oder Gewissen, mir sagend: it is a challenge, Du hast's versprochen, Du mußt es zu Ende führen. Das erwies sich als ein schwerer Fehler... Nun, einmal sind es Körbe, das nächste Mal werden es wieder Blumen sein. Dafür habe ich für Joachim Fest, den von Frankfurt, nicht den von Lübeck, eben etwas geschrieben, was er als viel zu lang wird ansehen müssen...

In tiefster Ehrfurcht ersterbend
Euer Excellenz untertänigst
ergebenster Golo Mann

* Golo Mann, ›Genie, Schliff und Form. Zum 150. Geburtstag Wilhelm Buschs‹, *Süddeutsche Zeitung* vom 10.4.1982; gekürzte Fassung des Festvortrags ›Der lachende Pessimist, Wilhelm Busch‹, vollständig in: Golo Mann, ›Wir alle sind, was wir gelesen. Aufsätze und Reden zur Literatur‹. Frankfurt am Main 1989, S. 189–221.
** Golo Mann plante eine Studie über die Familie und Firma Krupp.

Kilchberg am Zürichsee
2. März 1984

Lieber Herr Reich-Ranicki,
eben erhalte ich das Telegramm mit Ihren Glückwünschen und möchte Ihnen doch gleich dafür danken. Denn es war besonders nett von Ihnen, so an mich zu denken. Natürlich wissen Sie so gut wie ich, daß ich nun wirklich keineswegs der einzige war, der hier als erster Preisträger* in Frage kam, daß es, aufs Geratewohl gesagt, allermindestens ein Dutzend mir mindestens »ebenbürtiger« heute wirkender, deutschsprachiger Essayisten gegeben hätte, richtiger gab; daß der Rest Glück, Willkür, was noch, war. Aber man nimmt es, weil man es nicht ändern kann, und weil es ja einer sein mußte. Auch ist in diesem Fall ein winziges Stück Wiedergutmachung darin. Denn: in einschlägigen Anthologien oder Sammelwerken: ›Deutsche Literaturkritik im 20. Jahrhundert‹, oder die ›besten deutschen Essays des 20. Jahrhunderts‹, oder wie solche Sammlungen hießen, ist noch nie etwas von mir aufgenommen worden, und da dachte ich mir dann, sooooo schlecht waren meine besten Sachen dann auch wieder nicht...

Und jetzt reise ich nach Amerika, wo ich seit 26 Jahren nicht war. Was ich mir nun in zehn Jahren erworben hatte und in sechsundzwanzig wieder verlor, das wird sich in vier Wochen kaum wiedergewinnen lassen.

Mit den freundlichsten Grüßen
immer der Ihre Golo Mann

* Des Ernst Robert Curtius-Preises.

Kilchberg am Zürichsee
10. April 1984

Lieber Herr Reich-Ranicki,
schönen Dank für Ihr großmütiges Telegramm*, dessen Aussage ich mit einer starken Prise Salz nehme. Aber lesen tut man es halt doch gerne, schwach, wie das menschliche Fleisch ist ... Übrigens fällt mir auf, daß wir uns wieder einmal ziemlich lange nicht gesehen haben. Warum nicht? Aber haben Sie keine Sorge, erkennen würde ich Sie ganz gewiß.

Mit den freundlichsten Grüßen
immer der Ihre Golo Mann

Frankfurt am Main
28. Februar 1985

Lieber Herr Mann,
seien Sie bestens bedankt für das gestrige Gespräch, das für mich war, wie Gespräche sein sollten, doch nur so selten sind – höchst amüsant und belehrend zugleich.

Beiliegend sende ich Ihnen 22 Goethe-Gedichte. Ich habe den Verdacht, daß Sie beinahe alle auswendig können. Bitte lassen Sie mich rasch wissen, für welche Sie sich entscheiden – je mehr, desto besser. Aber noch einmal: Über jedes Gedicht können wir zwei Maschinenseiten, also 60 Maschinenzeilen bringen. Auf keinen Fall können wir zwei Gedichte in einem Beitrag miteinander verbinden.

Sehr herzlich
Ihr Marcel Reich-Ranicki

* Zu Golo Manns Geburtstag am 27. März.

Kilchberg am Zürichsee
10. April 1985

Verehrtester,
heute nur ein Wort des Dankes für Ihr fast allzu liebenswürdiges Telegramm à propos meines so sehr banalen Geburtstages. (Nicht als ob die »runden« nicht banal wären; zumal sie sich in meinem Alter so sehr schnell wiederholen ...) Meinen Dank kann ich Ihnen am besten dadurch aussprechen, resp. meine Dankbarkeit beweisen, indem ich Ihnen noch vor Ende des Monats, allen Gewalten zum Trotz, meine ›Erlkönig‹-Interpretation übersende.

Mit schönen Grüßen
immer der Ihre
Golo Mann

Kilchberg am Zürichsee
6. Mai 1985

Verehrtester,
beigeschlossen das Beigeschlossene [17]. Ich weiß nicht, ob's mir gelang. Zurzeit muß ich ein schrecklich unzentriertes, vielfältiges Leben führen: vorgestern Abend Salemer Studentenjugend hier im Haus, gestern das japanische Fernsehen, heute Mittag und Abend mit unserem verehrten Alt-Bundespräsidenten Carstens zu verbringen, und Morgen das und Übermorgen jenes. Sollte nicht sein, ist alles ganz falsch ...

Ihren ›HM TM Essay‹* las ich, zweimal. Sehr geistvoll, kenntnisreich, energisch durchgeführt. Mein einziger Einwand: es könnte der Eindruck entstehen, als habe dies Thema beide Brüder, oder mindestens den jüngeren beherrscht, was natürlich nicht der Fall war. Eine solche Verschiebung der Akzente ergibt sich aber unvermeidlich aus der Isolierung

* Marcel Reich-Ranicki, ›Der König und der Gegenkönig‹. In: ›Thomas Mann und die Seinen‹. Frankfurt am Main 1990, S. 152–179. Erschien zuerst in der *F.A.Z.* vom 2.4.1985.

eines einzigen Lebensthemas... Während der Lektüre kam mir die Frage, wer wohl der Nettere oder der weniger Unnette gewesen sei? In *dieser* Sache, fürchte ich, Heinrich. Man mag es sich damit erklären, daß er eben, weil der ältere, anfangs der Überlegene war, und davon bleibt dann immer irgend etwas übrig. Sehr, sehr überlegen ist jener Brief, während des Krieges geschrieben, der offenbar nicht abgeschickt wurde, den aber de Mendelssohn in extenso bringt: »Du mußt zur Kenntnis nehmen, daß mein Welterlebnis nur mein eigenes ist. Du störst mich nicht.« TM hatte geschrieben, sie sollten »unser brüderliches Welterlebnis« etc. etc. Aus dem Brief zitieren Sie, glaube ich, auch. Aber er scheint mir, was HM betrifft, geradezu ein Schlüssel zu sein. Daß er den »Atem« TM widmete, mit der Inschrift: »Meinem großen Bruder, der den ›Doktor Faustus‹ geschrieben hat« erzählte ich Ihnen glaube ich. – Daß sie beide Neurotiker waren, ist natürlich richtig, sagt aber an sich nicht allzuviel. Welcher Schriftsteller höherer Grade wäre es nicht?

Heute nichts mehr als dies.

Mit herzlichen Grüßen
immer der Ihre Golo Mann

PS Grüße an Joachim Fest.

Frankfurt am Main
13. Mai 1985

Lieber Herr Mann,
ich habe Ihnen zu danken – für Ihren Brief vom 6. Mai, der mit wenigen Worten Wichtiges andeutet, und für Ihre Interpretation des ›Erlkönigs‹. Glauben Sie mir, das ist ein meisterhaftes Prosastück. Ich glaubte, das Gedicht zu kennen, aber erst Sie haben mir die Augen geöffnet. Ich bin glücklich, daß ich Sie dazu gebracht habe, diese Anmerkungen zu schreiben.

Allerdings bereitet mir Ihr Manuskript auch Kummer. Um es kurz zu machen: Die Beiträge in der »Frankfurter Anthologie« dürfen nicht mehr als zwei Maschinenseiten mit 30 Zeilen umfassen. Ich halte mich an diese Regel sehr konsequent – sonst wäre die Rubrik längst zusammengebrochen. Wir haben bisher in der »Frankfurter Anthologie« 547 Gedichte mit Interpretationen veröffentlicht. Ich brauche Ihnen nicht zu sagen, daß viele der Kommentatoren unbedingt länger schreiben wollten und manche auch tatsächlich länger geschrieben haben. Ich war in allen diesen Fällen unerbittlich, und ich glaube, daß es so richtig war.

Nun werden Sie verstehen, daß ich, so sehr ich es auch möchte, keine Sonderregelung für Sie einführen kann. Ich käme sofort in Teufels Küche, Dutzende unserer berühmten Schriftsteller und Germanisten würden lauthals protestieren und meine sofortige öffentliche Bestrafung fordern.

Der langen Rede knapper Sinn: Wir müssen Ihren Beitrag kürzen. Mir fällt das sehr schwer, da mir kein einziger Satz in Ihrem Manuskript überflüssig scheint, und ich hoffe, daß Sie das Ganze in einem eigenen Buch auch noch drucken werden. Gewissermaßen blutenden Herzens schlage ich zwei Kürzungen vor:

1. Wir lassen den Schluß (ab »Nur ein zweites deutsches Gedicht …«) weg, weil der Vergleich mit dem Droste-Gedicht zwar schön und überzeugend, aber nicht unbedingt notwendig ist.

2. Aber auch dann ist der Text noch etwas zu lang, wobei ich übrigens nicht nur die Zeilen gezählt, sondern auch berücksichtigt habe, daß Sie relativ kurze Zeilen schreiben. So müssen wir noch einige Zeilen streichen. Ich schlage vor, auf Seite 1 von »Ich kenne nur ein anderes …« bis » … Vollkommene zum Vollkommenen«.

Beide Kürzungen bedaure ich, doch will mir scheinen, daß der Text auch jetzt vorzüglich ist. Ich bitte Sie also dringend: Machen Sie keine Schwierigkeiten und stimmen Sie, wenn auch vielleicht zähneknirschend, zu. Für den Fall, daß Sie die Kopie nicht zur Hand haben, sende ich Ihnen beiliegend eine Ablichtung, auf der die beiden Passagen gestrichen sind.

Außerdem möchte ich Sie bitten, mir nicht zu verübeln, daß ich eine gewisse redaktionelle Änderung, die Sie im Goethe-Text vorgenommen haben, rückgängig mache. Sie zitieren aus dem Gedicht ›Willkommen und Abschied‹: »Wie stand im Nebelkleid die Eiche / Wie ein getürnter Riese da«. Getürnter ist natürlich ein Tippfehler, denn es muß »getürmter« heißen. Nur heißt es bei Goethe: »Schon stand im Nebelkleid die Eiche / Ein aufgetürmter Riese, da«. Ich will gar nicht entscheiden, welche der beiden Fassungen besser ist. Aber Sie werden, wie ich mit Sicherheit annehme, dafür sein, daß wir die Goethe'sche wählen.

Noch einmal vielen herzlichen Dank, und gedenken Sie meiner mit Nachsicht.

Herzliche Grüße
Ihr Marcel Reich-Ranicki

Kilchberg am Zürichsee
22. Mai 1985

Lieber Herr Reich-Ranicki,
von einer meiner Rheinland-Reisen zurückkommend, diesmal einer aus den und den Gründen mich stark berührenden oder deprimierenden, finde ich hier Ihren Brief und Sendung vom 13. Mai, verspätet. Ja nun – beggars cannot be choosy. Ich muß ja alle Kürzungen akzeptieren, weil ich's nicht anders kann. Freilich, freilich, ein bißchen abrupt enden tut es schon. Aber welcher Leser denkt denn schon nach ... Und ich bin der letzte, der Extra-Privilegien für sich forderte.

Noch eine Bagatelle zu Ihrem ›HM TM Essay‹ und über Ihren speziellen Beitrag zum Thema. Es könnte recht wohl sein, daß eine gewisse Abneigung, die er nicht immer, aber manchmal, und im Grunde doch wohl immer, gegenüber seinem ältesten Sohn fühlte, durch dasselbe, hier freilich zu übersetzende Motiv zu erklären ist. Ich bin der letzte Zeuge eines wenig erfreulichen Monologs, den meine verstorbene Mutter, meine verstorbene Schwester Erika und ich darüber einmal hörten. Aber, es ist am Ende besser, ich nehme dies mit ins Grab. Immerhin, die bloße Andeutung mag Sie interessieren*.

Mit herzlichen Grüßen
Ihr Golo Mann

PS Ich habe wieder einmal nach dem Gedächtnis zitiert. Herzlichen Dank für die Korrektur.

Frankfurt am Main
22. August 1985

Lieber Herr Mann,
glücklich bin ich und untröstlich. Glücklich, weil Sie den ›Goethe-Preis‹ erhalten und weil ich ganz sicher bin, daß es unter allen Zeitgenossen keinen gibt, der diesen Preis mehr verdient hat als Sie. Widersprechen Sie mir nicht. Ich weiß, so ist es, und ich weiß sehr wohl, daß Sie jetzt an die Iphigenie-Worte denken: »Es fürchte die Götter das Menschengeschlecht ...«

Untröstlich bin ich, weil ich jetzt am Sonntag für eine Woche nach Frankreich reise und es sich um eine Reise handelt, die mit zwei Vorträgen verbunden ist und sich deshalb

* Reich-Ranicki erinnert sich, auf diese Andeutung hin unverzüglich bei Golo Mann telefonisch nachgefragt zu haben, ohne jedoch Näheres zu erfahren; er ermunterte den Zeugen von Thomas Manns Monolog, seine Erinnerung zumindest für die Nachwelt schriftlich zu fixieren.

nicht verschieben läßt. Dies aber bedeutet, daß mir die Feier am 28. August entgehen wird. Es ist ein schwacher Trost, daß ich die beiden Reden werde lesen können.* Aber ich bin sicher, daß Sie meine Abwesenheit gar nicht bemerken werden und daß es daher absurd wäre, Sie um Verständnis und Nachsicht zu bitten.

Sie haben sich möglicherweise gewundert, daß Ihre großartige Interpretation des ›Erlkönig‹ noch nicht gedruckt wurde. Der Grund: Es schien mir richtig, sie gleichsam als Ouvertüre zur Verleihung des ›Goethe-Preises‹ zu verwenden. Ihr Beitrag ist in unserer Beilage vom 24. August zu lesen. Die andere Goethe-Interpretation, die Sie für uns zu machen versprochen haben (›Der Fischer‹), ist nicht eilig, ich dränge nicht, muß Sie nur bitten, die Sache nicht zu vergessen. Sie werden diese Interpretation gewiß im Laufe der nächsten Monate machen können.

Aber eine andere Sache ist doch etwas eilig. Sie erinnern sich an die Thomas-Mann-Umfrage, die wir in der *F.A.Z.* 1975 veranstaltet haben. Diese Umfrage wird bei S. Fischer als Buch erscheinen, doch mit Nachträgen. Ich sende Ihnen beiliegend Ihre damalige Äußerung und bitte Sie also um einen ›Nachtrag 1985‹. In den vergangenen zehn Jahren sind ja mehrere Bände der ›Tagebücher‹ erschienen, und so haben sich neue Gesichtspunkte ergeben. Ein wenig lächerlich ist es freilich schon, wenn ich Sie darauf aufmerksam zu machen wage. Je länger Ihr ›Nachtrag 1985‹ geraten sollte, desto besser. Ich kann mich nicht des Eindrucks erwehren, daß Sie viel zu wenig über T.M. geschrieben haben, daß Sie, anders ausgedrückt, von Ihrem Wissen in dieser Sache zu wenig uns anderen mitteilen, zuviel für sich behalten. Ich weiß, Sie haben Lust zu antworten, Sie hätten anderes zu tun. Aber meine Aufgabe ist es, jener Zöllner zu sein, der dem Weisen

* Golo Manns Dankesrede und die Laudatio von Joachim Fest.

seine Weisheit abverlangt. Der erbetene ›Nachtrag 1985‹ wäre wieder mal eine Gelegenheit, daß Sie etwas zum Thema T.M. sagen, was vielleicht jetzt, also nach den ›Tagebüchern‹, ganz besonders wichtig ist.

Schön wäre es, wenn Sie mir Ihren Beitrag im Laufe des September schicken könnten. Aber wenn Sie es erst im Oktober schaffen oder gar Anfang November – mir ist alles recht, wenn ich von Ihnen einige Seiten über Thomas Mann erhalte.

Verzeihen Sie die ungebührliche Länge dieses Briefes und seien Sie herzlichst und ergebenst gegrüßt von

Ihrem
Marcel Reich-Ranicki

PS Die Frage hieß 1975: »Was bedeutet Ihnen Thomas Mann, was verdanken Sie ihm?«

Kilchberg am Zürichsee
13. September 1985

Lieber Herr Reich-Ranicki,
verspäteten Dank für das Ihrige vom 22. August. Es gab viel dringende Post mittlerweile und obendrein nur acht Tage nach der Frankfurter Feier ein Vortrag in Bern über die USA, 1960–1985 – so eine ganze Kleinigkeit. Natürlich tat es mir leid, daß Sie nicht mit von der Partie sein konnten in Frankfurt, aber was nicht sein kann, kann nicht sein, ich verzichte auch auf manches und auf viel reizvolleres. Trotzdem war's eine schöne Feier, so schön wie so etwas überhaupt sein kann. Wie ich dazu kam, weiß ich immer noch nicht und schüttle staunend den Kopf darüber: bei so vorgerückten Jahren, und ohne während der letzten zehn Jahre etwas Tüchtiges geleistet zu haben, plötzlich so im Rampenlicht zu stehen. Nun, das Feuerchen wird rasch wieder erlöschen.

Daß ›Erlkönig‹ erst unmittelbar vor der Preisverleihung

kam, kann ich nur billigen. Mit dem ›Fischer‹ hat's also keine Eile, aber es wird noch im Herbst oder Spätherbst geliefert werden. Auch: eine Nachschrift zur TM-Umfrage. Wenn ich recht verstehe, ist wirklich eine Nachschrift gemeint; nicht etwas, was sich künstlich an das vorgegebene anfügt oder irgendwo eingefügt würde. Das wäre entschieden schwieriger und etwas künstlich.

Sie meinen, ich schreibe zu wenig über TM oder verschweige zu viel von dem, was ich weiß. Da mag etwas dran sein. Der Grund möchte der folgende sein. Ich bin dem TM in vielem ähnlich, leider nicht in allem, gottseidank nicht in allem, aber in vielem. Natürlich könnte ich genau das am besten beschreiben; aber nicht ohne mich selber zu zeigen, wie ich bin, indem ich zeige, wie er war. Das ist eine etwas heikle Sache und besonders heikel für eine Tageszeitung oder sonst ein »Periodical«. In ›Erinnerungen‹ steht es etwas anders, aber auch da geh ich vorsichtig vor. Überhaupt schreibe ich da, wie auch sonst, über die »Familie« nur das unvermeidliche Minimum, nicht das Maximum, was die Leser wahrscheinlich von mir erwarten. Weil ich ... nun, das hat neben vielem anderem Joachim Fest in seiner Rede sehr schön herausgebracht. I want to be myself and not the son. Dagegen hat, wie ich höre, mein Neffe Frido schon im Vorwort zu seinem autobiographischen Roman* ausgeführt, wie sehr er TMs Lieblingsenkel gewesen sei. Chacun à son goût ...

Mit herzlichen Grüßen
Ihr Golo Mann

PS Dieser Brief verlangt offenbar keine Antwort es wäre denn, Sie erwarteten bei dem Zusatz zu der TM-Umfrage eine andere Art der Gestaltung.

* Frido Mann: ›Professor Parsifal‹. Autobiographischer Roman. München 1989.

PS Noch eine Bitte. Wären Sie vielleicht so gut, wenn möglich, sechs Exemplare jener Beilage der *FAZ* mit der Laudatio von Joachim Fest schicken zu lassen? Ich habe mir das Ding verschafft, nicht ohne Mühe, in einem einzigen Exemplar, das mir ein Bekannter geliehen hat. Ich bin ja leider Gottes auf die *FAZ* nicht abonniert, kaufe sie mir nur so ab und an, wohl wissend, was ich daran verliere. Aber hier *muß* man die *NZZ* haben, und dazu bin ich noch auf *El Pais* abonniert, eine gewaltige und überreiche Tageszeitung. Drei kann ich einfach nicht meistern, – beinahe eine Tragödie! Seien Sie doch so gut, meine Bitte zu erfüllen und damit meine Verbindlichkeiten Ihnen gegenüber noch weiter zu stärken (was gar nicht nötig ist).

Mit herzlichen Grüßen
Ihr Golo Mann

Frankfurt am Main
16. September 1985

Lieber Herr Mann,
seien Sie herzlichst bedankt für Ihren Brief vom 13. September. Ich fürchte, ich habe mich in meinem Brief vom 22. August bezüglich des Nachtrags zur Thomas-Mann-Umfrage etwas mißverständlich ausgedrückt. Also: Ihr Beitrag vom Jahre 1975 erscheint in dem Buch, das jetzt vorbereitet wird, unverändert, ungekürzt und ohne irgendwelche Ergänzungen. Worum ich Sie jetzt bitte, ist ein zweiter Beitrag, der vermutlich unter dem simplen Titel ›Nachtrag 1985‹ unmittelbar nach der Äußerung von 1975 gedruckt wird.

Sie können in diesem Nachtrag Ihre Äußerungen von 1975 revidieren (was sich freilich schlecht vorstellen läßt), Sie können in dem neuen Nachtrag auf die damalige Äußerung Bezug nehmen, aber es ist mir ebenfalls recht (und vielleicht wäre dies auch tatsächlich besser), wenn Sie ohne irgendwelchen Bezug ganz einfach die damals gestellte Frage (»Was bedeutet Ihnen Thomas Mann, was verdanken Sie ihm?«) aus der Sicht von heute beantworten wollten. Was den Umfang des neuen Beitrags betrifft: je länger, desto besser.

Auf Ihre ›Erinnerungen und Gedanken‹* freue ich mich wie auf kaum ein anderes Buch in diesen Jahren. Sie baten um 6 Exemplare der *F.A.Z.*-Beilage mit der Laudatio von Fest; ich schicke Ihnen gleichzeitig acht.

Sehr herzlich
Ihr Marcel Reich-Ranicki

Kilchberg am Zürichsee
30. Oktober 1985

Verehrtester,
beigeschlossen die kleine Plauderei über den ›Fischer‹. [18] Ich glaube, diesmal ist es sogar eher zu kurz als zu lang. Aber mehr wollte mir nicht einfallen;

Im übrigen sieht man sich ja am 24. November in Zürich. Sollten Sie schon am Abend vorher da sein und absolut rein gar nichts besseres zu tun finden, was ich füglich bezweifle, so wäre es natürlich sehr nett, wenn Sie bei mir ein schlichtes Abendmahl einnehmen könnten, genauer Ihre Frau und Sie, wenn letztere mit dabei ist.

Mit herzlichen Grüßen
immer der Ihre Golo Mann

Frankfurt am Main
5. November 1985

Lieber, verehrter Herr Mann,
ihre »Plauderei« über den ›Fischer‹ ist wunderbar. Besonders hat mir imponiert, wie anmutig Sie den Sprung von Goethe zum Dritten Reich geschafft haben.

* Der erste Band der Memoiren erschien 1986: ›Erinnerungen und Gedanken. Eine Jugend in Deutschland‹.

Nach Zürich komme ich tatsächlich schon am Sonnabend, dem 23. November, und selbst wenn ich meine Phantasie ganz außerordentlich anstrengen wollte, könnte ich mir nicht vorstellen, wie sich der Abend schöner verbringen ließe als in Ihrem Haus. Wir nehmen also die Einladung freudig und dankbar an.

Leider muß ich Ihnen aber wieder einmal zur Last fallen. Denn ich muß Sie um den Nachtrag zu Ihrer Äußerung für die Thomas-Mann-Umfrage von 1975 bitten. Wir haben ja darüber korrespondiert, und ich glaube mich zu erinnern, daß Sie mir das Manuskript bis Mitte November schicken wollten. Zur Erinnerung: Hier gibt es keine Umfanggrenzen, je mehr Sie schreiben, desto besser.

Sehr herzlich
Ihr Marcel Reich-Ranicki

Frankfurt am Main
13. November 1985

Lieber Herr Mann,
ich bin doch froh, daß ich Ihnen diesen Nachtrag in Sachen Thomas Mann abgenötigt habe. Auch dieses kleine Stück ist, ähnlich wie Ihre vorangegangenen Äußerungen, auf beinahe aufregende Weise aufschlußreich. [19]

Am 23. November werden wir um 19.00 Uhr in der Alten Landstraße 39 vorsprechen.

Sehr herzlich
Ihr Marcel Reich-Ranicki

Frankfurt am Main
2. Dezember 1985

Lieber Herr Mann,
verzeihen Sie, daß ich erst heute tue, was längst fällig war: Ihnen noch einmal sehr herzlich für Ihre schöne und kluge und an einigen Stellen beinahe ergreifende Rede zu danken.

Sie ist vom Fernsehen ganz gefilmt worden. Darf ich Sie um eine Kopie des Manuskripts bitten? Es würde mich sehr freuen.

Sie mit meinen Büchern zu belästigen, hätte ich nicht gewagt. Dennoch habe ich Ihnen vor wenigen Tagen mein Buch ›Entgegnung – Zur deutschen Literatur der siebziger Jahre‹ zugeschickt, denn Sie wollten doch sehen, womit ich mir den Zorn Elias Canettis zugezogen habe. In diesem Buch finden sich zwei Aufsätze über unseren Nobelpreisträger, der eine war 1968 in der *Zeit* gedruckt, der andere 1977 in der *F.A.Z.* Beigelegt habe ich Ihnen überdies noch einen dritten Aufsatz, der 1980 in der *F.A.Z.* zu lesen war.

Nun höre ich von Ihrer Sekretärin, daß Sie eine Kopie meines Züricher Vortrags sehen möchten. Ein druckreifes Manuskript habe ich nicht, aber Hermann Burger, der die Literaturbeilage einer Provinzzeitung redigiert – ich glaube, sie heißt *Aargauer Tageblatt* –, bat mich dringend, ihm den Nachdruck vom Tonband zu genehmigen. Ob dieser Nachdruck einigermaßen in Ordnung ist, weiß ich vorerst nicht. Wahrscheinlich werde ich morgen die Belegexemplare bekommen und Ihnen sofort eines zuschicken. An der endgültigen Fassung des Vortrags werde ich noch arbeiten und ihn dann entweder in der *F.A.Z.* oder vielleicht in der *Neuen Rundschau* publizieren.

Sehr herzlich
Ihr Marcel Reich-Ranicki

Frankfurt am Main
6. Dezember 1985

Lieber Herr Mann,
beiliegend die Seiten aus dem *Aargauer Tageblatt* mit meinem Züricher Vortrag. Es handelt sich um eine gekürzte Nachschrift der Tonbandaufnahme. Ich habe diesen Abdruck erlaubt, aber weder kontrolliert, noch autorisiert. Natürlich

werde ich an diesem Aufsatz, bevor ich die endgültige Fassung publiziere, noch arbeiten.

Übrigens: daß Aschenbach nicht ein Komponist, sondern ein Schriftsteller ist, weiß ich sehr wohl. Wie der idiotische Fehler passieren konnte, kann ich nicht einmal erklären.

Herzliche Grüße
Ihr Marcel Reich-Ranicki

Frankfurt am Main
27. Dezember 1985

Lieber Herr Mann,

1. Daß ich Ihnen alles Gute zum neuen Jahr wünsche – das versteht sich von selbst. Aber Sie sollen wissen, daß ich nicht nur bei dieser Gelegenheit an Sie denke und mit großer Dankbarkeit.

2. Ich lese zur Zeit die Briefe Ihrer Schwester Erika, und manch ein Brief, vor allem im zweiten Band, überrascht mich. Welch eine Mischung aus Vitalität, Energie, Intelligenz und bisweilen auch Haß ... Der kurze Absagebrief an Süskind ist meisterhaft und unvergeßlich.

3. Sie haben gewiß den Nachdruck der Aufzeichnung meines Zürcher Vortrags erhalten. Ich selber habe diesen Text, wie ich Ihnen schon schrieb, weder kontrolliert noch gelesen. Aber im Frühjahr will ich diesen Vortrag in einer überarbeiteten Fassung drucken lassen. Falls Ihnen damals im Schauspielhaus oder bei eventueller Lektüre des Abdrucks irgend etwas aufgefallen sein sollte, was ich vor der endgültigen Veröffentlichung berücksichtigen sollte, dann wäre ich Ihnen sehr dankbar, wenn Sie mich kurz darauf aufmerksam machen könnten.

4. Sie haben doch gewiß eine Kopie Ihrer schönen Einführungsrede auf jener Veranstaltung im Schauspielhaus. Ich würde mich sehr freuen, wenn ich sie von Ihnen erhalten könnte.

5. Ich hoffe sehr, daß Sie mit dem ersten Band Ihrer ›Erinnerungen und Gedanken‹ (bleibt es bei dem Titel?) gut vorankommen und vielleicht sogar schon Land sehen. Daher komme ich jetzt schon mit einem Vorschlag und einer Bitte: Ich möchte gerne den ganzen Band bei uns gewissermaßen als Fortsetzungsroman abdrucken. Natürlich würde ich das mit dem S. Fischer Verlag abmachen, aber ich möchte nicht mit Frau Schoeller sprechen, bevor ich sicher bin, daß Sie Ihrerseits nicht protestieren würden. Sollten Sie sich etwa wundern, daß ich einen solchen Wunsch äußere, ohne auch nur eine Zeile Ihres Manuskripts zu kennen, so mögen Sie insofern schon recht haben, als man eine Katze im Sack nicht kaufen sollte. Ich habe derartiges auch seit ich in dieser Zeitung bin – und das sind nun schon über zwölf Jahre – nie getan. Aber in diesem Fall bin ich, da ich Ihre Arbeiten kenne, meiner Sache ganz sicher. Das soll heißen: Ich bin sicher, daß es, wenn auch natürlich kein Roman, so doch ein vornehmlich erzählendes Buch sein wird. Wie auch immer: Ich bitte Sie um ein Zeichen, daß Sie nichts dagegen haben – der Rest wird mit dem S. Fischer Verlag ausgehandelt.

Sehr herzlich
Ihr Marcel Reich-Ranicki

Kilchberg am Zürichsee
30. Dezember 1985

Lieber Herr Reich-Ranicki,
entschuldigen Sie gütigst, daß ich solange nichts von mir hören ließ. Mittlerweile war ich aber von Urias-Briefen, Hiobspost und Pandorabüchsen überreichlich eingedeckt. Das schlimmste war der plötzliche Tod des, über 32 Jahre, Lebensgefährten meiner Schwester Monika in Capri. Daß ich sofort hinreisen mußte, was mich eine anstrengende und deprimierende Woche kostete, ist noch das geringste. Das aller- aller- allergeringste. Ganz andere dunkle Wolken seh ich da am Horizont aufziehen ...

Meinen herzlichen Dank für den Band, in dem ich schon wieder las, und für den Abdruck des Vortrags, nach Tonband im *Aargauer Tageblatt*. Natürlich sind solche Abdrucke nach Tonband-Aufnahmen eine etwas zweifelhafte Sache. Trotzdem liest es sich gut; wenn auch nicht ganz so glänzend, wie sich der Vortrag anhörte. Die Zwischenüberschriften: immer ein bißchen so, wie der Eindruck der ägyptischen Königsmumien, die hilflos unter Glaskästen im Museum in Kairo lagen, bis endlich ein König von Ägypten ihnen ein ehrliches Begräbnis gönnte.

Die Besprechung in der *NZZ*: Ja, das war halt ein jugendlicher Germanist, stolz auf seine »Wissenschaft«. Aber daß die Zuhörer aus allen deutschsprachigen Regionen der Schweiz herbeigeeilt waren und daß zuletzt brausender, nicht endenwollender Beifall sich an den Wänden brach, hätte er doch immerhin erwähnen dürfen.

Sei es im gleichen Couvert, sei es in einem getrennten, schicke ich Ihnen das Manuskript meiner Einführung, so wie ich sie vortrug. Ich habe sie, unter dem Eindruck des so sehr lebendigen und gemütlichen Abend vorher am morgen des Vortragstages noch ein bißchen modifiziert. [20]

Mit herzlichen Grüßen
Ihr Golo Mann

PS Eben Ihr Brief vom 27. Sie sind geduldig mit mir; *ich* wäre Ihnen ja längst eine Antwort schuldig gewesen ... Meine Einführungsrede. Wir können sie Ihnen jetzt schicken, das wohl lesbare, aber kosmetisch ungute MS, so wie ich es ablas, oder, später, was Sauberes, nicht vor Februar.

Wegen Ihres endgültigen Vortrag-Textes, später; ich hoffe, es hat keine Eile.

Ihre Nummer 5. Ach, das ist sehr, sehr ehrenvoll; meine Furcht *ist* immer, daß man mich überschätzt und manchmal komme ich mir vor wie der Hauptmann von Köpenick – *ohne,* daß ich einer sein wollte. Natürlich ist die Versuchung groß, übergroß. Ich muß es mit Herrn Mertz* von SF besprechen. Mein eigener Gedanke war im Grund: zu überraschen. Beim ›Wallenstein‹ waren zuviele Vorabdrucke und Vor-Vorlesungen. Aber wir wollen sehen; *noch* ist die Frage nicht aktuell. Der »erste« Band wird *lang* ...

Ja, die Erika. Sie war wohl wer. Traurig ihr Alter; die Mannschen Damen konnten nicht alt werden. Die Ausnahme, meine Schwester Elisabeth Borgese, deren Weg noch immer steil nach aufwärts führt. Erikas Intransigenz, bewundernswert, gewiß; obgleich nicht die Sache des Unterzeichneten, der schwächer und gutmütiger ist. Freilich waren Gründgens und Süskind** nicht meine Freunde; nur so »Bekannte«. Unvergeßlich die Szene während des Nürnberger Prozesses, dem ich nur für einen Tag beiwohnte. Erika beständig. Ich aber genau an dem Tag. Süskind geht mit offenen Armen auf sie zu: sie, in ihrer Uniform schön wie eine Kriegsgöttin, wendet sich ab. Danach sitze ich hinter ihm. Er: »Kennen Sie mich auch nicht mehr?« »Aber nein, Herr S., wie geht es Ihnen? ...« Erika und ich hatten einiges gemeinsam, unvermeidlicher Weise; vieles nicht ... Genug, der Brief muß auf die Post.

Kilchberg am Zürichsee
20. Januar 1986

Lieber Herr Reich-Ranicki,
heute über drei Sachen:

1. Wir schicken Ihnen nun doch das »Original« meiner einführenden Ansprache*** im Schauspielhaus. Zur Zeit sind wir mit der Reinschrift des Monstrums so sehr beschäftigt,

* Wolfgang Mertz, damaliger Geschäftsführer des S. Fischer Verlages.
** W[ilhelm] E[manuel] Süskind, ehemaliger Redakteur der *Süddeutschen Zeitung* und Mitautor der einst populären Studie ›Aus dem Wörterbuch des Unmenschen‹ (1957), vor 1933 häufig zu Gast bei der Familie Mann in München.
*** Laudatio auf Marcel Reich-Ranicki, s. [20].

daß eine Reinschrift dieser Bagatelle nicht möglich ist. Und am Ende ist das Original mit allen seinen Schwächen sogar etwas interessanter für Sie.

2. Ihr Vortrag, so wie er im *Aargauer Tagblatt* gedruckt wurde. Haben die Leute das nach Tonband gemacht, so ist es eine beachtliche Leistung; aber natürlich gibt es Irrtümer, die nur der Autor oder Redner selbst erkennen kann, um daran zu leiden.

Insgesamt bestätigt eine genaue Lektüre den Eindruck, den ich damals beim Zuhören hatte; es ist ein überaus reicher und geistreicher Vortrag, ebensogut zu lesen wie zu hören. Kleine Einwände hat man immer, und ich nenne ein paar davon, nur um Ihren Wunsch zu erfüllen. Die Identifizierung des Essayisten mit seinem Gegenstand scheint mir an sich etwas durchaus natürliches. Ich glaube, wir sprachen ja am Abend vorher darüber, und ich erzählte Ihnen, was mir Ricarda Huch darüber gesagt hatte. Bei TM kann es sich also nur um eine Steigerung dieses Prinzips oder Vorganges handeln, nicht um etwas Außergewöhnliches. Auch gibt es Schriftsteller – Dichter, über die er mit starker Anteilnahme schrieb, ohne sich irgendwie mit ihnen identifizieren zu können: so Kleist, so Dostojewsky. Bei Schiller geht die Identifizierung nicht *sehr* weit; wie wäre sonst die nahezu totale Identifizierung mit Goethe möglich? Bei Schiller war wirklich reine Liebe und Bewunderung im Spiel; nicht nur »Eigenliebe«. Sollten Sie nicht überhaupt TMs »Selbstliebe« ein wenig überschätzen? Ego sind wir schließlich alle, davon kommen gerade schöpferische Individuen am wenigsten weg. Aber, im Gegensatz zu Wagner, scheint mir TMs Liebe zu Mozart, zu Beethoven, zu Brahms, zur italienischen Oper etc. etc. mit Selbstliebe doch nicht allzuviel zu tun zu haben. Auch: Seine Liebe zu Schiller nicht. Könnte man das nicht ein klein wenig nuancieren?

Daß es TM im Ernst nur ernst war, wenn er zu den Erlebnissen seiner Jugend zurückkehrte, das, scheint mir, sehen Sie sehr richtig und das dürfte Ihre Entdeckung sein. Sie haben ganz recht, wenn Sie sagen, daß er sich aus seinen Zeitgenossen im Grunde nicht viel machte. Die Ausnahme scheint mir Hofmannsthal; für den, der ihm durchaus fremd war, hatte er eine Art von Verehrung. Nur einmal habe ich in München einen Gast an der Spitze der Tafel sitzen sehen, wo sonst nur der lübische Hausherr und Familienvorstand saß: eben Hofmannsthal. Mit Hesse bestand eine durchaus herzliche Freundschaft; aber ohne Hesses Romane hätte er durchaus leben können. (Wer nicht?) A propos Hesses »Persönlichkeit«. Das ist nun meine eigene Jugenderfahrung gewesen: Hesse selber hat mir unvergleichlich mehr imponiert als die Dinge, die ich von ihm las: ›Unterm Rad‹, ›Demian‹, ›Narziß und Goldmund‹, da genierte ich mich etwas, wenn es mir wohlgefiel; aber wenn mich die Gegenwart Hermann Hesses sehr stark und sehr sympathisch beeindruckte, dann genierte ich mich gar nicht.

Goethe über die Kritiker und ihren Wahn. Da sind Sie dagegen, aber es fällt mir doch etwas dazu ein: ein »Verriß«, ich weiß nicht mehr von wem, jenes späten Romans von Alfred Andersch, der im Hitler-Krieg in der Eifel spielt: ein deutscher Oberst, der seine Division zum Feinde hinüberführen will. Ein Kritiker, der das Buch schlecht fand: »Hier wurde eine Idee verschenkt.« Ja, aber die Idee kam doch schließlich vom Schenker und von keinem anderen?! Mit seinem eigensten Einfall durfte er doch machen, was er wollte, oder nicht?

Nun zum »heiklen« Thema. Es schrieb mir jemand, dieser letzte Teil Ihres Vortrags sei ihm »widerwärtig« gewesen. Meine Antwort: man kann es so empfinden, aber Schuld daran hat doch TM selber. Er mußte wissen, was erfolgen würde, seitens der Germanistik, seitens der Kritik, wenn er gerade seine späten ›Tagebücher‹ der Öffentlichkeit überließ; und das wollte er doch ganz eindeutig. Nicht, weil mir daran gelegen wäre, warum denn, sondern weil ich dort, wo möglich, für Genauigkeit bin, möchte ich doch einwenden: die Homoerotik war nicht »die Grundsache« von TMs Existenz; sie war *eine* Grundtatsache und nicht mehr. Die größte Liebe seines Lebens und jene, die bei weitem am längsten dauerte, war ohne Zweifel die zu Katia P. Schon vorher war in Italien eine zärtliche Affäre mit einer jungen Engländerin gewesen, war sogar an Heirat gedacht worden. Die Homoerotik war *eine* Grundtatsache seines Lebens, gerade weil sie seinem »normalen« Liebesleben und Familienleben parallel lief. Eine ausschließliche Grundtatsache kann doch auch nicht sein, was ganze fünfundzwanzig Jahre lang stumm geblieben war. (Der Kellner Franz fünfundzwanzig Jahre nach Klaus Häuser...) Wenn Sie es *sehr* genau nehmen wollen, so könnten Sie auch da ein klein bißchen nuancieren. Der Platen-Vortrag scheint mir keine totale Identifizierung mit Platen zu bedeuten. Er hielt Platen für einen Don Quijote; sich selber glaub ich doch nicht.

Der Unterzeichnete wußte natürlich viel von diesen Dingen, als sie noch unbekannt waren. Als er uns im Spätherbst 28 (ich glaube es war 28 nicht 27) seinen Essay über Kleist's ›Amphitryon‹ vorlas, merkte ich gleich, wen er meinte. Es kann auch 27 gewesen sein. Jedenfalls war Klaus Häuser nach jener Begegnung in Kampen nach München eingeladen worden und hatte zwei Wochen in unserem Haus verbracht. TM zu mir, als er wieder abgereist war: »Nun, bist du froh, daß er weg ist, der Grasaff?« Ich, 18 oder 19jährig, besaß die Unverfrorenheit zu antworten: »Nein, gar nicht. Aber ich kann nicht finden, daß viel hinter ihm ist.« Wozu er schwieg, ohne irgendwie Zorn zu zeigen. Über die Affären von Klaus bemerkte er einmal: »Da gibt es nichts, was es nicht gibt.« ... Nun gut: Noch einmal, es ist ein schöner, sehr reicher Vortrag, beim besten Willen finde ich nicht viel daran auszusetzen.

3. Der von Ihnen ins Auge gefaßte Vorabdruck. Inzwischen habe ich mit Herrn Mertz darüber gesprochen und Sie ja auch. Mein eigenes Gefühl: ein solcher Vorabdruck, Tag für Tag, sollte etwa sechs Wochen dauern, aber nicht zweieinhalb oder drei Monate. Im letzteren Fall könnte er den Überdruß der Zeitungsleser hervorrufen; sie würden die Lust verlieren, das Buch zu kaufen. Es hat starke Partien; unvermeidlich auch Durststrecken. Mir wäre also eigentlich am liebsten eine Auswahl, die einige »Perlen« brächte (nicht alle...). Und auch einiges Durchschnittliche, aber keineswegs das Ganze. Indessen ist es der Verlag, der das mit Ihnen entscheiden muß; ich bin nichts als ein Laie, Dilettant, Ignorant, der nur ganz zufällig manchmal recht hat...

Mit herzlichen Grüßen
Ihr Golo Mann

PS Eine ganze Kleinigkeit könnten Sie in Ihrem Vortrag vielleicht wirklich ändern: dort, wo Sie von Wagners Prunkliebe sprechen oder TM von ihr spricht und dabei gleichzeitig sich selber meinen könnte. Glauben Sie mir, das stimmt nicht. Was Thomas Mann liebte – und ich kann es verstehen – war: Comfort. Aber prunksüchtig war er nun wirklich nicht. Keines seiner vielen Häuser ist irgendwie prunkend eingerichtet gewesen. Irre ich mich nicht, so spricht er in dem Aufsatz ›Leiden und Größe‹* von Wagners Prunksucht mit Widerwillen. An was ich mich erinnerte: irgendwann in den dreißiger Jahren kamen meine Eltern von einer Besichtigung des Wagner Hauses in Tribschen, nahe Luzern, zurück nach Küsnacht. TM: »Wenn man das sieht, diese Bilder, diese Vorhänge, Teppiche etc. dann könnte einem das große ›Kotzen‹ kommen« – ein Ausdruck, den er in meiner Gegenwart nur

* Thomas Mann, ›Leiden und Größe Richard Wagners‹. In: ›Essays‹, Bd. IV, herausgegeben von Hermann Kurzke und Stephan Stachorski. Frankfurt am Main 1995, S. 11–72.

dies einzigemal gebraucht hat ... Und wenn TM zehnmal reicher gewesen wäre, wie er war, ganz sicher hätte er sich nicht in Venedig einen ganzen Palazzo als Wohnung gemietet! Dergleichen lag ihm nicht, er war – ja gut, er war zu geschmackvoll dafür.

Frankfurt am Main
30. Januar 1986

Lieber Herr Mann,
ich muß um Nachsicht und Entschuldigung bitten. Sie waren so freundlich, mir am 30. Dezember und dann noch einmal und sehr ausführlich am 20. Januar zu schreiben. Ich lasse erst jetzt von mir hören, aber ich habe eine ebenso ehrliche wie Sie überzeugende Rechtfertigung: Ich war im Krankenhaus, ich mußte mich operieren lassen, es ist keine sonderlich ernste Geschichte, nun bin ich wieder am Schreibtisch.

Nicht ohne Rührung habe ich gelesen, was Sie in Zürich über mich gesagt haben. So sehr es mich gefreut hat, wird manches manchen der Anwesenden geärgert haben, so beispielsweise – und Superlative provozieren ja immer – die schlichte und kühne Behauptung, ich sei der kompetenteste Literaturkritiker der Bundesrepublik. Ich finde es sehr erfreulich, daß Sie Bundesrepublik gesagt haben und somit jedem schweizer Kritiker die Möglichkeit gelassen haben zu glauben, eigentlich sei er der bedeutendste. Seien Sie noch einmal herzlichst bedankt.

Ganz besonders aber habe ich Ihnen für die vielen Anmerkungen zu meinem Vortrag zu danken. Sie sind ausnahmslos alle für mich nicht nur sehr interessant, sondern auch wichtig, und ich werde in allen Punkten, auf die Sie zu sprechen kommen, den Text korrigieren, auch wenn es sich hier und da vielleicht nur um geringfügige Nuancierungen handeln wird. Etwas verblüfft hat mich, was Sie zum Verhältnis Thomas Manns zu Wagner sagen. Es wäre lächerlich, wollte ich mit

Ihnen über derartiges diskutieren. Nur glaube ich, daß Sie mich – und das kann nur meine Schuld sein – etwas mißverstanden haben. Nun, bestimmt war Thomas Mann nicht prunksüchtig, aber das Festliche und Repräsentative scheint er doch immer sehr geliebt zu haben – davon ist in den frühen Briefen an Heinrich Mann ebenso die Rede wie in den späten ›Tagebüchern‹. Ist Ihnen nicht aufgefallen, wie häufig in den ›Tagebüchern‹ ein Stichwort vorkommt, dessen permanente Erwähnung doch schließlich einen Grund haben muß, nämlich das Stichwort »Fracktoilette« oder »Champagner«. Sie haben mir mal gesagt, im Grunde genommen komme Thomas Mann aus kleinen und provinziellen Verhältnissen, denn was ist das schon, sagten Sie, Senator in Lübeck. Wie auch immer: Ich werde selbstverständlich diese Passage umformulieren. Und was die Homoerotik betrifft, wenn Sie sagen, sie sei nicht die, sondern nur eine Grundtatsache seiner Existenz gewesen, so zweifle ich keinen Augenblick, daß meine an den Platen-Essay anknüpfende Formulierung leichtsinnig war und selbstverständlich geändert werden muß.

Nun zum Manuskript Ihrer ›Erinnerungen und Gedanken‹: Wir haben uns mit Mertz geeinigt, der Vertrag ist unterschrieben. Wir bringen eine stark gekürzte Fassung, und es sind zwei Gründe, die Kürzungen in der Zeitung nahelegen. Einerseits möchte der Verlag, daß gekürzt wird, weil – und dies scheint mir eine richtige Vermutung – ein Buch, das nicht ganz vorabgedruckt war, noch mehr Käufer finden kann. Allerdings wissen wir und auch die Verleger aus langjähriger Erfahrung, daß das Publikum nie ein Fortsetzungsbuch ganz und gar in der Zeitung liest und, selbst wenn alles gedruckt war, das Buch kauft, sei es, um es zu besitzen, sei es, um es zu verschenken. Gleichwohl, der Verlag wünschte, ähnlich wie Sie selber, daß wir bloß eine gekürzte Fassung bringen. Der andere Umstand ist nun wiederum unsere Sache, nämlich: Wir möchten nicht gar zu lange ein Buch abdrucken. Was das Honorar betrifft, so möchte ich nur sagen, daß noch nie, seit ich in dieser Zeitung bin – und das sind über zwölf Jahre –, ein so hohes Honorar gezahlt wurde wie das, das Mertz gefordert und ich sofort akzeptiert habe. Und ich kann hinzufügen: Wir zahlen nicht zuviel, sondern vielleicht noch zu wenig. Das soll heißen: Ich habe ja keine Katze im Sack gekauft, weil ich schon 200 Seiten gelesen habe, wenn nicht mehr, so eben wegen des erwähnten Krankenhausaufenthalts. Ich übertreibe nicht, es ist keine einzige Seite, die mich gelangweilt hätte. Hauptkennzeichen dieser Prosa ist eine immer wieder in Erstaunen versetzende Souveränität des Autors. Da schreibt einer, was er schreiben möchte, und man hat den Eindruck, daß es ihm ziemlich gleichgültig ist, ob das ein starkes Echo finden werde oder nicht. Gerade die vielen Abweichungen vom Hauptthema machen die Lektüre des Ganzen so reizvoll. Wer weiß, ob sich nicht Ihr Stil im Gegensatz zu dem Ihres Vaters entwickelt hat? Denn große Teile Ihres Manuskripts lesen sich – und ähnliches habe ich in den Büchern Thomas Manns nie gefunden –, als wären sie nicht etwa mühevoll geschrieben, sondern ganz einfach geplaudert. Ich weiß, daß in späteren Teilen, in denen Sie auf Zeitgeschichtliches und Politisches näher eingehen, sich das möglicherweise ändern kann. Vorerst aber liest es sich so leicht, wie sich nur die Bücher lesen, deren Autoren es sich schwer machen, damit das Publikum es nicht schwer hat. Eine Kleinigkeit noch: Meine Frau, die keineswegs verpflichtet ist zu lesen, womit ich mich beschäftige, liest das Buch wörtlich mit roten Backen wie einen spannenden Kriminalroman, obwohl die Fabel dieses Romans ja nicht unbekannt ist.

Kurz und gut: Ich bin glücklich, daß wir dieses Buch in der *F.A.Z.* drucken werden. Als Druckvorlage werden wir die endgültige Fassung verwenden, die ich von Mertz erhalten soll, nachdem sie von Ihnen geprüft wurde. Mertz will mir eventuell Kürzungen vorschlagen, und inzwischen wird es sich ja auch herausstellen, ob Sie das eine oder andere auch aus der Buchfassung herausnehmen wollen.

So, nun ist der Brief lang geworden, und ich habe schon Gewissensbisse, daß seine Lektüre Ihre Zeit gar zu sehr in Anspruch nimmt, wo Sie doch Ihre ganze Energie konzentrieren müssen, um den ersten Band zu Ende zu führen. Daher wage ich kaum zu fragen, ob denn mein Artikel über Ihre Schwester Erika Sie erreicht hat?

Herzlichst
Ihr Marcel Reich-Ranicki

Frankfurt am Main
26. Februar 1986

Lieber Herr Mann,

1. Ihre schöne Interpretation des Goethe-›Fischer‹, die wir etwas liegen ließen, damit die Leser nicht durch die allzu häufige Veröffentlichung Ihrer Beiträge gar zu sehr verwöhnt werden, ist jetzt in unserer Beilage vom 1. März.

2. Ich hoffe, daß mein ausführlicher Brief vom 30. Januar Sie erreicht hat.

3. Wenn Andeutungen des Herrn Mertz von mir richtig verstanden wurden, dann haben Sie sowohl die TM-Doppelseite mit den Beiträgen von Rühmkorf und Jens und mit meiner Einführung erhalten, als auch meinen schon vorher erschienenen Artikel über Ihre Schwester Erika.

4. Mit dem Vorabdruck Ihrer ›Erinnerungen und Gedanken‹ beginnen wir (im Sinne des Vertrags mit dem S. Fischer Verlag) im März.

Lassen Sie bitte, wenn Sie nichts besseres zu tun haben, wieder einmal von sich hören, und seien Sie herzlichst gegrüßt

von Ihrem Leser
Marcel Reich-Ranicki

Kilchberg am Zürichsee
28. Februar 1986

Lieber Herr Reich-Ranicki,
Danke für das Ihrige vom 26. wie auch noch für den ausführlichen vom 30. des verwichenen. Auch erhielt ich jene TM Doppelseite. Das Liebste war mir Ihr Vorspann, keineswegs *nur* wegen der hohen Auflagen, *auch* der gebundenen Bücher, die Sie erwähnen... man wird ja dann sehen... Rühmkorf: Macht den Mund viel zu weit auf, für das was herauskommt; gequollen, *nicht* gut geschrieben. Jens outriert seine Erkenntnisse ein bißchen. TM als ein anderer HM, auch er an »Onkel Heinrich-Geschichten« glaubend und begierig darauf – da wird schon was dran sein; übrigens menschlich-milde, zumal am Ende – guter Schriftsteller, can't help it.

Las auch Ihre sehr eindrucksvolle Besprechung der Erika-Briefe*. Hätte gern den Brief an Süskind gelesen; aber die beiden Bände wurden hier vom Papiersumpf verschlungen. Merke: Erika war geistvoll, energisch und hilfreich-gütig, wenn es ihren Freunden oder Geschwistern schlecht ging. Wenn es ihnen gut ging, auch nur anfing, etwas besser zu gehen, das mochte sie nicht gar zu sehr.

Sonst habe ich wenig Neues. Der alte Kant in seinen Notizen: »Ein jeder Tag hat seine Plage, Hat nun der Monat dreißig Tage: So ist die Rechnung klar. Von dir kann man dann sicher sagen, daß man die kleinste Last getragen, in dir, du süßer Februar...« Immerhin trug ich: zwei Stundenvorträge für Tokyo, die heute dorthin abgehen, um übersetzt zu werden. Zwei dramatische Sitzungen des Internatsrates der Schule Schloß Salem, vergeblich zu vermitteln suchend. Vier Tage in Eisenbahnzügen, Wohnzimmern und Restaurants zu Ehren meines fünfzigjährigen Adoptivsohnes, nahe Köln. Danach eine Woche krank, mich fast ausschließlich von Anti-

* Marcel Reich-Ranicki, ›Seine treue Tochter‹. In: ›Thomas Mann und die Seinen‹. Frankfurt am Main 1990, S. 180–191. Erschien zuerst in der *F.A.Z.* vom 18.1.1986.

biotika nährend. Also, sooo süß war die Last des Februar nicht.

Herzliche Grüße, auch für Madame,
auf deren Lob ich besonders stolz bin.
Ganz der Ihre Golo Mann

Frankfurt am Main
21. März 1986

Lieber Herr Mann,
nur ganz kurz, um Sie nicht mit ausführlichen Briefen zu langweilen:

1. Besten Dank für Ihren Brief vom 28. Februar. Ich freue mich, daß Sie mit dem Erika-Mann-Portrait offenbar ungefähr einverstanden waren.

2. Der Vorabdruck Ihrer ›Erinnerungen und Gedanken‹ findet ein starkes und überaus erfreuliches Echo. Die beiden Anlagen schicke ich Ihnen nur als Beispiele, Rücksendung natürlich überflüssig.

3. Der Züricher Vortrag über die literarkritischen Arbeiten Thomas Manns wird in unserer Beilage vom 25. März erscheinen – natürlich in einer stark veränderten Fassung. Vor allem habe ich den bisherigen Schluß weggelassen und einen neuen geschrieben. Beim Thema Wagner habe ich Ihren Hinweis sehr wohl berücksichtigt und auch die leichtsinnige Formulierung im Zusammenhang mit der Homoerotik modifiziert. Zufrieden bin ich mit diesem Essay, wenn man derartiges einen Essay nennen kann, keineswegs, doch ist die Arbeit immerhin etwas besser, als der Vortrag es war.

Sehr herzlich
Ihr Marcel Reich-Ranicki

Frankfurt am Main
15. April 1987

Lieber Herr Mann,
über Ihr Telegramm, das mich unmittelbar vor Beginn der Feier in Lübeck erreicht hat, habe ich mich sehr amüsiert: Also dichten können Sie auch. Ich danke von Herzen.

Die Rede, die ich in Lübeck gehalten habe, sende ich Ihnen gleichzeitig, obwohl ich den Verdacht nicht los werde, daß Sie nicht die geringste Lust haben, etwas über den ›Tonio Kröger‹ zu lesen. Meinen vor einigen Wochen erschienenen Artikel über den zuletzt publizierten Band der ›Tagebücher‹ von T.M. habe ich Ihnen erspart.

Von Mertz höre ich, daß Sie an dem zweiten Band der ›Erinnerungen und Gedanken‹ arbeiten. Dies aber ist so wichtig für uns alle, daß Sie eigentlich gar nichts mehr lesen, sondern nur schreiben sollten. Und daher halte ich es für dringend erforderlich, diesen Brief sofort abzuschließen.

Herzlichst,
Ihr Marcel Reich-Ranicki

Kilchberg am Zürichsee
28. April 1987

Lieber Herr Reich-Ranicki,
meinen Dank für das Ihre vom 15. April. Mein Gott, mein Telegramm war ja eigentlich für eine naive Öffentlichkeit gemeint, nicht für den Preisträger, zu dessen vielen Tugenden die Naivität ja nun nicht gehört... Wie dem auch sei, gut gemeint war es.

Ihre Rede las ich oder las sie doch zum größten Teil. Ich glaube, wir sprachen über ›Tonio Kröger‹ einmal. Von den großen Novellen TMs habe ich sie immer für die schwächste gehalten, es wäre denn, daß dieser Ehrentitel dem Ding genannt ›Unordnung und frühes Leid‹ zukäme. Darüber meint Hans Mayer, ich liebte es nur darum nicht, weil ich selber darin nicht vorkomme; da hätte ich nun unseren Freund denn doch für einen besseren Psychologen gehalten ... Aber mit ›Tod in Venedig‹ oder ›Mario und der Zauberer‹ läßt der arme Tonio sich nicht vergleichen. Gut ist nur der Anfang, Hans Hansen und die Tanzstunde, und dann wieder der Schluß, Lübeck, die drohende Verhaftung und das Schiff mit den Dänen. Aber die Gespräche mit Lisaweta stimmen nicht her und nicht hin; das mit den eisigen Gefühlen des Künstlers und anderem solchen Unsinn. Als ob TMs Gefühle eisig gewesen wären! ...

An meinem »zweiten Band« schrieb ich zweimal zwei Seiten; wurde dann unterbrochen durch eine Arbeit, die ihrerseits durch eine andere Arbeit unterbrochen wurde, welch letztere wiederum ihrerseits durch eine andere Arbeit unterbrochen wurde.

Mit herzlichen Grüßen
immer der Ihre
Golo Mann

PS Was Sie über die ›Tagebücher‹ schrieben, würde ich trotzdem gerne sehen; ich las keinerlei Kritik. Die Arbeit von Inge Jens ist überwältigend und – bitte geben Sie das nicht an Frau Anita Naef weiter – unvergleich interessanter und gekonnter als die des Peter Mendelssohn.

Frankfurt am Main
6. Mai 1987

Lieber Herr Mann,
herzlichen Dank für Ihren Brief vom 28. April. Ich fürchte, in Sachen ›Tonio Kröger‹ reden wir ein wenig aneinander vorbei. Sie schrieben mir, ›Tonio Kröger‹ sei letztlich keine gute, ja im Grunde eine sehr schwache Erzählung, man könne sie mit ›Tod in Venedig‹ oder ›Mario und der Zauberer‹ gar nicht vergleichen. Ja, aber eben das habe ich in meiner Rede gesagt

und ausführlich begründet, sogar die ›Tristan‹-Novelle scheint mir künstlerisch bedeutender als ›Tonio‹. Nur – und diesen Teil der Rede haben Sie offenbar gar nicht gelesen –, das Ungewöhnliche besteht darin, daß eine so angreifbare und schwache Erzählung einen so außerordentlichen Einfluß auf die Literatur unseres Jahrhunderts (Kafka eingeschlossen) ausgeübt hat. Man liest ja so oft die Behauptung, Thomas Mann mag ja ein großer Schriftsteller sein, aber er habe letztlich überhaupt keinen Einfluß auf die Literatur unserer Epoche ausgeübt. Die Wahrheit ist – und dies darzulegen habe ich mich bemüht, und mit Beispielen, die auch den Thomas-Mann-Forschern gänzlich unbekannt waren –, daß gerade der ›Tonio‹ auf kaum zu überschätzende Weise auf andere Autoren gewirkt hat.

Meinen Artikel über den zuletzt erschienenen Tagebuchband sende ich Ihnen gleichzeitig und außerdem auch noch einen kleinen Geburtstagsartikel über Inge Jens, weil er hier erwähnt wird und Sie sich vielleicht wundern, daß ich über ihre Leistung als Thomas-Mann-Editorin in der Kritik mich nur sehr kurz geäußert habe.

Herzlichst
Ihr Marcel Reich-Ranicki

Kilchberg am Zürichsee
1. Februar 1988

Verehrtester,
längst, längst plagte mich, zwickte und stachelte mich ein schlechtes Gewissen Ihnen gegenüber. Mit Ihrem Buch* zusamt der liebenswürdigen Widmung ging es mir, wie es mir in neuesten Zeiten so häufig geht: ich fing an, darin zu lesen und dann verschwand es; geriet, ich weiß nicht wie, in einen Berg anderer, mir neuerdings zugegangener Bücher.

* Marcel Reich-Ranicki, ›Thomas Mann und die Seinen‹. Frankfurt am Main 1990.

Vor ein paar Tagen hatte ich ein paar Gedichte aus dem ›Ewigen Vorrat deutscher Poesie‹ von Borchardt fotokopiert*. Wie ich am Tag darauf diese sicher interessante Anthologie deutscher Lyrik wieder brauchte, war sie verschwunden und hat sich bis heute nicht wieder gefunden; wird aber zweifellos eines Tages wieder zum Vorschein kommen, wie es mir nun vor ein paar Tagen auch mit Ihrem Buch erging. Nun las ich wieder und alles, was bis dahin ungelesen war.

Nun, das meiste kannte ich ja schon, aber bei vielem war es eine gute Weile her, daß ich es gelesen hatte, und so las ich alles noch einmal und fand alles richtig, treffend, außer dem Titel selber, den ich nicht so recht glücklich finden konnte; schon allein darum, weil Heinrich M. schließlich nicht zu den »Seinen« gehört. Auch ich, in aller Bescheidenheit, fühle mich mehr als der Meine als der Seine; ohne den gewaltigen Einfluß, den er auf mich ausgeübt hat, zu bestreiten. Im nächsten Band, falls ich ihn noch hinbringe – der letzte wird es auf jeden Fall sein –, werden Sie sehen, daß unsere Beziehungen sich nach 1933 entschieden zum Guten veränderten. Sie hatten sich übrigens auch schon vorher in meiner Heidelberger Zeit ein wenig, oder mehr als ein wenig, verändert. Schlimm stand es zwischen meinem zehnten und meinem zwanzigsten Jahr und davon blieb natürlich immer irgend etwas hängen. Unvermeidlich mußte ich seinen Tod wünschen; war aber während seines Sterbens und danach völlig gebrochen; es dauerte Monate, bis ich mich einigermaßen von diesem Verlust erholte. Solche Nester voller Widersprüche sind wir nun einmal ...

Dem Klaus werden Sie im Wesentlichen gerecht, erkennen seine Stärken, durchschauen seine Schwächen und Widersprüche in seinem Leben. Seine beste Zeit war jene, während derer wir uns auch am besten verstanden: 1933–40. Dann

* Rudolf Borchardt, 1877–1945, Schriftsteller.

begannen die Mißerfolge und das Absinken der Produktivität. Was Sie vielleicht etwas mehr hätten unterstreichen können: er verstand sehr viel. Sie erwähnen das und loben, was er früh über Ernst Jünger schrieb. Er war aber auch in den USA, auch in seiner Zeitschrift [Decision], entschieden ein Entdecker von Talenten, dies Talent besaß er. Was Sie über Heinrich sagen, scheint mir alles treffend. Doch fehlt mir etwas. Der alte S. Fischer pflegte von Autoren oder deren Werken, die er nicht bringen wollte, zu sagen: »Es hat keine Magie.« So zum Beispiel über Bruno Frank. Heinrich hatte Magie oder konnte sie doch haben. Die Friedrich-Wilhelmine Szenen, ein Fragment, haben Magie, für mein Gefühl. Auch ein sehr schöner Nachruf, den er für Klaus schrieb und der vielleicht nirgendwo gedruckt wurde, ich weiß es nicht. Auch ein paar frühe Erzählungen; ich erinnere mich vage an eine, die ›Zu den Fischen‹ hieß. TM kennen Sie am besten, noch besser seit dem Erscheinen der ›Tagebücher‹, und hier suche ich vergebens nach triftigen Einwänden. Die Mutter: sie war wirklich nicht nur praktischer sondern auch von unmittelbar schärferem Verstand als er, womit sie ihn oft tief verstimmte. Sie war gescheit, aber überaus – ich wiederhole: überaus – naiv und völlig unfähig, sich in Andere zu versetzen. Auf diese Weise ist sie auch mir oft tief lästig gefallen. Zu ihren Kindern hielt sie, ebenso wie sie für ihren Gatten durch dick und dünn ging. Unbestreitbar hat sie zum Beispiel durch jene Lungenkrebs-Operation, die sie und sie allein gegen den Rat der Ärzte erzwang, ihm das Leben für weitere neun Jahre gerettet. Was nicht hindert, daß auch sie enorm egoistisch war. Nun, das sind wir am Ende alle, mehr oder weniger, und in sehr unterschiedlichen, oft gar nicht zu erkennenden Formen.

Momentan bin ich stark deprimiert, weil meine Schwester Monika nun endlich und offenbar wirklich im Begriffe ist, in den obersten Stock meines Hauses einzuziehen. Das kann nicht gut ausgehen, denn ich will mit ihr durchaus nicht leben. »Seine Geschwister erleidet man, seine Freunde sucht man sich aus ...« Gelingt es nicht, ein völlig getrenntes Leben zu führen, dann wird mir nichts anderes übrig bleiben, als das Haus zu verkaufen oder versteigern zu lassen – mit Folgen für mich, welche Sie sich ungefähr vorstellen mögen. Ohne schwere Sorgen scheint es nun einmal nicht abzugehen.

Noch einmal, Sie wegen meines langen Schweigens um Begnadigung bittend und mit herzlichen Grüßen

stets der Ihre
Golo Mann

PS Aus meinen Tagebüchern, anno 36, merke ich, daß ich den ersten Band ›Henri Quatre‹ sehr genau las und mir manches abschrieb, zumal gewisse Lebensweisheiten.

Frankfurt am Main
27. April 1988

Lieber Herr Mann,
ich habe Ihnen wieder einmal sehr zu danken – für Ihren Brief vom 1. Februar, der mich beglückt hat, und für Ihr Telegramm vom 18. April, das mich immer noch wundert. Im Telegramm heißt es: »Herzlichen Dank für alles, was Sie für TM tun und worüber mir eindrucksvoll berichtet wurde.« Ich glaube, lieber Herr Mann, daß TM, den ich nie im Leben gesehen habe, mehr für mich getan hat als ich je für ihn tun konnte.

Zu meiner Freude habe ich von Herrn Mertz gehört, daß es Ihnen gesundheitlich ganz gut geht. Und daß Sie in Bamberg über Rückert sprechen werden, freut mich ebenfalls. Erlauben Sie eine bescheidene Frage: Wenn Sie sich schon mit Rückert beschäftigen, könnten Sie nicht eine »Frankfurter Anthologie« zu einem Rückert-Gedicht verfassen? Wenn dies möglich wäre – und ich hoffe das sehr –, dann bitte ich

Sie, mir rasch erst den Titel des Gedichts mitzuteilen, weil wir ja schon einige Gedichte von ihm hatten und einige weitere in Arbeit sind.

Mit den besten Wünschen und herzlichen Grüßen,
Ihr Marcel Reich-Ranicki

Frankfurt am Main
16. Mai 1988

Lieber Herr Mann,
es war ein Vergnügen, wieder einmal mit Ihnen zu plaudern. Das Platen-Zitat habe ich noch in der Nacht gefunden, es steht im 49. Ghasel. Wie war doch Ihre schöne Formulierung über Heinrich – »magische Dummheit« oder »magische Ahnungslosigkeit«? Ich kann mich an das Substantiv nicht mehr erinnern.

Von Rückert hatten wir insgesamt fünf Gedichte und zwar: ›Amaryllis‹ (Amara, bittre, was du tust, ist bitter ...), ›Nach Dschelaleddin Rumi‹ (Wohl endet Tod des Lebens Noth ...), ›Ich bin der Welt abhanden gekommen‹ (Ich bin der Welt ...), ›Kehr ein bei mir!‹ (Du bist die Ruh, ...) und ›Die Liebe sprache‹ (Die Liebe sprache: in der Geliebten Blicke ...).

Ich freue mich auf Ihren Beitrag für unsere »Frankfurter Anthologie« und warte gespannt,

stets Ihr
Marcel Reich-Ranicki

Kilchberg am Zürichsee
2. Juni 1988

Lieber Herr Reich-Ranicki,
hier endlich die versprochene Rückert-Interpretation. Vermutlich wieder einmal zu lang: in dem Fall müßte man etwa die reizende Charakteristik des Persisch-Arabischen am Ende fortlassen. [21]

Nun zu H.M. Nein, magische Dummheit – das nicht.

Magische Unwissenheit! Ein Beispiel. Spät im Jahre 38 fiel sein einziges Kind, die unlängst verstorbene Henriette Leonie, auf einen abscheulichen Betrüger herein, den sie ehelichte. Das neu-verheiratete Paar besuchte H.M. in Nizza. Damals meinte er zu seiner Frau, die es mir erzählte, sein neuer Schwiegersohn sei ein rechter Durchschnittsmensch. An seinen Bruder in Princeton schrieb er, sein Schwiegersohn werde demnächst nach den Staaten reisen als »Generaldirektor«. Und dann: »früher pflegten Generaldirektoren Geld zu haben, aber heute scheint das nicht mehr so zu sein.« Generaldirektor von was, hatte der Schuft dem großen Unwissenden gar nicht verraten. Er reiste allein, ohne die ihm Angetraute, und suchte alsbald seinen »Onkel«, wie er ihn nannte, TM in Princeton auf. Da ich ihn schon in Zürich getroffen hatte und widerlich fand, so befreite ich meinen Vater von seiner Anwesenheit und hatte dann ein Gespräch mit ihm. Er werde, sagte er mir, seine Frau herüberkommen lassen, »wenn ich hier glatt bin«. Welche Valuten er denn besäße? Reichsmark und Lire. »Nun, damit können Sie doch hier eigentlich nichts anfangen?« Er stellte dann allerlei lauernde Fragen: Welcher amerikanische Verlag H.M.s Werke betreute, ob da Honorare bereitlägen, etc. Auch sprach er von einem Bild H.M.s das er mitgebracht habe und das sehr viel Wert sei. Bald kamen Warnungen. Ein rührender Bürger von Princeton besuchte meinen Vater: der Bursche sei ein notorischer Hochstapler und Betrüger, spräche auch beständig von seinem Onkel TM, versuchte daraufhin Anleihen zu machen, etc. etc. TM schrieb in diesem Sinn, schonend an H.M. Nun stellte dieser sich recht prompt auf die neue Situation ein: die Geschichte war ja ein wenig wie eine seiner Novellen – wie es Schriftstellern öfters passiert. »Ich gab, was ich geben konnte, worauf dann nur der Ehemann verschwand«, etc. etc. Tatsächlich hatte er dem Scheusal eine bescheidene, aber doch gutbürgerliche »Mitgift« anvertraut. Das also meine ich mit

»magischer Unwissenheit«. Sie galt in einem wahrhaft unglaubwürdigen Maße für seine Beurteilung der Sowjetunion: das schöne und großartige an ihr sei, daß das ganze Volk ohne jede Ausnahme von Anfang an hinter Lenins Revolution gestanden habe. Er hatte nichts von den Matrosen von Kronstadt gehört, nichts von den ukrainischen Bauern etc. etc. Er wollte nichts davon hören und brach mit jedem, der ihm von dergleichen zu sprechen wagte. Dafür gäbe es nur zu viele Beispiele. Magisch ist bei ihm die Figur des Henri IV, auf den besten Seiten des Romans; magische Unwissenheit wieder, daß er stets an Stalin dachte, während er seine Figur Henri IV nannte –. Seine ganze Bewunderung der Dritten Republik beruhte auf magischer Unwissenheit. Er wußte zum Beispiel nicht, daß es dort bis zur Volksfront-Regierung Léon Blums, 1936, nahezu überhaupt keine Sozialversicherungen gab, daß das Deutsche Reich schon unter Wilhelm II. auf diesem Felde Frankreich unendlich weit voraus war. Die Magie, das waren Zola etc. etc.; der Rest war Unwissenheit.

... Besser kann ich es nun nicht sagen.

Mit freundlichen Grüßen
stets der Ihre Golo Mann

Frankfurt am Main
23. Juni 1988

Lieber Herr Mann,
wenn ich erst heute für Ihren Brief vom 2. Juni danke, so nur deshalb, weil ich eine Woche im Krankenhaus war, es ging um eine Augenoperation, die gut verlaufen ist.

Für Ihren Rückert-Beitrag danke ich herzlichst. Natürlich mußten wir kürzen und nicht nur deshalb, weil der Text unsere Dimensionen sprengte, sondern weil wir ja das Prinzip haben, daß stets *ein* Gedicht in dieser Rubrik gedruckt und interpretiert wird. Aber ich habe eigentlich nur Rückert-

Verse weggelassen, von dem, was Sie geschrieben haben, wird, versteht sich, den Lesern kein Wort vorenthalten. Ich bitte um etwas Geduld, denn wahrscheinlich wird der Beitrag erst im August erscheinen können.

Was Sie über Heinrich Mann schreiben, ist überzeugend – und es mag sein, daß ich in meinem Aufsatz von seiner Mischung aus Magie und Unwissenheit eher die Unwissenheit als die Magie berücksichtigt habe. Die Reaktionen auf diesen meinen Aufsatz sind bis heute höchst sonderbar. Die einen werfen mir vor, ich hätte Heinrich Mann unterschätzt und ungerecht behandelt, die anderen wiederum beanstanden, daß ich Türen einrenne, die weit offen stehen. Unlängst hat irgend jemand geschrieben, man wüßte doch längst, daß die Bücher von Heinrich Mann allesamt nichts taugen – was wiederum natürlich maßlos übertrieben und Blödsinn ist.

Für den ›Erwählten‹, der in der Tat verhältnismäßig wenig bekannt ist, will ich tun, was in meiner Macht ist. Auf dem Thomas-Mann-Kongreß, der in Lübeck im März 1990 stattfinden soll, werde ich meinen Vortrag ausschließlich dem ›Erwählten‹ widmen und außerdem auch einen Aufsatz über den ›Erwählten‹ in der *F.A.Z.* publizieren.

Ich bin glücklich, Sie neulich in Frankfurt gesehen zu haben und grüße Sie herzlichst,

Ihr
Marcel Reich-Ranicki

Frankfurt am Main
2. Juni 1990

Lieber Herr Mann,
erinnern Sie sich an ein Telefongespräch – wahrscheinlich sind inzwischen schon zwei Jahre vergangen –, in dem Sie mir sagten, der ›Erwählte‹ sei ein in der Regel unterschätztes Buch? Ich antwortete Ihnen damals, daß ich ähnlicher Ansicht sei und etwas für den Roman tun möchte. Nun end-

lich habe ich Wort halten können: Auf dem Lübecker Symposion galt mein Vortrag dem ›Erwählten‹*. Er ist in der beigefügten Tiefdruckbeilage erschienen.

Von Ihrer Krankheit und Ihrer Operation habe ich gehört, aber auch davon, daß es Ihnen glücklicherweise jetzt besser geht.

Kommen Sie mit dem zweiten Band der ›Erinnerungen‹ voran?

Bitte lassen Sie doch von sich hören und seien Sie

herzlichst gegrüßt
Marcel Reich-Ranicki

Kilchberg am Zürichsee
20. Juni 1990

Verehrter Herr und Gönner,
schönen Dank für Ihren Brief und den Vortrag oder, richtiger, den großen Aufsatz in der *FAZ*. Als Vortrag hätte er soweit nicht wirken können; aber durch die *FAZ* wird er sehr weit wirken und so mancher wird zum ersten Mal das schöne Buch lesen. Freilich glaube ich, daß, nur um es dem Leser leichter zu machen, der Anfang mit dem Glockengeläut hätte wegbleiben können, so schön er in sich ist, aber er macht es dem Anfänger halt etwas schwierig. In einem bin ich nicht völlig mit Ihnen einverstanden. Eine gewisse heitere, unbestimmbare Religiosität ist schon darin, meinem Gefühl nach. Zum Beispiel in der freundschaftlichen Warnung des Erzählenden zum Schluß. Dazu Sünde, Buße, und die schwere, obendrein doch freiwillige, und dann die Erhebung. Natürlich kann man das alles scherzhaft finden, was es hier auch ist, aber es sind eben, um mit Goethe zu reden, »ernste Scherze«. Eine Religiosität wie die TMs wird man niemals in einem Netze fangen können. Sie wird einem immer wieder

* Marcel Reich-Ranicki, ›Die Liebe ist nie unnatürlich. Über Thomas Manns unterschätzten und beinahe vergessenen Roman ›Der Erwählte‹‹, *F.A.Z.* vom 2.6.1990.

entwischen; aber ganz ohne Religiosität kann man zum Beispiel ›Joseph und seine Brüder‹, zumal den Anfang, wie Abraham Gott sucht und findet, nicht schreiben. So sehe ich es, bin aber belehrbar.

Etwas ganz anderes, persönliches.

Daß Sie mich zum »ungeliebten Sohn« machen, in einer Kapitel-Überschrift und dann auch im Laufe dieses Kapitels läßt sich nicht mehr rückgängig machen. Ich muß Sie aber allen Ernstes auf einen Irrtum verweisen. Es ist gewiß richtig, daß der pubertierende G., also der Knabe zwischen zehn und sagen wir neunzehn Jahren, den Vater verstimmte, wenn er anwesend war. Das änderte sich schon während meiner Heidelberger Studentenzeit und änderte sich erst recht während der Emigration, zumal den späteren Jahren der Emigration, aber auch schon der europäischen Zeit. Ich zitiere zum Beispiel Tagebuch Oktober 1936, Seite 381: »Abschied Golos, der sich als Tscheche nach Prag begibt um dort sein Glück zu versuchen. Sah den braven Jungen ungern scheiden. K. fährt ihn zur Bahn.« Später wird in Prag ein recht freundliches, beinah freudiges Wiedersehn beschrieben. Und wie freute er sich über die Briefe, die ich ihm während der Jahre 43–46 aus Europa nach Kalifornien schrieb. Kurzum, es stimmt nicht so recht, und wenn ich den entsprechenden Titel zum Beispiel in der spanischen Übersetzung lese mit dem Gedanken, jetzt weiß es also ganz Spanien (in meinem Größenwahn), dann muß ich meine persönlichen spanischen Freunde ein wenig darüber aufklären. Auch hat es Wysling wacker übernommen. Bei dem wäre es mir nun völlig gleichgültig, wenn er es nicht gedruckt in Zürich herumschickte. Kurz und gut. Ändern läßt sich nichts mehr, eine Tragödie ist es nicht, und ich schulde Ihnen weit mehr als dieser kleine – von mir aus gesehen kleine – Irrtum.

Mit herzlichen Grüßen
Ihr Golo Mann

PS Ich wußte in meiner tablettenbeschwerten Einsamkeit hier nichts von Ihrem Ehrentag und nichts von dem, was Sie in Ihrer Rede wieder einmal über TM sagten, wohl schöner formuliert wie je zuvor: »Wenn Hitler das Unglück Deutschlands war, so war T.M. das Glück in Deutschlands in jener schlimmen Zeit.«

Verehrter Freund, solange Sie so von TM sprechen, dürfen Sie dessen mißratenen Sohn als den Franz Moor des Mannschen Hauses, als einen schlechten und obendrein vertrottelten Nachahmer Richards des Dritten vor einem hunderttausendköpfigen Publikum charakterisieren, wie gern opfert der Geringe sich dem Großen ... Ihre siebzig Jahre – wenn Sie wüßten, wie jung das ist! Aber man merkt es regelmäßig zu spät, wie zum Beispiel jetzt ich, im zweiundachtzigsten.

Wie freut es mich, daß Sie Fontane zu Ihren Hausgöttern rechnen!

Golo Mann
Aufsätze und Portraits

FRAGEBOGEN

Golo Mann

Historiker

Frankfurter Allgemeine Zeitung vom 19.12.1980

Was ist für Sie das größte Unglück? *Ein falsches Leben zu führen.*

Wo möchten Sie leben? *In der Schweiz, bei vielen Reisen; Spanien, Mexiko.*

Was ist für Sie das vollkommene irdische Glück? *Lieben.*

Welche Fehler entschuldigen Sie am ehesten? *Jene, die ich in mir selber kenne.*

Ihre liebsten Romanhelden? *Die Helden Stendhals, Julien und Fabrice.*

Ihre Lieblingsgestalt in der Geschichte? *Bismarck, trotz allem.*

Ihre Lieblingsheldinnen in der Wirklichkeit? *In der Vergangenheit viele, zum Beispiel Maria Theresia, Annette von Droste, Florence Nightingale, Ricarda Huch, Königin Wilhelmina von Holland. Heute – da geriete ich ins Private.*

Ihre Lieblingsheldinnen in der Dichtung? *Goethes Iphigenie, Schillers Gräfin Tertzki.*

Ihre Lieblingsmaler? *Caspar David Friedrich.*

Ihr Lieblingskomponist? *Schubert.*

Welche Eigenschaften schätzen Sie bei einem Mann am meisten? *Mut. Hochfliegende Ideen bei starkem Wirklichkeitssinn.*

Welche Eigenschaften schätzen Sie bei einer Frau am meisten? *Liebendes, tätiges Verständnis für ihre Freunde.*

Ihre Lieblingstugend? *Treue.*

Ihre Lieblingsbeschäftigung? *Etwas Gutes lesen.*

Wer oder was hätten Sie sein mögen? *Arzt.*

Ihr Hauptcharakterzug? *Gutmütigkeit bis zu arger Schwäche. Die Unfähigkeit, nein zu sagen.*

Was schätzen Sie bei Ihren Freunden am meisten? *Alle glücklichen Gaben, die mir fehlen.*

Ihr größter Fehler? *Die Sorge.*

Ihr Traum vom Glück? *In den Bergen leben, wandern, Gutes lesen, Ernsthaftes schreiben. Abends Kaminfeuer und Musik, freundliche Gesellschaft, „ein gut Gespräch". Aber das kann nicht immer, das kann nur selten sein. „Jedoch das Glück, wenn's wirklich kommt, ertragen – Ist keines Menschen, wäre Gottes Sache" (Platon). Doch, ertragen kann man es, und ob man es lange ertragen könnte, ist keine praktische Frage, denn lange hat man es nun einmal nicht.*

Was wäre für Sie das größte Unglück? *Sehr alt zu werden und damit schwachsinnig.*

Was möchten Sie sein? *Jemand, der glücklicher ist als ich.*

Ihre Lieblingsfarbe? *Blau.*

Ihre Lieblingsblumen? *Rote Rosen.*

Ihr Lieblingsvogel? *Der Adler.*

Ihr Lieblingsschriftsteller? *Tolstoj.*

Ihr Lieblingslyriker? *Heine.*

Ihre Helden in der Wirklichkeit? *Diese Frage ist eine Wiederholung.*

Ihre Heldinnen in der Geschichte? *Ebenso.*

Ihre Lieblingsnamen? *Maria, Annette, Elisabeth, Michael, Kai, Hans, Manuel.*

Was verabscheuen Sie am meisten? *Heuchelei, Süßlichkeit, übersteigerte Eitelkeit.*

Welche geschichtlichen Gestalten verachten Sie am meisten? *Hitler. Die anderen, vielen, die in Frage kommen, immer in weitem Abstand von ihm.*

Welche militärischen Leistungen bewundern Sie am meisten? *Cannae, Tannenberg 1914, die Franzosen an der Marne 1914.*

Welche Reform bewundern Sie am meisten? *Glaubensfreiheit, zumal, wenn sie gesichert ist, die anderen wesentlichsten Freiheiten auch gesichert sein werden.*

Welche natürliche Gabe möchten Sie besitzen? *– – –.*

Wie möchten Sie sterben? *Kaum über achtzig, und dann schnell, aber bei Bewußtsein.*

Ihre gegenwärtige Geistesverfassung? *Tiefe Unzufriedenheit mit meinen Arbeiten, so wie sie in den letzten acht Jahren waren.*

Ihr Motto? *Freude, trotz allem; mir zu erwerben, anderen zu bieten.*

[1]

Der Bruder zur Linken
Zur Neuauflage von Heinrich Manns ›Ein Zeitalter wird besichtigt‹

Heinrich Manns ›Ein Zeitalter wird besichtigt‹ las ich, als es 1946 zuerst in Stockholm erschien, nicht gründlich genug. Noch besitze ich ein Exemplar mit vielen handschriftlichen Korrekturen H.M.s, die Ausgabe wimmelte von Druckfehlern, auch mit Randbemerkungen, aber nur zwei, die beide dem französischen Politiker Edouard Herriot gelten. Herriot, der nach 1945 noch eine Rolle spielen sollte, galt den Amerikanern seit 1943 als verstorben. H.M. am Rande, dort, wo er 1944 den Scheintoten erwähnt: »Damals totgesagt« und: »Wiederauferstanden«.

Wiederauferstanden ist nun auch das Buch, wofür wir zwei Germanisten der DDR, Gotthart Erler und Walter Dietze, dankbar zu sein haben. Erlers Entstehungsgeschichte ist vorzüglich, durch Zitate aus Briefen H.M.s reich belegt. Dietzes Nachwort – mein Gott ja, darüber wäre einiges zu sagen. Freundliches und weniger Freundliches, was ich aber unterlassen will. Es würde nichts helfen und jeder bei seiner Überzeugung bleiben.

Ein schönes Buch und höchst eigenartig. Lebenserinnerungen, Autobiographie, wie man sie gewohnt ist, das eigentlich nicht. Zeitgeschichte natürlich auch nicht. Eher: Betrachtungen über ein Zeitalter, vermischt mit Betrachtungen über ganz andere Zeiten, mit Glaubensbekenntnissen, mit politischen Bekenntnissen, mit Portraits von Freunden, mit Erlebtem – das, was man früher ›Aus meinem Leben‹ genannt hätte –, mit fiktiven Dialogen und Monologen, die der Autor anderen in den Mund legt, obwohl sie doch seine eigenen sind, sogar mit Erzählungen.

Welches »Zeitalter« ist es? »Das halbe Jahrhundert, das ich mitmachte«, »die wenigen Jahrzehnte, die wir kontrollieren«. Sagen wir also: Von 1888 bis zum Moment, in dem das Buch 1943/44 binnen acht Monaten niedergeschrieben wird. Die Definition ist zunächst eine subjektive, unvermeidlicherweise; was ein Zeitalter ist, bestimmen wir, durch unsere Lebensdaten. Auf den längeren Blick doch nicht. H.M. hat das Gefühl oder Bewußtsein, daß mit dem Krieg, dessen bitteres Ende ja nun 1944 mit Händen zu greifen ist, auch für andere, für alle ein Zeitalter zu Ende geht; und dies Gefühl ist, wie wir nachträglich wissen, so gut oder schlecht begründet, wie epochale Einteilungen es nun einmal sein können. Das objektiv neue Zeitalter, von dem er noch fünf Jahre erleben mußte, hat ihn dann arg enttäuscht.

Kindheit, Knabenalter erscheinen nicht. Die erste Szene, die erinnert wird, gehört in das Jahr 1888. »Mein Vater, ein Kaufmann, der den kleinen Freistaat Lübeck zum guten Teil regierte, denn er verwaltete die Abgaben, las die Zeitung: eine neue Rede des Fürsten. Sie sollte lange in aller Mund bleiben, besonders der Satz: ›Wir Deutsche fürchten Gott, sonst nichts in der Welt.‹ Senator Thomas Heinrich Mann, geboren 1840, war skeptisch wie sein Jahrhundert. Er schnob Luft aus und meinte leichthin: ›In Wirklichkeit fürchten wir manches.‹ Dies mit Zärtlichkeit für den gewagten Ausspruch und seinen Urheber. Der Knabe, der ich war« – aber H.M. war schon siebzehn – »las über die Schulter des Vaters mit. Er hat gedacht: ›Wahr oder nicht, es ist gut gesagt.‹« ... Über den Platz von Bismarck – »Mein Bismarck« – in H.M.s Seele demnächst mehr.

An den amerikanischen Verleger Dutton, der starke Kürzungen vornehmen wollte, dann das Unternehmen so lang verschleppte, bis der kalte Krieg seine Durchführung als »unweise« erscheinen ließ, diesem elenden Menschen also schreibt H.M. 1948: »Das deutsche Buch, das vollständig ist, hat mir die Komposition des Werkes erst wieder vor Augen geführt. Es ist eingeteilt in erstens 150 Seiten Zeitgeschichte, zweitens 150 Seiten Autobiographie, drittens wieder 150 Seiten Zeitgeschichte und viertens 100 Seiten Schlußfolgerungen.«

Die neuen Herausgeber glauben an diese viersätzige Symphonie; ich kann sie nicht sehen. Der Band ist assoziiert, gewachsen, wild gewachsen, ist etwas wie ein alter, nobler Garten, der lange keines Gärtners Hand sah. In das eine, von dem gerade die Rede ist, bricht immer wieder was anderes ein, meistens die Politik, oft die gegenwärtige, der Krieg, Europa, Deutschland, der Tyrann über Europa, dessen Namen H.M. ungern ausschreibt, ich kann es ihm nachfühlen. Auch Zeitgeschichte, Geschichte überhaupt, wird derart persönlich oder künstlerisch gesehen, daß sie mit dem Autobiographischen ganz verschwimmt.

Und dann ist's das Buch eines sehr einsamen Mannes. Einsam war H.M. schon während der dreißiger Jahre in Nizza, wo er gleichwohl sich zu Hause fühlte und mit sich im Frieden sein konnte, solange er an seinem ›Henri Quatre‹ arbeitete. René Schickele über ihn dort und damals: »Ich kenne keinen einsameren Menschen.« (Diese Tagebuchseiten Schickeles, 21. März 1934, scheinen mir das Lebensgetreueste, was über H.M. im Exil je geschrieben wurde.)

Aber welches Glück war ihm Frankreich, verglichen mit Los Angeles! Im letzten Teil des Buches, welcher »Schlußfolgerungen«, in Wirklichkeit aber eine Menge persönlicher Erinnerungen bietet, ist auch von dem Abschied von Europa, Herbst 1940, die Rede; unserer gemeinsamen Fluchtwanderung über einen Vorberg der Pyrenäen, der Reise nach Lissabon, dem Warten dort auf das Schiff, das allerletzte, das nach Amerika ging. »Überaus leidvoll war dieser Abschied.« Scheu, dem Pathetischen abhold, sagte er es mir im Hotel von

Estoril auf die Weise, die seiner Feinheit eigentlich nicht lag: »Mir ist so mies.« »Die ganze Richtung gefällt mir nicht.« Er war von vorneherein entschlossen, Amerika, wenn nicht zu hassen, so doch nicht zu mögen und dort sich als völlig Fremder, Uninteressierter, also Einsamer zu fühlen. Im ›Zeitalter‹ kommen viele Länder und Völker vor, Deutschland immer wieder, Frankreich vor allem, Italien auch, England mit hymnischen Klängen – das Buch hätte sogar ursprünglich »Zur Zeit von Winston Churchill« heißen sollen – und »die Sowjet-Union«, o, wie oft die! Die Vereinigten Staaten genau einmal, zehn Seiten vor dem Ende. »Der große Präsident«, Franklin Roosevelt, oft genug; aber wie eine persönliche Weltmacht, ohne jeden Hintergrund.

Die Amerikaner merken so etwas; sie kommen nur dem entgegen, der ihnen entgegenkommt. Lion Feuchtwanger zum Beispiel, H.M.s treuer Freund, lieferte ihnen gefällig einen historischen Roman ›Waffen für Amerika‹, Beaumarchais, Benjamin Franklin, Marie Antoinette und so weiter; so ging es. Die ganz anders geartete Position T.M.s, zuerst fast mythisch, obgleich er als Schriftsteller den Amerikanern nie die mindeste Konzession machte, seit Dezember 1941 rasch abnehmend, wäre einer Sonderbetrachtung wert; ich kann sie nicht anstellen. Wäre nun aber der ältere Bruder auch guten Willens gewesen, in diesem seinem tragischen Fall hätte es ihm auch nichts helfen können, so wie er gemacht war; so unrettbar deutsch, auf überquere Weise, so unrettbar französisch, europäisch und eigensinnig – eigensten Sinnes, um einen freundlicheren Ausdruck zu gebrauchen. ›Ein Zeitalter‹, mit dem der Arme sich endlich Wirkung, endlich gutes Geld erhoffte, wenn nur der elende Mr. Dutton sein Wort hielte und rechtzeitig, nämlich 1946, hielte – von ein paar Germanisten abgesehen, hätte kein Amerikaner es verstanden. Die heute in der Bundesrepublik regierende Jugend wird es übrigens auch nicht verstehen.

Denn wie sieht H.M. sein Europa? Er sieht es eminent historisch. Er sieht es ästhetisch, stilistisch, moralisch, geistig. »Das Geistige erscheint mir als das Primäre, es hat in der Geschichte den Vortritt.« (Es ist hier, daß Nachwortschreiber Dietze dem Schüler H.M. eine seiner ernsten Rügen erteilen muß. Wohl hat der Schreibende das Klassenziel mit Auszeichnung erreicht; trotzdem finden sich in seinem Aufsatz allerlei bedauernswerte Irrtümer, die er bei seiner hohen Intelligenz leicht hätte vermeiden können...) Er sieht Vergangenheit und Gegenwart ganz in einem, ungefähr wie de Gaulle und Malraux es in ihren letzten Gesprächen tun; als ob Frankreichs große Symbolgestalten alle gleichzeitig wären. De Gaulle: »Wie stehen Sie jetzt zum Kaiser? Où êtes-vous avec l'Empereur?« Malraux sehr prompt: »Großer Geist, kleine Seele«... Die Gespräche, wie Malraux sie wiedergibt, haben etwas Geisterhaftes; Gespräche zwischen zwei Magiern.

Wenn ich H.M. und T.M. zusammen politisieren hörte, hatte ich manchmal das gleiche Gefühl: Was reden doch die zwei unwissenden Magier da? Unwissend, weil schlecht informiert, weil wirklichkeitsfern. Magier, weil sich andere Wirklichkeiten erträumend oder Lieblingsträume mit Wirklichkeit gleichsetzend, noch mehr, weil mit stark intuitivem Blick begabt, wie unsereiner ihn nicht hat.

Wie steht H.M. zu seinem ›König Henri Quatre‹? Er ist gegenwärtig, die Vereinten Nationen sind die endliche Verwirklichung seines »Grand Dessin«. Zu Napoleon? Napoleons Europa wäre noch besser gewesen als das, was nun kommen wird. Zu Bismarck? Der »Beveridge-Plan«, eine englische Ausarbeitung zur totalen Lebenssicherung oder Abschaffung der Armut, die eben damals diskutiert wurde und in der H.M. das glückliche Ende des ›Zeitalters‹ glücklich finden wollte, er ist die Krönung dessen, was Bismarck gut und weise begann, seiner Sozialversicherungen. Während einer Rundfunkansprache Churchills, endend mit einem Gebet, am Abend von »D-Day«, des 6. Juni 1944: »Wie schon öfters bei diesen letzten Männern des Zeitalters dachte ich an meinen Bismarck ...«

Wie steht er zu Voltaire und Preußens Friedrich? Er liebt sie beide, als ob sie gegenwärtig wären, besonders aber die Beziehungen zwischen ihnen, dem ungekrönten, dem gekrönten Intellektuellen. Er liebt an Friedrich besonders, daß er zu dreiviertel Franzose war, was immer und immer wieder vorkommt von Seite 11 (der Stockholmer Ausgabe) an: »Er ehrte allein die Franzosen seiner Zeit, jeden letzten Untertan des Königs von Frankreich, dem zu dienen sein wirkliches Glück war.« Einmal, ein einziges Mal wird bedauert, aber nicht, daß Friedrich an mörderischen Kriegen sich stark mitschuldig machte, daß sein Merkantilismus das Wirtschaftsleben in erstickende Fesseln zwang, daß seine ganze innere Verwaltung immer starrer wurde, die Privilegien des Adels nicht lockernd, sondern verhärtend, alles Dinge, die H.M. nicht interessierten, falls er überhaupt von ihnen wußte – bedauert wird, daß er die Liebe nicht hatte. »Aber er konnte nicht lieben. Seine historische Aufgabe deckt sich mit seinem Gebrechen; es war ihm nicht immer unbekannt, er hat an sich gelitten ...«

Zum »Lebensgefühl«, einem von H.M. geprägten historischen Sammelbegriff, gehört der *Stil.* Er muß sein, er ist kein Luxus; gute Zeitalter produzieren gute Stile; gute Menschen auch. Hier akzeptiert der Einsame selbst noch das französische Königsbarock, und zwar auf der allerersten Seite: »Etwas Äußeres, von den Erfindungen des Gefühls die gewagteste, war die Majestät. Ludwig der Vierzehnte hatte sie dargestellt, mit innerem Vorbehalt, die Herzen waren es, die sie forderten und ihm grenzenlos zutrugen. Er ist einige Male vor sich erschrocken, hat sich bedacht und sich zurückgenommen.« – Über den Stil Bismarcks: »Der Brief an den Vater seiner künftigen Frau, sein Werbebrief, welch ein Manifest menschlicher Schönheit! Man verneigt sich und ist beglückt. Wer das schrieb – wer überhaupt sein klassisches Deutsch schrieb, kann das unbedingt Schlechte niemals gewollt noch sich erlaubt haben...« Was H.M. dann dem Kaiser Wilhelm vorwirft, dessen historische Wirkungskraft er, wissenschaftlich geurteilt, gewaltig überschätzt – aber wie kann hier von »Wissenschaft« überhaupt die Rede sein –, um wessentwillen er ihn verachtet, das ist sein schlechter Stil, der zusammengehen mußte mit schlechter Politik: Verrat an Bismarcks Stil und an Bismarcks friedenserhaltendem, maßvollem, verantwortungsschwerem europäischem Werk.

So sieht er es. Und wenn ich hätte zuhören können, als er meinen Eltern aus dem ›Zeitalter‹ vorlas, und danach ihm einen bescheidenen Kurzvortrag gehalten hätte des Sinnes: auch für mich habe Bismarcks Persönlichkeit eine unversiegbare Anziehungskraft, man dürfe aber doch nicht vergessen, daß er für die Deutschen ein reines Glück nicht gewesen, daß die Rettung der Herrschaftsanordnung in Preußen eine künstlich-gewaltsame, soziologisch veraltete, darum gefährdete, ebendarum auch gefährdende gewesen sei – wenn ich ihn so zu korrigieren versucht hätte, so hätte er erstens gar nicht verstanden, was ich meinte, und hätte er zweitens von da an bitteren Groll gegen mich gehegt. Denn er war ein sehr eigensinniger Mensch und konnte in Sachen, die für ihn wesentlich waren, durchaus keinen Widerspruch vertragen; kaum auch nur in unwesentlichen.

An eine seiner Lesungen in Pacific Palisades erinnere ich mich, nach welcher mein verstorbener Bruder aus purer Höflichkeit – weil *nur* loben mangelndes Interesse verrät – eine Frage stellte, hinter der nur möglicherweise ein milder Einwand sich verbarg. H.M.: »Alle haben es verstanden, nur Klaus nicht.« Wer aber gar die leisesten Zweifel an der völligen Verwirklichung aller menschlichen Ideale in der

»Sowjet-Union« in seiner Gegenwart auszusprechen wagte – davon gleich. Übrigens hinderte sein Eigensinn ihn nicht daran, auf das bereitwilligste leichtgläubig zu sein, dort, wo er Geschichten, auch schwer glaubliche, hörte, die zu seiner Vorstellung von der Sache paßten. Wir pflegten es »Onkel Heinrichs Geschichten« zu nennen.

Stil, Geist, Repräsentanz, Schönheit, menschlicher Rang, Bewunderung großer Persönlichkeiten, ob Könige und Staatsmänner, ob Dichter und Schriftsteller, wobei die Frage, inwieweit sie gewirkt oder nur repräsentiert haben, sich gar nicht stellt, aber ohne weiteres angenommen wird, die Deutschen hätten einhundertfünfzig Jahre lang Napoleon nachgeahmt, oder die bolschewistische Revolution sei Produkt und Krönung von einhundert Jahren großer russischer *Literatur* gewesen – alles dies würde das Lachen unserer momentan regierenden Jugend hervorrufen, wenn sie davon Notiz nähme. Mein Lachen nicht. Es rührte mich, was ich da noch einmal las, es gefiel mir sehr die Unschuld dieses bewundernden, liebenden Herzens. Es gefiel mir besonders heute, da unsere regierende Jugend – nun, man weiß, wie sie von alledem denkt, was H.M. teuer ist, zum Beispiel von Stil. Eine gute Generation jünger und was mir an Poesie fehlt, durch ein wenig historische Ausbildung ersetzend, hätte freilich auch ich an H.M.s Historie Kritik zu üben, wenn Kritik hier Sinn hätte. Ansichten und Gesinnungen eines alten Mannes, der ein Künstler war, so schön ausgedrückte, so tiefe darunter, man nimmt sie, wie sie sind.

Es sind im Kern konservative Gesinnungen. Das mit T.M.s »linkem Bruder« ist, nun gut siebzig Jahre lang, ein Mißverständnis gewesen, aufgebracht von den Zeitgenossen, fortgeschleppt von den Nachkommenden, immer gleich dumm. Beide Brüder waren Konservative von Haus. Beide wurden getragen von einem Gewissen, das über sie selbst weit hinaus ins Allgemeine, Soziale ging. Beide suchten und fanden den Gegenpol: der Jüngere gequält, tastend, aus Vernunft und Pflichtgefühl; der Ältere souverän, mit rhetorischer Ausstrahlungskraft, ohne Zweifel und Skrupel, ohne jede Vermittlung zwischen dem einen und anderen.

Und da machte es ihm nun nichts aus, zumal in diesen seinen späten Betrachtungen eines Unpolitischen, einander diametral widersprechende Neigungen zu verbinden. Er liebt nicht nur Bismarck mit fast religiöser Liebe, wie er es selber nennt, er schwärmt auch für den Kaiser Franz Joseph, für Europas alte Dynastien. »Nun vertritt das Haus Windsor, seit dem Abgang Habsburgs, allein noch die ehrwürdige Überlieferung, deren Europa bedarf, um es selbst zu bleiben...« Über Moral als Anstrengung: »Leider wissen wir... daß der moralische Besitz zerrinnt, sobald seiner nicht geachtet wird. Ohne eine fortgesetzte Spannung des Willens und Gewissens hat nichts Bestand...« Über den Wert der Tradition: »Traditionen enthalten Erfahrung. Sie lehren Vernunft.« Über die gute alte Zeit vor 1914: »Man muß das gekannt haben... das Vertrauen in menschliche Güte und Sicherheit... Die Hauptsache, unsere Unabhängigkeit, hätten wir kaum erwähnt, so sehr war sie ein Teil von uns. Unsere Väter hinterließen uns meistens an Geld das Nötigste. Ich habe mein ererbtes Einkommen erhalten genau bis zu der deutschen Inflation. Da brauchte ich es nicht mehr.« Dies, ohne zu fragen, woher denn sein ererbtes Einkommen kam oder worauf die praktisch unveränderte Kaufkraft des Geldes während der ersten vierzig Jahre seines Lebens beruhte; soll heißen, ohne ökonomisch, soziologisch, politisch zu fragen. Der »linke Bruder«... Ja, und dann ist er es doch.

Wenn das Buch unter vielen Nebenhelden zwei Haupthelden hat, so sind es Bismarck und die »Sowjet-Union«, wobei diese jenem noch weit voraus ist. Das »Zeitalter Churchills« wurde dem Autor unter den Händen zum Zeitalter Stalins, des Bolschewismus, Rußlands. Im Lichte der Lobpreisung dieser Dreiheit wird das Lob aller anderen Lieblinge blaß. Die russische Revolution als »Phänomen der ausbrechenden Wahrheitsliebe«, als die »Übereinkunft aller«, ohne Gewalt, ohne Zwang, die »Sowjet-Menschheit« als das Heil der Zukunft – Nachwortverfasser Dietze hatte da leichtes, redliches Spiel. Keine, absolut keine Einschränkung wird zugelassen. Den großen Bürgerkrieg, die Matrosen von Kronstadt gab es nie. Die Stalin-Prozesse der dreißiger Jahre – ein anderer Ausbruch der Wahrheit, gewonnen auf echtest und tiefest russische Weise. Der Stalin-Hitler-Pakt – H.M. gesteht, daß auch er ein paar kummervolle Nächte lang versucht war, ihn für eine Ausnahme zu halten. Dann ging ihm ein Licht auf; auch der Pakt war gut, recht, notwendig. Worüber er gleich einen Dialog dichtete, stattfindend zwischen einem deutschen, einem russischen Soldaten, Angehörigen der beiden Armeen, die gemeinsam Polen fraßen. Zum Schluß überzeugt der Russe den Deutschen von der guten Sache; sie fallen sich in die Arme ...

Als ich dies wieder las, mußte ich an drei Zeilen in René Schickeles Tagebuch denken. »Dann faltet er – H.M. – die Hände und sieht einen aus seinen blauen Augen an. Sie sind harmloser als die eines Kindes. Beim geringsten Anlaß bricht ein Ausdruck von Mißtrauen durch.« Viel Ärgeres als Mißtrauen, wenn einer Zweifel an der ganz und garen Güte, Humanität, Liberalität des Bolschewismus äußerte. Sofort brach er alle Beziehungen ab. Dies schon in den frühen dreißiger Jahren, lange bevor Opfer und Glorie der russischen Armee momentan uns alle verdrängen ließen, was wir doch zu wissen nie aufhörten.

An einen Brief H.M.s an seinen Neffen Klaus erinnere ich mich, geschrieben etwa 1934, in dem ein sozialdemokratischer Politiker vorkam, Seger mit Namen, als gebrochener Mann war er in Paris angekommen, in einem deutschen KZ hatte man ihm Schreckliches angetan. »Mit Seger ist es nichts. Nachdem er ... (vergessen) ... beschimpft er jetzt die Sowjet-Union. Durch Leiden aus der Form gekommen?« H.M. litt nicht mit jemandem, der, was er auch erlitten hatte, nun die Sowjet-Union beschimpfte. Mit dem war es nichts, weniger als nichts.

Wie die beiden Heldenverehrungen, die Bismarcksche, die bolschewistische, zusammengehen? Nichts einfacher als das. »Heute wäre er – Bismarck – auf der Seite der Sowjet-Union.« O misère!

Wer H.M. kennenlernen will, wie er war, seine Tugenden und seine Schwächen, Starrheiten, Selbstverblendungen, seine Tugenden auch noch in seinen Schwächen, denn es war ja guter Wille, was ihn so blind an »die Sowjet-Union« glauben ließ, ein solcher wird sich die Lektüre der einschlägigen Kapitel oder Seiten nicht ersparen. Selber dürfte ich es nicht, als Referent: als nahem Verwandten waren mir die Schwächen wie die Tugenden des großen Schriftstellers ohnehin bekannt. (Daß ich über den Komplex H.M.–T.M. von seiner menschlichen Seite mehr weiß, als ihre Gelehrsamkeit sie je wird wissen lassen, das ist's, warum einige junge oder ehemals junge Germanisten mich mit mordlustigem Haß verfolgen. Was kann ich dafür? Zudem haben meine Brüder und ich für jene brotlose Spezialkunst einen Preis bezahlen müssen.) Wer Freude erfahren will an den Bekenntnissen eines hochgebildeten, hochfliegenden Geistes und, bei allen Wunderlichkeiten, gütigen Herzens, der mag das ganze Zeug überschlagen. Von einem Manuskript, das nichts war als anständige Arbeit, pflegte der alte S. Fischer zu sagen: »Es hat keine Magie.« Magie ist genau das, was H.M. besitzt dort, wo er am besten ist; so in ›Ein Zeitalter‹, wenn man absieht von jenen kindlich verblendeten Texten.

Die Magie wird zum gewaltigen Zorn, zum Abscheu, zu des Magiers selbsteigener abgründiger Verachtung, wo er von dem anderen spricht, dem Tyrannen über Deutschland-Europa. Da sind Formulierungen, wie sie sich im gleichen Zusammenhang, in der gleichen Stärke wohl nur bei T.M. finden (gelegentlich bei Churchill). Was die beiden Brüder über Hitler sich abringen, wäre einer gelehrten Vergleichung wert. Es gibt frappante Ähnlichkeiten; Unterschiede auch. Bei T.M. mehr Psychologie; bei H.M., wenn das möglich ist, *noch* mächtigerer rollender Grimm; Gewittergott, herabblickend auf das »Menschlein, vom schamlosen Glück zum Unmenschen gezüchtet...« Nicht zu vergessen: T.M.s Essay ›Bruder Hitler‹ wurde geschrieben vor dem Krieg, an den der Autor nicht glaubte. ›Ein Zeitalter‹ gegen Ende des Krieges. Bei dem Vergleich müßte man T.M.s Rundfunk-Ansprachen ›Deutsche Hörer‹ mitheranziehen.

Ja, und dann das im engeren Sinn Autobiographische, die Politik für den Augenblick Vergessende. Es sind die glücklichsten Seiten. Ein Kapitel, unterteilt in drei Abschnitte, handelt von Liebe. Da spricht nun der Autor mit Unbefangenheit von seinen eigenen Erfahrungen: »Nicht jede Liebe währet ewiglich, das wird nicht verlangt, sondern daß sie fruchtbar mache und dankbar stimme. Es ist möglich, daß ich diese oder jene Frau wenig oder schlecht geliebt habe, nur gerade als die Gefährtin einer Gestaltung, die entstehen wollte, und die heimliche Hauptgestalt war sie... Ich weiß nicht, ob sie mich, ich selbst habe in allen Jahrzehnten keine vergessen.«

Ein Bericht von reiner Schönheit gilt Puccini, H.M.s stärkster Liebeserfahrung in der Musik. Er liebte Italien fast noch mehr als Frankreich, das er historisch, politisch, geistig ernster nahm; sein Italien der Unschuld, der verschlafenen Renaissance-Residenzen, der Provinzopern, der Mädchen am Brunnen und singenden Maurer, die Sprache der Engel. Noch immer, oder beinahe, das Italien von Eichendorffs ›Taugenichts‹. Übrigens liebte er Eichendorff und verschweigt es. Was er über die deutsche Romantik zu sagen hat – »Das niedrigste Lebensgefühl« –, ist sonderbar ungerecht, einer Laune entspringend. Als Beispiel nennt er ausschließlich den »Gespenster-Hoffmann«, was daher kommt, daß ich ihm mein Exemplar der Werke E.T.A. Hoffmanns überlassen hatte. Seine eigene, stattliche, charakteristische Bibliothek war von München nach Prag gekommen und dort geblieben, ist heute in Berlin (Ost). Ein paarmal erklingt der Klageruf: »Wo sind meine Bücher?« So las er, was er bekommen konnte, oder schreibt, wie Homer, aus der Erinnerung. Exil, Alter, Einsamkeit – Blindheit.

Erinnert wird selbst das gute, kunst- und liebevoll zubereitete Essen, wie es war vor 1914. Entschieden von stärkerer Sinnlichkeit als sein Bruder, war H.M. auch der freudigere Esser und Weintrinker. Dies hat er mir erzählt: Als er 1919/20 dank des ›Untertan‹-Erfolgs viel Geld hatte, das Essen in den Münchner Restaurants aber noch mager war, bestieg er zusammen mit seiner ersten Frau ab und an den »Orient-Expreß« – funkelnde Eleganz damals und Küche altinternationalen Ranges –, um zwischen München und Salzburg zu dinieren. Es machte mir Spaß, die oft wiederholte, verstohlene Lustreise mir vorzustellen, zusamt der Rückfahrt, sie nicht mehr durch Erwartung und Genuß, sondern durch zufriedene Reminiszenzen bezeichnet.

Müßte ich ein gelungenstes Kapitel nennen, so wäre es das über »Die Gefährten«; Berichte über einige von des Autors nächsten Freunden. Er hat intensive Beziehungen zu vielen Persönlichkeiten von Rang unterhalten, Literatur, Theater, Film sogar, im Gegensatz zu T.M., der, seiner vielberedeten Sehnsucht nach dem Bürgerlichen frönend, Professoren und Oberlandesgerichtsräten vor der höheren Bohème den Vorzug gab. (So in der Münchner Zeit; in der Emigration änderte sich das einigermaßen.) Hier nennt H.M. vier: Frank Wedekind, den Bruder, Arthur Schnitzler und den Pariser Germanisten Felix Bertaux. Das Portrait Wedekinds ist flüchtig, eigentlich enttäuschend; der dem großen Dramatiker so nahestand, hätte nach Belieben mehr daraus machen können. Den Essay über den Bruder hat man schon mehrfach gedruckt gesehen; er ist so stimmungs- wie ahnungs- und taktvoll. Ich will nur zwei Ansichten herausgreifen. Für den Älteren ist der jüngere der eigentliche Erbe des Senators; dessen Stellung in Lübeck entspricht die Popularität des Erben in Amerika. T.M. sah das selber ganz ähnlich; wieviel beide Brüder ähnlich sahen, darauf sind die Gelehrten bisher nicht verfallen. »Mein Bruder bewies durchaus die Beständigkeit unseres Vaters, auch den Ehrgeiz, der seine Tugend war. Ehrgeiz veredelt die Selbstsucht, wenn er nicht von ihr ablenkt.« Womit angedeutet wird, daß der Schreibende selbst nicht ehrgeizig, viel weniger selbstsüchtig gewesen sei. Darin irrte er aber. Wie sollte ein Schriftsteller höheren Ehrgeizes nicht ehrgeizig sein?

Der Bericht über Arthur Schnitzler ist der schönste, weil eindeutig liebevollste, endend mit den Worten: »Ich ehre Sie, lieber Arthur Schnitzler.« (Als ob Schnitzler noch lebte.) Was er vor allem ehrt: daß Schnitzler sich um die öffentlichen Dinge, die Politik, überhaupt nicht kümmerte, sondern nur um die »mehr als öffentlichen, die allgegenwärtigen: Liebe und Tod«. Dies Sich-Konzentrieren des Freundes auf das Wesentliche versteht H.M. aus der Habsburger Monarchie: »Die Erscheinung des unpolitischen Schriftstellers ist abhängig von einer alten Ordnung, und diese war die älteste gewesen, ein Fürst mit der ganzen Erfahrung von Jahrhunderten, der eigenhändig seine große Monarchie verwaltete, ohne Übergriff, unter strenger Achtung der bürgerlichen Übung, ihres harten Stumpfsinnes, und andererseits den galanten Begabungen zugeneigt ...«

Noch einmal zurück zum Ehrgeiz. Natürlich waren beide Brüder ehrgeizig, beide aber auch scheu, was sie hinter einer verbindlichen Grandezza verbargen. So gewaltig ernst wie der jüngere nahm sich der ältere; glaubte, daß seine scheinbar zufälligen Lebensschicksale sinnvoll zusammengefügt würden wie durch eine unsichtbare Hand, was sie während seines letzten, dieses elenden amerikanischen Jahrzehnts leider nicht waren. Da zog er sich denn auch ganz in sich zurück. Vorher, die längste Zeit, war er, ich würde sagen, extravertierter gewesen als sein Bruder, trotz scheuen Hochmuts: Theater, Frauen, Gesellschaft, Politik. In den letzten Jahren der Weimarer Republik lebte er in Berlin, wo T.M. für längere Zeit durchaus nicht vorstellbar ist, und galt dort als politisches Orakel, was er nicht war, oder doch nur einmal, und da mit großartigem Klarblick, 1914; einmal genügt.

Jedenfalls sind Leben und Lebensbuch voller europäischer Begegnungen: Präsident Masaryk, Briand, der große Marschall Lyautey und andere von vergleichbar europäischer Bedeutung. Am 19. Februar 1933 war H.M. bei reichen Leuten in Berlin – »herrliche Musik wurde gemacht, das Büffet war auf der Höhe gesicherter Zustände, dabei warteten draußen schon die Möbelpacker« – mit dem französischen Botschafter François-Poncet zusammen. Dieser wandte sich an ihn mit nur einem Satz, halb Hilfsangebot, halb Warnung: »Wenn Sie über den Pariser Platz kommen, mein Haus steht Ihnen offen.« Der so Gewarnte floh aus Berlin, aus Deutschland, den übernächsten Tag, in geratener Heimlichkeit.

Da ich enden muß, will ich mit einer sehr schön beschriebenen Begegnung enden. 1917 trifft H.M. bei dem Geheimrat Witting, Financier, Bruder Maximilian Hardens, den Fürsten Lichnowsky, der 1914 deutscher Botschafter in London gewesen war und für die Erhaltung des Friedens, die rechtzeitige Aufklärung der deutschen Machthaber so verzweifelt wie vergeblich gekämpft hatte. »Lichnowsky hatte wohl das

Bedürfnis zu sprechen, wo konnte er es noch, wenn nicht im Hause eines jüdischen Finanzmannes. Wo die Wahrheit gehört wird, ist das Haus vornehm. Er sagte mit einer Ruhe, von der viel auf den Tonfall kam, langsam und näselnd, in der Aussprache österreichischer Aristokraten, sagte er viele, mehr oder weniger verhängnisvolle Wahrheiten: fehlte nur die letzte. Da fragte sein Partner: ›Erinnern Sie sich, Durchlaucht, daß wir vor einem Jahr um die gleiche Frühlingszeit hier am Kanal spazierengingen? Sie sagten damals: Wenn wir Elsaß-Lothringen anböten und der Kaiser abdankte, könnten wir uns leidlich aus der Sache ziehen. Ist das Ihre Meinung noch jetzt?‹ Lichnowsky, nach einigem Zögern, während dessen Kopf und Augen völlig stillhielten: ›Nein.‹ Kein Blick nach mir. Vielleicht war es ihm gleich, was ich hörte, ich hatte eher den Eindruck, daß er für mich sein Nein sprach. Nun, das geschieht wohl, wenn eine Wahrheit derart ist, daß es uns selbst davon kalt überläuft, dann war sie uns bestimmt ... Der tote Tragiker, den ich darum noch nach 27 Jahren vor mir sehe, sprach nicht wie einer, der recht behalten will. Er bekannte, still und nicht weit von Demut, sein Wissen.«

Erstdruck: *F.A.Z.* vom 21.9.1974.
Hier wiedergegeben nach: Golo Mann, ›Zeiten und Figuren. Schriften aus vier Jahrzehnten‹. Frankfurt am Main 1979, S. 354–366.

[2]

Zaubersprüche beinahe
Zu vier Gedichten von Theodor Fontane

Überlaß es der Zeit

Erscheint dir etwas unerhört,
Bist du tiefsten Herzens empört,
Bäume nicht auf, versuchs nicht mit Streit,
Berühr es nicht, überlaß es der Zeit.
Am ersten Tag wirst du feige dich schelten,
Am zweiten läßt du dein Schweigen schon gelten,
Am dritten hast du's überwunden;
Alles ist wichtig nur auf Stunden,
Ärger ist Zehrer und Lebensvergifter,
Zeit ist Balsam und Friedensstifter.

Dies Gedicht sage ich mir vor, wenn ich selber etwas »unerhört« finde. Es wirkt. Seine Botschaft ist so wahr wie schön ausgedrückt; behauptet Gelassenheit nicht bloß, sondern trägt sie in sich, überträgt sie auf andere. Ein Zauberspruch beinahe. Natürlich ist Resignation dahinter. Dem, was stört, kränkt, im Kopfe den Platz besetzt, der frei sein sollte für Arbeit, und was man ja doch nicht beherrschen kann, geht man aus dem Wege.

Fontane hatte es bekanntlich nicht leicht: ein Abhängiger, nicht einmal von Lohn und Gehalt, sondern von der Gunst der Redakteure, die ihrerseits auf stärkere Mächte achthaben mußten, von der Gunst eines schmalen Publikums, vom Wohlwollen irgendwelcher Hochgestellter, und war doch so sehr viel feiner, klüger, leidensfähiger als jene, von denen er abhing. Gegen Ende ein wenig abgekämpft.

Seine Alterslyrik hat nicht die Hochgemutheit der preußischen, nordischen, englisch-schottischen Balladen. Von ihnen konnte Loewe ein paar in liebliche Musik setzen – ›Tom der Reimer‹; bei den späten Gedichten geht das nicht. Körnige, nüchterne Weisheit, gereimte Prosa. Groß? Ja, was heißt groß? Die Erfahrung der Größe im Gedicht, die Heine beschreibt, »die schmerzliche Erweiterung der Seele« hat Fontane kaum je erlebt. Mich dünkt aber, daß Horaz, den Nietzsche noch weit über seinen geliebten Heine stellt, sie auch nicht erlebt hat. Sie *muß* also nicht zur Größe gehören.

Wobei ich eines zugeben will. Solch Werkchen steht nicht für sich allein, eine Meisterleistung, ihren Glanz verbreitend, unabhängig von dem, was sonst im Bande versammelt ist. Man will den Autor kennen. Man will anderes, Verwandtes, Gleichklingendes kennen. Darum, und weil es ja auch sehr kurz ist, wage ich noch ein paar Spätplaudereien Fontanes in meine Interpretation hineinzunehmen.

Summa summarum

Eine kleine Stellung, ein kleiner Orden
(Fast wär ich auch mal Hofrat geworden),
Ein bißchen Namen, ein bißchen Ehre,
Eine Tochter »geprüft«, ein Sohn im Heere,
Mit siebzig 'ne Jubiläumsfeier,
Artikel im Brockhaus und im Meyer ...
Altpreußischer Durchschnitt. Summa Summarum,
Es drehte sich immer um Lirum Larum,
Um Lirum Larum Löffelstiel,
Alles in allem – es war nicht viel.

Lebenswege

Fünfzig Jahre werden es ehstens sein,
Da trat ich in meinen ersten »Verein«.
Natürlich Dichter. Blutjunge Ware:
Studenten, Leutnants, Referendare.
Rang gab's nicht, den verlieh das »Gedicht«,
Und ich war ein kleines Kirchenlicht.
So stand es, als Anno 40 wir schrieben.
Aber ach, wo bist du Sonne geblieben?
Ich bin noch immer, was damals ich war,
Ein Lichtlein auf demselben Altar;
Aus den Leutnants aber und Studenten
Wurden Genräle und Chefpräsidenten.
Und mitunter, auf stillem Tiergartenpfade,
Bei »Kön'gin Luise« trifft man sich grade.
»Nun, lieber F., noch immer bei Wege?«
»Gott sei Dank, Exzellenz ... trotz Nackenschläge ...«
»Kenn ich, kenn ich. Das Leben ist flau ...
Grüßen Sie Ihre liebe Frau.«

Beide Gedichte gehören durchaus zusammen. Das eine sagt es etwas bitter, das andere mit heiterster Ironie. Im Grunde kennt ja Fontane seinen Wert recht wohl. Er weiß, daß er allermindestens so gut ist wie sein Jugendbekannter, obgleich auf einem Felde, welches der Exzellenz etwas unernst, unsolide, gar nicht einzuordnen oder auf ungewiß unterer Stufe einzuordnen scheint.

Er achtet die Hierarchie, und auch wieder nicht, zumal ihre Vertreter nicht das sind, was sie in seiner Idealvorstellung sein sollten. Daß er selber von ihr nur gönnerhaft, ohne viel Verständnis, respektiert wird, belustigt ihn mehr, als daß es ihn kränkte; zum Beispiel, wenn er auf einem Hof-Fest vorgestellt wird:

»Sie kennen ja unsren berühmten Sänger.«
Alle Gesichter werden länger.

Er bereut nichts; würde wieder »denselben Faden spinnen«, gäbe man ihm ein zweites Leben. So ist die Begegnung mit dem stattlich Gewordenen eine freundliche, wenn auch kurz. Die stillen Pfade im Tiergarten sind immerhin die gleichen, und gleich ist das Alter. Der General – schöne Pension, sieben Orden, Wohnung vermutlich im benachbarten »Alten Westen«, in der Mattheikirch- oder Keithstraße – stellt, was die »Nackenschläge« betrifft, dem Literaten sich leutselig gleich und schreitet fürbaß.

In ›Summa summarum‹ ist mir das Stärkste die erste aus ganzen zwei Worten bestehende Summierung »Altpreußischer Durchschnitt«. Gemeint ist das karge Preußen, aus dem der junge Fontane vor langer Zeit gekommen war, das Preußen Friedrich Wilhelm III., in dem man auch Generale nicht auf Rosen bettete. Darüber ist er eigentlich nie hinausgekommen. Anders jetzt: das »Reich«, die Reichen, die Prunkvillen der Tiergartenstraße. Wie mir das imponiert: das Neue in seinem falschen Glanz aufleuchten zu lassen, ohne ein einziges Wort, nur indem zwei Worte das Alte bezeichnen – und damit seinen Unterschied zum Neuen.

Ausweichen. Das Leben annehmen, wie es war und anders nicht sein konnte, mithin doch wohl recht war. Unterschiede, die kränkend sein könnten, in heitere Verse bringen. Resignieren vor Mächten, die unendlichmal stärker sind als man selber; wie vor Staat und Hierarchie, so auch vor dem lieben Gott und Benachbartem.

Die Frage bleibt

Halte dich still, halte dich stumm,
Nur nicht forschen, warum? Warum?
Nur nicht bittre Fragen tauschen,
Antwort ist doch nur wie Meeresrauschen.
Wie's dich auch aufzuhorchen treibt,
Das Dunkel, das Rätsel, die Frage bleibt.

Freilich bleibt sie; meldet sich mitunter, auf einsamen Spaziergängen, in Nächten ohne Schlaf, in der Krankheit. Da sie aber für sterbliche Menschen doch ewig unlösbar ist, was hilft sie? Auch ihr weicht man besser aus. Besser, man tut, man *macht* etwas Rechtschaffenes in dem Kreise, der hell oder erhellbar ist, und läßt das uns umgebende Dunkel dunkel sein.

Es war in dieser Zeitung von Heines Gedicht ›Laß die heil'-gen Parabolen ...‹ schon ausführlich die Rede.

Suche die verdammten Fragen
Ohne Umschweif' uns zu lösen ...

Dagegen Fontane: »Nur nicht forschen, warum? Warum?« Die Ferne zwischen Heine, dem politischen Rebellen, der hier zum metaphysischen Rebellen wird, und Fontane, der die Stürme mied und froh war, wenn er sich anständig durchs Leben brachte als »poète allemand«, sogenannter freier Schriftsteller in preußischen Landen – könnte sie einprägsamer erscheinen? Ferne zwischen gewaltig-blasphemischem Protest und bloßem »Aufhorchen«, das sich rasch in weises Weghören wandelt? Zwischen äußerster Anspannung und Entspanntheit? Zwischen »schmerzlicher Erweiterung der Seele« und urbanem Verzicht? Müßte man hier nicht eingestehen, daß Heine der »Größere« war?

Dieser Frage will nun ich ausweichen; aus Resignation nicht, eher aus Bewunderung für den einen und für den anderen.

Erstdruck: *F.A.Z.* vom 29.3.1975.

[3]

Conrad Ferdinand Meyer
Ein Pilgrim

'ſ ist im Sabinerland ein Kirchentor
– Mir war ein Reisejugendtag erfüllt –
Ich saß auf einer Bank von Stein davor,
In einen langen Mantel eingehüllt,
Aus dem Gebirge blies ein harscher Wind –
Vorüber schritt ein Weib mit einem Kind,
Das, zu der Mutter flüsternd, scheu begann:
Da sitzt ein Pilgerim und Wandersmann!

Mir blieb das Wort des Kindes eingeprägt,
Und wo ich neues Land und Meer erschaut,
Den Wanderstecken neben mich gelegt,
Wo das Geheimnis einer Ferne blaut,
Ergriff mich unersättlich Lebenslust
Und füllte mir die Augen und die Brust,
Hell in die Lüfte jubelnd rief ich dann:
Ich bin ein Pilgerim und Wandersmann!

Es war am Comer- oder Langensee,
Auf lichter Tiefe trug das Boot mich hin
Entgegen meinem ew'gen stillen Schnee
Mit einer andern lieben Pilgerin –
Rasch zog mir meine Schwester aus dem Haar,
Dem braungelockten, eins, das silbern war,
Und es betrachtend, seufzt ich leis und sann:
Du bist ein Pilgerim und Wandersmann!

Mit Weib und Kind an meinem eignen Herd
In einer häuslich trauten Flamme Schein

Dünkt keine Ferne mir begehrenswert.
So ist es gut! So sollt es ewig sein ...
Jetzt fällt das Wort mir plötzlich in den Sinn
Der kleinen furchtsamen Sabinerin,
Das Wort, das nimmer ich vergessen kann:
Da sitzt ein Pilgerim und Wandersmann!

C. F. Meyer, ›Sämtliche Werke in 2 Bänden‹. München 1968.

Lebenslust und Weltangst

Durch alle die Jahrzehnte hieß es in meinem Gedächtnis: Jugendwandertag. So war ich, dem Klang wie der Sache nach, enttäuscht, »Reisejugendtag« zu finden. Gerne hatte ich mir den jungen Meyer als einen Wanderer in den Sabiner Bergen vorgestellt, einsam, wandermüd und abends zufrieden. Es war aber, meine ich nun, wirklich eine »Reise«, zusammen mit der Schwester, der Freundin und Helferin, die davon erzählt: Man fuhr im Einspänner von Rom über Castel Gandolfo nach Albano, wo übernachtet wurde. Am nächsten Tag Ritt, von einem Führer begleitet, auf den Monte Cavo, von dort hinunter nach Frascati und Grotta Ferrata. Dort mag der Dichter vor einer Kapelle, Betsy Meyer erwähnt sie, gesessen haben, bis der bestellte Vetturino eintraf, um das Paar vor Dunkelheit nach Rom zurückzubringen. Schönes hatten sie unterwegs allerdings gesehen, das weite Land vom Gipfel des Monte, die Seen tief unten, die uralte, der Natur vermählte Zivilisation, so daß von erfüllten Tagen die Rede sein durfte. Übrigens war Conrad Ferdinand nicht mehr ganz jung, 33 Jahre. Wir wissen, daß er spät sich fand, mit 33 noch nichts seinen Mitbürgern Schätzenswertes getan hatte, erst mit 45 eigentlich begann.

»Begann« – die Wortwahl in der ersten Strophe ist um des

Reimes willen. Das Kind beginnt ja keine Rede, es sagt nur dies und nichts anderes. Oft habe ich mich gewundert, wie das leichte, untergeordnete Talent, zu reimen, bei großen Dichtern mit ihren höchsten Gaben wie selbstverständlich koinzidiert, zum Beispiel bei Goethe. Dagegen fiel es Conrad Ferdinand schwer, die rechten Reime zu finden, das ließe sich zeigen.

Weil auf Schwächen angespielt wird, das Gedicht enthält noch eine: »am Comer- oder Langensee«. Er mußte doch wissen, welcher See es gewesen war. Aber er brauchte vier Silben; und die durch ein Epitheton zu finden, »am lieblichblauen Langensee« oder dergleichen, das wollte er nicht. – Zwei Mattheiten in einem Sprachwerk, das sonst mir vollkommen scheint.

Es steht am Ende der ganzen Sammlung, als »Epilog«, letztes Wort, Résumé. So war ich, bin ich noch, so mein Bild von mir selber. Lebenslust, immer gesucht, manchmal gefunden, und Weltangst, die gar nicht gesucht zu werden brauchte, hier rationalisiert zu Angst vor Alter, Tod, Vergänglichkeit überhaupt.

In Meyers Erlebnisdichtung spielt Wandern sehr stark mit, Quell der Freude, »noch einmal ein flüchtiger Wandergesell«, wie auch Schicksal:

Zu Wandern ist das Herz verdammt,
Das seinen Jugendtag versäumt...

Wandern in Bünden, »Burg Fragmirnichtnach«, Wandern im Tal der Reuß, »Die alte Brücke«, Gotthard, italienwärts. Nordgebirge mit südlichem Licht, germanisch-romanische Landschaft. Liebe zur Natur und zur Vergangenheit in einem. Flucht vor »der Märkte Dunst, der Städte Staub«, »Ich bedarf Schneenähe. Die Herberge soll höchstens vier Gastzimmerchen haben, geländerlose Treppen und Bedienung ohne Kellner. Sie darf nur nach frischem Heu riechen.« Eben: Sehnsucht nach der »Heilen Welt«; Entfremdung. Die Gescheiten lehren es uns neuerdings: In Conrad Ferdinand Meyer haben wir den ersten spätbürgerlichen Dichter zu erblicken. Weil es Poeten, die an ihrer Zeit und Umwelt, also an sich selber litten, ihr Leid zu Rhythmen gestalteten, die kühl erscheinen, aber nur scheu sind, und dem, der lesen mag, ihre tiefste Aussage recht wohl enthüllen – weil es solche, bekanntlich, im Zeichen von Früh- und Hochbürgertum gar nicht geben konnte ...

Der Schluß: der gefeierte Dichter nun, Ehrenbürger von Kilchberg, Weib und Kind, das gesellige Haus. »So ist es gut!« Völlig gut war es trotzdem nicht, weder damals noch später. Die Frau hat zu der Schwester, der wahren Lebensgefährtin, sich schändlich verhalten. Die Furcht des Pilgrims möchte auch Furcht vor der Geisteskrankheit gewesen sein, die ihn 1892 ergriff. Die Tochter, in den dreißiger Jahren eine große, obgleich zurückgezogen lebende Zürcher Dame, starb plötzlich, es wurde verborgen, wie. In dem Gedicht ›Schwüle‹ heißt es:

Eine liebe, liebe Stimme ruft
Mich beständig aus der Wassergruft –
Weg, Gespenst, das oft ich winken sah! ...

Wen hat Meyer da gemeint?

Aus der Heilanstalt entlassen, war er kein Dichter mehr, nahm aber seine großen Spaziergänge alsbald wieder auf. Ich kenne die Gegend, die arg sich verwandelt hat, wo gebaut werden durfte. Der »vielliebe Wald«, »mein täglich Wanderziel«, ist geblieben.

Erstdruck: *F.A.Z.* vom 1.3.1975.

[4]

Göttliche Komödie – *Antwort auf eine Umfrage zu Thomas Manns 100. Geburtstag*

Ich versuche so zu tun, als hätte ich diesen Autor nie gekannt.

Von den vier Hauptwerken hat ›Buddenbrooks‹ den Vorzug, daß es das einzige »Muß-Buch« war; man konnte es nicht aufschieben. Darum fließt dieses Epos ohne eigentliche Höhepunkte immer auf der gleichen, mit der ersten Seite erreichten Höhe, ruhig und stetig; darum auch wurde es in so unglaublich kurzer Zeit, in knapp zwei Jahren, vollendet. Auch später erhob sich eigentlich nie die Frage: Was nun? wohl aber die Frage: Was jetzt? Denn der Jugendpläne waren viele, einige wurden ausgeführt, andere blieben liegen.

Der ›Zauberberg‹ bedeutete dem Sechzehnjährigen, was man ein »großes Bildungserlebnis« nennt. Man liest auch immer wieder mit genußreicher Spannung darin: die durchgehaltene Intensität, die Atmosphäre, die Typen, Liebe und Tod. Tränen des Gymnasiasten über Joachims Hinscheiden. Die rührendste, stärkste Figur war, ist mir nicht der berühmte Peeperkorn, sondern der Hofrat Behrens. (Das habe ich der Schwiegertochter des bitter gekränkten Ur-Hofrats Dr. Jessen noch vor ein paar Jahren gesagt, sie gab mir recht.) Einwände bleiben. Die Moral, im Schnee-Kapitel und anderswo, führt sich allzu lehrhaft-meisterhaft ein. Und der Wurf reichte im Grund nicht für zwei Bände. Um die sieben Jahre darzustellen, wurde allerlei hineinpraktiziert, was gerade gelesen, erfahren, erlebt worden war.

Das nächste unter den großen, die Trennung von den seitherigen Hauptthemen, die Expedition ins ganz andere, ›Joseph und seine Brüder‹, ist mir das größte, reichste, wunderbarste.

Gerne zeigt jedwedem bequem Homer sich,
Breitet aus buntfarbigen Fabelteppich …

Bequem wohl nicht; Homer hatte es leichter. Aber buntfarbener Fabelteppich ist es. Zwischen Strecken, die durchwandert werden mußten, finden sich im ›Joseph‹ Höhepunkte der gesamten Weltliteratur: Jaakobs Hochzeit, Wie Abraham Gott entdeckte, Der Himmelstraum, Der Mann auf dem Felde, Joseph bei den Pyramiden, Die Zwerge, Bericht von Mont-kaws bescheidenem Sterben und andere Stücke mehr – Göttliche Komödie. Wer sonst hat je mit Worten einen Engel so überzeugend gemacht, wie der »Mann auf dem Felde« es ist? Wer den Teufel – so wie er im letzten der großen Romane, der finsteren Rückkehr nach Deutschland und zu sich selber, sich mit dem Komponisten Leverkühn unterhält? Dies Teufelsgespräch geht meiner Meinung nach an Stärke des Grauens und Gedankens weit über Iwan Karamasows Parallel-Erlebnis hinaus. Überhaupt ist ›Doktor Faustus‹ sehr reich an großer Erzählung für den, der sie erreicht: die Bordellszene, die »Wegschaffung« der beiden Dermatologen, der Mord in der Trambahn, des Helden endlicher Zusammenbruch. Nur steht es mit diesem Roman ein wenig wie mit dem ›Zauberberg‹. Es ist Montage darin, Schönberg, das Dritte Reich, was mit dem ursprünglichen Plan nichts zu tun hatte. Gestraffter hätte er vielleicht noch stärkere Wirkung getan.

Wie das Nachfolgende, Allergestraffteste tut, unter den kleineren Romanen, ›Krull‹, ›Königliche Hoheit‹, ›Lotte‹, ›Die vertauschten Köpfe‹, mir bei weitem das Liebste: ›Der Erwählte‹. Ich staune, wenn ich bedenke, daß unmittelbar auf den quälenden ›Faustus‹ der liebreizende Scherz folgen konnte; das sinnreiche Märchen, das Gedicht zum Weinen und Lachen, die souveräne Einlösung des Versprechens, »etwas höhere Heiterkeit in der Welt zu verbreiten«. *Das* möchte ich nicht missen.

Eben jetzt, während das offizielle Deutschland feiert in seinen beiden Staatsformen, rühren sich wieder einmal rüstig die Kritiker, wie seit fünfundsiebzig Jahren. Hohe Kunstrichter mischen ungnädiges Lob mit unerschöpflicher Stichelei. Ein deutscher Schriftsteller der Ultralinken, recht begabter Mensch übrigens, erntet Gelächter in akademischen Hörsälen, indem er geschickt ausgewählte Zitate aneinanderreiht. Alles in Ordnung. Wer selber zur Parodie neigte, ist leicht zu parodieren und dürfte sich darüber nicht beschweren.

Und natürlich steckte der gezwungene, sich selber zwingende »Politiker« Thomas Mann in keiner glücklichen Haut von Anfang bis Ende und wußte es. Trotzdem kommen mir unsere Gestrengen ein wenig vor wie jener Vogel, der einmal in tausend Jahren seinen Schnabel am Diamantberg wetzt. Sie werden, die Guten, noch eine gute Weile brauchen, bis sie dies Werk abgetragen haben.

Erstdruck: *F.A.Z.* vom 31.5.1975.
Hier wiedergegeben nach: Marcel Reich-Ranicki (Hg.), ›Was halten Sie von Thomas Mann? Achtzehn Autoren antworten‹. Frankfurt am Main 1986, S. 59–61.

[5]

Erinnerungen an meinen Bruder Klaus

Die meines Bruders Gedächtnis gewidmeten Briefbände beruhen im wesentlichen darauf, daß er, unruhiger Wanderer von Haus, dennoch mit erstaunlicher Treue sammelte, was ihm zuging und was er selber auf der Maschine schrieb. Leider tat ich nichts dergleichen, obwohl es mir, dem von Natur Seßhaften, nur sehr gegen die Natur Umgetriebenen, vergleichsweise leichtgefallen wäre. So sind von seinen Briefen an mich nur wenige übriggeblieben. Dagegen fanden sich noch unlängst an die fünfzig, die ich ihm zwischen 1933 und 1945 schrieb, säuberlich gebündelt. Von diesen exhumierten Stücken aus irrender Vergangenheit werde ich im Folgenden etwas Gebrauch machen. Nur ein schwacher Ersatz für das Verlorene ist, daß ich einiges von ihm in meinem Gedächtnis vor mir sehe. Zum Beispiel schrieb er mir irgendwann im Jahre 1932: »Ich komme gerade aus der Carlton-Teestube, wo ich Herrn Adolf Hitlers Sprache, Gesichtszüge und Fleischesbeschaffenheit auf das genaueste studieren konnte. Nein sowas! Er wird nie herrschen. Er ist ja ganz, ganz, ganz, ganz minderwertig; viel minderwertiger, als man es dann wieder glaubt...« Nur mit dem ›Nie herrschen‹ war er, wie wir alle, im Irrtum. Nicht im folgenden Jahr. Da, im Frühling, sah er ganz richtig, ich aber falsch. Noch aus München – er war schon draußen – hatte ich ihn verschlüsselt gebeten, sich doch mit seinen Äußerungen ein wenig in acht zu nehmen, sonst würde uns am Ende noch das schöne Haus konfisziert. »Ich will die nächste Zeit in Deutschland sein.« Er darauf, an eine Schweizer Adresse: »Dies Schweigen und Ausweichen ist mir schon lange zuwider. Ich habe von Anfang an gefühlt und gewußt, daß von diesen Leuten für uns nichts, nichts, nichts zu erhoffen ist...« Wie wahr. Dem Vater, hätte er damals auf Klaus gehört, wäre viel Qual des Schwankens erspart geblieben. Aber am Ende war es in stimmiger Ordnung, daß er zögerte mit der Absage an Deutschland, der Sohn nicht.

Denn wenn die Emigration auch für ihn hart genug war, so war sie ihm doch kein gänzlich neuer Zustand. Er war die Hotelzimmer in Paris und an der Côte d'Azur längst gewohnt. Er hatte in den Jahren vor 1933 Frankreich, Literatur und Menschen, in seinen Lebenskreis tätig einbezogen; unbewußte oder halb bewußte Pionierarbeit, die vorwegnahm, was erst nach seinem Tod halbwegs Wirklichkeit werden sollte. Auch englische Freunde besaß er schon; und kannte Amerika und kannte Nordafrika und kannte die Hauptstädte der untergegangenen Habsburger Monarchie, Zufluchtsorte noch in den ersten Jahren der deutschen Diktatur, bis sie, einer nach dem anderen, verschlungen wurden. Er war ein Reisender. Nie hat er eine Bleibe besessen, nur ganz selten und dann nicht für lang, längstens ein paar Monate, eine Wohnung gemietet. Während drei Vierteln seines erwachsenen Lebens war Hotelzimmer, Pension, Chambre garnie sein selbstgewähltes Los. Ich füge hinzu, daß es oft elegante Hotels waren, zumal in der deutschen Zeit und in Osteuropa, deprimierend billige auch in Frankreich, Holland, Amerika kaum. Das brachte er hin, mit dem, was er verdiente und mit dem Zuschuß aus dem Elternhaus; immer an der Grenze, ohne Reserven, fast immer von Schulden belästigt, zuletzt sich aber doch immer redlich aus der Affäre ziehend. Wie er sich auch gut kleidete, gerne und gut aß und mit Komfort reiste. Es kam ihm zu, er hielt es für selbstverständlich, und weil er es für selbstverständlich hielt, so gelang es ihm auch, irgendwie und zur äußersten Not. Er war kein geldängstlicher Mensch, ängstlich überhaupt nicht; vielmehr furchtlos und mutig; was nicht ganz genau dasselbe ist wie tapfer. Er hatte Humor, viel in seinen Büchern, mehr in seinen Briefen, noch mehr in der Geselligkeit. Humor; aber nicht die Ironie, die schützt.

Das Elternhaus – sechzehnjährig machte er sich von ihm selbständig, ein Akt des Mutes, aber bei weitem nie ganz. Die Familie war dicht gewoben und er, zum Guten und Unguten, stark von ihr bestimmt. Auch bot sie ihm Bequemlichkeiten. Im Münchner Haus behielt er sein Zimmer bis zum Schluß, mit Bildern, Photos, Büchern nach seinem Geschmack eingerichtet. Mir, als Schüler und Studenten, war es nur allzu lieb, wenn er da war, denn er konnte unterhalten und Mahlzeiten behaglich machen, die es ohne ihn – oder seine Schwester Erika – nicht waren. Auch in Küsnacht, Princeton, Pacific Palisades wohnte er öfters und für länger, aber immer nur als Gast.

Wo sechs Geschwister sind, gibt es kleine Gruppen, Parteien, die sich bilden und wieder umbilden. Klaus stand gut mit allen. Er war es eigentlich, der den Laden freundlich zusammenhielt. Die Mutter liebte er, fast so sehr wie die Schwester Erika; die beiden Namen schrieb er zuletzt, schon halb hinüber, auf einen Zettel, den man neben seinem Bett fand. Das Verhältnis zum Vater erscheint in unseren Briefen eigentlich als ein recht gutes, wenn man absieht von den Unterschieden in der politischen Haltung 1933–36 und den daraus sich ergebenden Spannungen; einmal hat der kämpferische Emigrant dem zögernden, schweigenden ein eigentliches Ultimatum telegrafisch zukommen lassen. Unmittelbar danach löste sich der Konflikt, durch Thomas Manns endliche, offene und starke Stellungnahme. Sonst aber ist der Uneingeweihte wohl überrascht vom Ton zwischen den beiden: Verehrung, Takt und Liebenswürdigkeit von der einen Seite, Sympathie und Respekt von der anderen. Kein Buch des Sohnes, das der Vater nicht genau gelesen, auf das er ihm nicht auf das Eingehendste, Verständnisvollste geschrieben hätte, ohne die leeren Floskeln, mit denen er sonst gegenüber jungen Autoren nicht sparte. Mitunter Rückblicke. »Sie haben Dich ja lange nicht für voll genommen, ein Söhnchen in Dir gesehen und einen Windbeutel, ich konnt es nicht ändern. Aber es ist nun wohl nicht mehr zu bestreiten, daß Du mehr kannst als die Meisten – daher meine Genugtuung beim Lesen...« Wo er Zweifel hat, drückt er sie so offen wie artig aus. Die herzlich-freiesten Briefe wurden getauscht in jenen Jahren, 1943–45, als Klaus Soldat war und als solcher sich bewährte, zum ersten Mal *ganz* selbständig, ganz ohne Geldsorgen, und aus den europäischen Kriegstheatern dem Alternden, in seinem Haus über dem Pacific etwas Vereinsamten das Interessanteste zu berichten wußte. Der war bürgerlich-stolz auf den »soldier-son«. Der nun verlangte Gebrauch der englischen Sprache erleichterte noch den Briefwechsel, nahm ihm den letzten Rest von gêne, der zwischen solchem Vater, solchem Sohn nur einmal sein mußte.

All das war nicht Schein. Und war nicht die ganze Wirklichkeit. Es traute der Ältere dem Jüngeren auch nicht, sah Verzerrungen seiner selbst in ihm, der eigenen, überwundenen Morbidität, sah eine untergegangene Schwester in ihm, mißbilligte, Moralist und strenger Arbeiter an sich selber, seines Sohnes ›Privatleben‹, kurz, empfand auch Widerwillen ihm gegenüber, und zwar sehr bald; einen »schlaffen Träumer« nennt er das schwerkranke Kind 1916. So kann ich mich aus frühester Zeit, aus mittlerer, noch aus später an quälende Szenen zwischen den beiden nur zu deutlich erinnern. W.H. Auden, unseren Schwager, hörte ich einmal weise genug bemerken: für einen Romancier seien Söhne immer eine Peinlichkeit, nämlich etwas wie fleischgewordene Figuren aus seinen Romanen. – Natürlich ahnte Klaus dergleichen. Daß der ringende junge Schriftsteller an dem ruhmgekrönten, mit stärkerer Schöpferkraft gesegneten litt, ist bekannt und ist ein Fall von klassischer, fast banaler Unvermeidlichkeit. Rückblickend schreibt er in seinen Erinnerungen, dem *Wendepunkt,* über seine allzu sensationellen Anfänge: »Der flitterhafte Glanz, der meinen Start umgab, ist nur zu verstehen – und nur zu verzeihen –, wenn man sich dazu den soliden Hintergrund des väterlichen Ruhmes denkt. Es war in seinem Schatten, daß ich meine Laufbahn begann, und so... benahm ich mich ein wenig auffällig, um nicht ganz übersehen zu werden.« Ein understatement. Er konnte tiefste Bitterkeit empfinden, nicht nur wegen des väterlichen Ruhmes, auch wegen der väterlichen Art ihm gegenüber. Das kommt in seinen Briefen nur selten und verhalten zum Ausdruck: »Mein Vater ist nicht besonders rücksichtsvoll.«...

Klaus, sagte ich, besaß herzbelustigenden Humor, aber wenig Ironie, mithin auch wenig Neigung zur Selbstkritik. Er beobachtete Welt und Menschen schärfer als sich selber, dachte genauer über Welt und Menschen nach als über sich selber. So entging ihm ein Widerspruch in seinem Verhältnis zum Vater: daß er sich in seinem Schatten fühlte und darunter litt; daß er aber gleichzeitig von dem stärkeren Licht so viel auf sich lenkte, wie er haben konnte; Geld, Hilfe jeder Art; die Vorzüge, die dem Namen nun einmal inhärierten, wobei man aber so frei war, davon Gebrauch zu machen oder auch nicht. Sein frühes Debüt und die Sensation, die es hervorrief, war zum Teil seinem Talent, zu einem anderen aber offenbar dem Namen zu danken. Wenn er neunzehnjährig sich brieflich an sehr große Herren wandte, Hofmannsthal, Rilke, sie wissen ließ, wie sehr er ihre Werke liebte und um ein Urteil über die seinen nachsuchte, so war hier, ebenso wie sein argloses Selbstvertrauen, auch das Bewußtsein im Spiel, bei den Adressaten schon eingeführt zu sein, ehe er sich einführte. Seine frühen Freundschaften mit den Kindern anderer Berühmtheiten, der Tochter Wedekinds, dem Sohn Hofmannsthals, der Tochter und dem Sohn Carl Sternheims, beruhten offenbar, wieder zu einem Teil, auf dem Gefühl eben dieser Gemeinsamkeit und gemeinsamen Abhängigkeit. Sie verlor an Gewicht, indem er allmählich wurde, was zu sein er gleich anfangs proklamiert hatte. Aber erst die kurze militärische Epoche machte ihr ganz ein Ende. Insofern wenigstens hat der Name, den er seinem zuerst amerikanisch geschriebenen Erinnerungsbuch gab, einen guten Sinn.

Die Parteiungen oder Gruppierungen innerhalb der Geschwister waren zunächst zweierlei Art; die nach dem Alter, ›Die beiden Großen‹, ›Die beiden Kleinen‹ (ehe die ganz Kleinen erschienen); dann die beiden Mädchen, die beiden Buben. Als solche gehörten Klaus und ich zusammen, wohnten bis er 15, ich 13 war, im gleichen Zimmer, gingen auch ein paar Jahre zusammen auf das gleiche Gymnasium. Der gleiche Schulweg und grimmige Schulhof. Die gleichen Lehrer, zum Teil; Turnlehrer Hackenmüller mit dem Vater-Jahn-Bart, Oberkirchenrat Engelhardt. Die gleichen Gegenstände von Spott und Angst: ob die ›Rüge mit schriftlicher Mitteilung an die Eltern‹ schon eingetroffen war? Die Eltern, aus dem vorigen Jahrhundert, würden sie fürchterlich ernst nehmen, obgleich wenigstens der Vater es hätte besser wissen sollen. Aus den gleichen miserablen Büchern, Rudolf Herzog, ›Der Nibelungen Fahrt ins Hunnenland‹, Walter Bloem, ›Das Ende der Großen Armee‹, Georg Engel, ›Kapitän Spieker und sein Schiffsjunge‹, konnten wir ganze Seiten begeistert zitieren. (Leider, ich kann es heute noch.) Die gleichen Spiele. Vom ›Laienbund deutscher Mimiker‹, gegründet 1919, hat Klaus in seinem ersten Erinnerungsbuch ›Kind dieser Zeit‹ erzählt, wie ich es besser nicht könnte; auch von unserem früheren Privatspiel zu zweien, in welchem wir zwei reiche Sonderlinge waren, die Herren Steinrück und Löbenzahn, meistens auf einem Luxusdampfer, dem »großen Schiff«, abgekürzt »Gro-

Schi«. Womit er mich quälte: er brach das Spiel plötzlich und für immer ab, indem er das Schiff untergehen ließ: »Gurr, gurr, gurr, Steinrück und Löbenzahn sind ertrunken, Gro-Schi aufgehoben ...« Vergebens, bis zum nächsten Mal, mein Flehen, die beiden doch noch zu begnadigen ... Theater spielten wir schon, nur wir vier, ehe der seriösere ›Mimikbund‹ gegründet wurde. So, es muß 1917 gewesen sein, Poccis ›Kasperl als Portraitmaler‹, Erika den Kasperl, Monika den stotternden Polizeikommissar Karrenpichler, ich die reiche Miss, die sich malen lassen will, Klaus den Maler Schmierpinsel. Noch sehe, höre ich ihn bei seinem ersten Auftritt, hereinstürzend und sich in ein Fauteuil werfend, schon elegant, schon ganz Künstler: »Der Gram tötet mich noch! Ich möchte vor Neid bersten! Eichbaum mit dem Verdienstorden des Goldenen Pinsels geschmückt und ich noch nicht! Ha! Wahrscheinlich, weil seine Frau Kammerjungfer bei der Ministerin ist ...« Die Nummern eines eigentlichen Cabarets dichtete er selber, dargeboten den Eltern und einem hohen Gast auf der Terrasse unseres Hauses an einem Sommerabend, es muß gleichfalls 1917 gewesen sein. Als Conférencier sprach ich in Versen: Es hätten unsere Zuhörer in dieser Stadt doch schon manches gesehen, etwa Lokale besucht

Wo man pikante Schnäpse trinkt
Und eine schöne Dame singt.

Hier, nach des Bruders Regie, hatte ich anzüglich zu lachen. Der hohe Gast, gekleidet in weiße Rohseide, war Hans Pfitzner; ich hatte den Eindruck, daß er gar nicht lachte ... Wobei mir ein anderer, viel liebenswürdigerer hoher Gast aus der Kriegszeit einfällt, Hugo von Hofmannsthal. Da durften, oder mußten wir vier, schon in unseren Abendschlafröcken, das Eßzimmer betreten und den feinen fremden Herrn begrüßen. Es gab eine Vorspeise, was wir noch nie erlebt hatten, auf jedem Teller zwei Sardinen. Klaus, als ich nachher meinem Erstaunen über soviel Luxus Ausdruck gab, überlegen: »Wenn man einen berühmten Dichter einlädt, dann muß man ihm schon etwas bieten.« ... Mit solchem milieubedingten Treiben und Erleben kontrastierte, was wir brav mit Nachbarkindern gemeinsam machten: ›Deutschball‹ auf der Wiese nebenan, ›Räuber und Prinzessin‹ in der Dunkelheit. Da war Klaus mit Feuereifer dabei, wie die anderen. So beim Rodeln. So, was die großen, schlimmen Dinge, Krieg und Politik betraf. Er kam freudig gelaufen: Die Kriegsanleihe sei überzeichnet, ganze zwei Milliarden! Oder vom ›Tagesbericht‹, der am Kufsteiner Platz angeschlagen war: Bukarest gefallen! Da machte der Neun-, der Elfjährige mit, wie jeder tat. Das Unterscheidende kam hinzu, ohne einstweilen das Nicht-Unterschiedene zu stören.

Noch ehe er das Schreiben gelernt hatte, dann in der Grundschulzeit, erzählte er mir Geschichten, im Garten unseres Tölzer Landhauses mit mir auf und ab gehend, wobei er immer ein Stäbchen in der Hand halten mußte; teils Märchen, teils auch moderne Romane mit großartigen Titeln. Einer hieß ›Des Doktors Hosen‹, das erste Kapitel ›Beim Schneider‹, und über den Anfang dieses Kapitels kam er nie hinaus. Er ging beim Erzählen ohne Plan vor, das gelang nicht immer. Aber wie bewundernd war mein Grausen, als er den Skeptiker, der einem Freunde noch gerade unter Lachen zugerufen hatte »Es gibt keine Geister!«, die arge Lektion zuteil werden ließ. Der Mann erstickte an einer Fischgräte, um demnächst seinem Gesprächspartner mitternächtlich zu erscheinen – »sein Gesicht war blau und aufgedunsen« – und zu murmeln: »Nun *muß* ich glauben, daß es Geister gibt!« ...

In den unteren Klassen des Wilhelmsgymnasiums füllte er zahllose blaue Schulhefte mit Romanen, Novellen, Dramen, Lustspielen. Als ich neun war, er elf oder zwölf, hielt er mich schon für einen Historiker und bat mich um Ratschläge für das Napoleondrama, an dem er arbeitete. Willig gab ich ihm

Informationen, mangels echter dreist erfundene, die er mir abnahm. Die Idee, daß man solche Arbeiten auch fruktifizieren könne, kam ihm früh. Einmal, etwa zwölfjährig, schickte er ein Lustspiel in sechs Heften, genannt ›Familie Krach‹, an den Intendanten des Münchner Volkstheaters. Der Held des Stückes, Baron von Krach, entsprach ungefähr einem Modell, das in unserer Nähe lebte, oder sollte ihm doch entsprechen; soweit hatte es der Autor schon gebracht. Vorsichtig hatte er ein Pseudonym gewählt, Karl Trepitsch, auch eine Deckadresse angegeben und auf Honorar großartig verzichtet. Als nach Wochen noch immer keine Antwort war, schickte er mich, als Herrn Trepitschens Neffen Fritz, zum Volkstheater. Ich, zehnjährig, marschierte also wirklich vom Herzogspark durch die ganze Stadt, barfuß, wie damals im Sommer üblich, zu den roten Säulen nahe der Sonnenstraße, und wirklich ins Zimmer eines Dramaturgen und sagte mein Sprüchlein. Der fremde Herr, suchend: »Wo hab ich jetzt den Blödsinn hin?« Die gefundenen Hefte warf er mir auf den Tisch mit den Abschiedsworten: »Also herkommen braucht dein Onkel nicht...« Klaus, zu Hause begierig wartend, fand meinen Bericht nicht einmal so ganz trostlos: »Er hat doch gewußt, wo mein Stück war.«

Das Letzte, was er mir vorlas, frisch zurück von der ›Bergschule Hochwaldhausen‹, war die erste Novelle, die er unter dem Titel ›Die Jungen‹ veröffentlichte. Die gefiel mir sehr.

Danach gerieten wir für eine Zeit auseinander. Das Freundschaftsband zu der Schwester Erika, schon vorher geknüpft, wurde das mit weitem Abstand stärkste. Der Altersunterschied zwischen dem Vierzehn- und Sechzehn-, dem Sechzehn- und Achtzehnjährigen fiel nun stark ins Gewicht. Gegensatz zwischen Frühreife und radikaler Unreife; zwischen Salem, dem Internat, in dem das Kindsein der Kinder stark unterstrichen, Gemeinschaft, Disziplin, Sport und Lernen gelehrt wurde, und der libertinistischen Odenwaldschule, demnächst der völligen Freiheit des Jungschriftstellers; zwischen dem linkischen Schüler, dem scheuen Anfänger-Studenten, der, wenn er schon reiste, seinen Pappkoffer zum ›Christlichen Hospiz‹ schleppte, und dem weltgewandten jungen Literaten, der im Schlafwagen von München nach Nizza reiste, hoher Luxus in karger Zeit. In meinem Heidelberger Studentenzimmer fand ich Postkarten aus England, Frankreich, Spanien, Nordafrika, von Klaus allein oder von Erika und Klaus, immer mit den sonderbarsten Namen unterzeichnet. »Ludendorff. Kaiserin Hermine. (Ich traf den General ganz zufällig im schönen Spanien.)« Es machte ihm Spaß, sich anderer Leute Namen beizulegen, Kirchner, Frau Barthel, Maximilian Harden, Baldur von Schirach, Rabenalt und was noch. Wie er mich brieflich auch nie mit meinem Namen anredete, sondern mit Monsieur mon Frère, Frère et Confrère, und dergleichen. Familien-Ton. Sein Humor liebte das Parodische, mit dem er oft ins Schwarze traf. Als ich anfing, mit frisch gelernten philosophischen Begriffen groß zu tun: »Wie steht es? Denkst du jetzt ontologisch-substantiell im Sinn von Dessauer?« Ein parodisches Glanzstückchen findet sich in einem der erhaltenen, nun gedruckten Briefe an mich, zusammen mit der Einladung Johannes R. Bechers, doch einmal etwas für die Moskauer *Internationale Literatur* zu schreiben (was ich nicht tat): »Also, vielleicht hast Du was Gewürztes – Hölderlin als Produkt der Mehrwertinvestition in der mittleren Verfallsperiode des niedersächsischen Weberei-Kapitalismus, oder so.« – Hätte der über den Stil unserer jungen Soziologen von anno 1973 gespottet!

Selber war er kurz vor mir in Heidelberg gewesen und hatte, nach seiner Art, von Heinrich Rickert, dem entsetzlich eitlen, vereinsamt von den Neuen sich überspielt fühlenden, nach Jugend begierigen Professor sich stattlich empfangen lassen. Klaus und Rickert – ein sonderbares Paar! Nicht daß er

Rickerts Philosophie, dies flaue, allerletzte ›System‹ gekannt hätte. Rickerts prachtvoll einherrauschende Bildungssprache imponierte ihm. Daß Jaspers jetzt der Eigentliche sei, hörte er, aber Jaspers war unnahbar. Was in Heidelberg gelehrt wurde, interessierte ihn so sehr nicht; es interessierte ihn der Geist der Universitätsstadt, der mich dann drei Jahre lang in seinem nicht sehr nützlichen Bann halten sollte, und über den er treffend schrieb: »Aber auf die Dauer störte mich diese zugleich eingeschlossene und geistig überspannte Atmosphäre.« Immer bestrebt, las er, ehe er Heidelberg besuchte, Windelbands ›Geschichte der Philosophie‹, annotierte sie sogar, aber hätte auch von einem besseren philosophischen Lehrbuch kaum etwas gehabt. Er war kein wissenschaftlicher Kopf. Von Marx kannte er das ›Manifest‹, nicht mehr. Er liebte Blochs ›Geist der Utopie‹ und bewunderte Scheler, mit dem er sogar eine Art von Freundschaft schloß, wie auch mit Ernst Robert Curtius – kaum einer jener Berühmten, die ihn damals, 1923 bis 1933, nicht empfangen, sich nicht liebenswürdig für ihn interessiert hätten. Seine Briefe an Scheler und Schelers Antworten scheinen dennoch verloren. Bloch und Scheler, zwei entschieden literarische, lesbare Philosophen, »philosophische Feuilletonisten«, wie ich Martin Heidegger ihresgleichen verächtlich nennen hörte. Durchaus literarisch war die Bildung, die ihm erstaunlich schnell zuwuchs. Der Zwanzigjährige erkannte die Bedeutung der französischen Surrealisten Radiguet, Crevel, Cocteau, zu einer Zeit, als man deutschen Romanisten solche Namen noch buchstabieren mußte; später, immer sehr früh, die von Hemingway, Virginia Woolf, Julien Green, Ödön von Horvath. Er besaß einen fast untrüglichen Sinn für Qualität, bei anderen; selber konnte er sich in der Jugend noch zu Geschmacklosigkeiten verirren.

Wobei man darüber streiten mag, wie lang bei ihm die Jugend dauerte. Im Tiefsten, glaube ich, war er entschlossen, nicht alt zu werden; er scheiterte am Beginn dessen, was die Angelsachsen ›middle-age‹ nennen. »Der Klaus wird nie ein Herr«, pflegte seine jüngste Schwester von dem Zwanzigjährigen zu sagen. Sie meinte: er wird nie erwachsen oder nie alt, zwei Worte, die für ein Kind ein und dasselbe bedeuten. Andererseits war er bewußter, überbetonter Weise sehr jung, als er anfing; begabt wohl, aber verspielt und mit den Tücken der Welt so unvertraut wie ein junger Hund. Da spielt man, was man später im Ernst sein wird. Der Abschiedsbrief des knapp Siebzehnjährigen an den Leiter der Odenwaldschule ist Beispiel dafür: er müsse weg aus dieser Schule, er passe trotz allem nicht hin. »Wo freilich ich *ganz* daheim sein werde – das weiß Gott.« Heimatlosigkeit wurde Ernst, zehn, zwanzig Jahre später. Sie war nicht ernst, damals. Was ich, der ich ein unreifer Schüler war, teils auch ihn spielte, in meiner unausgewachsenen Seele wohl ahnte, etwas später wußte. Sein erstes Stück, ›Anja und Esther‹, mochte ich; das, was der Vater »gebrechliche Poesie« nannte. Das zweite, ›Revue zu Vieren‹ genannt, war überaus schwach, ein Stück unkritischer Selbstüberschätzung; der geschlossenen Viererfreundschaft, er selber, die Schwester, Pamela Wedekind, Gustaf Gründgens, traute er eine Bedeutung zu, die sie nicht hatte, nicht an sich selber, viel weniger für die weite Welt, die so indiskret ins Vertrauen gezogen wurde. Die weite Welt höhnte, was ich befürchtet hatte, übrigens ohne ihn zu warnen; er hätte auch kaum darauf gehört. – Ob sein früher, so und so qualifizierter Beginn für ihn unvermeidlich war, kann ich nicht entscheiden. Jedenfalls hat er ihm Schaden getan.

Den Schaden überwand er. Er hielt sich. Er reifte, nicht dank, aber trotz des Schadens, den er ignorierte. Nach der Epoche der ersten Sensationen, 1923 bis 1927, wurde es stiller um ihn, aber keinen Moment hörte er auf zu produzieren. Der zweite Roman, ›Alexander‹, noch immer sehr jugendlich, war besser als der erste. Vom dritten, ›Treffpunkt im Unendlichen‹, hörte ich den alten, erfahrenen S. Fischer sagen: »Das ist eigentlich sein erstes richtiges Buch. Ich sehe da Entwicklungsmöglichkeiten.« Sie wurden mindestens ebenso deutlich in zahllosen Artikeln und kleinen Essays aus dieser Zeit, 1927 bis 1933, wie man sie jetzt in den Auswahlbänden ›Prüfungen‹ und ›Heute und Morgen‹ findet. Sogar meine ich, daß der Essayist schneller reifte, auf kürzerem Wege vom erst noch zu erfüllenden Versprechen zur Verwirklichung kam als der Erzähler. Lese ich heute solche Aufsätze wieder wie den über Cocteau, 1929, über Alain-Fourniers ›Grand-Meaulnes‹, 1930, über Ernst Jünger, 1930, so staune ich über die Plastizität der Darstellung, über den Blick, der einordnet, vergleicht und heraushebt, im Falle Jüngers, der ihm nun wahrlich nicht liegen konnte, auch über den Willen zur Gerechtigkeit. »Sein Denken ist von starker Intensität und von einer gewissen mißgeleiteten Reinheit.« »Daß er schreiben kann, erst das macht ihn gefährlich. Seinen Gaben nach gehört er zu uns; den Arnolt Bronnen gönnen wir gern denen drüben. Aber ein Geist von der finsteren Glut Jüngers kann Unheil stiften ...« Noch war der Narzißmus des ersten Aktes nicht völlig gewichen. Aber er machte immer mehr Platz einem ernsten Interesse für das Allgemeine, Literatur, auch Gesellschaft, auch Politik. Der 1933 Deutschland verließ, war schon gewappnet für die Prüfung, die bevorstand; war längst der nicht mehr, als der er den meisten noch galt, weil sie, wie die Menschen einmal sind, von seinem Weg bergauf nicht hatten Notiz nehmen wollen.

Also hatte er Stärke, Charakterstärke, Zähigkeit bewiesen. Warum dann ›die Droge‹, der er schon in der deutschen Zeit zugetan war? Ich weiß es nicht. Ich habe über das Warum mit ihm nie gesprochen, er hätte mir auch kaum eine Antwort geben können. Bloßer Genuß, der zur Notwendigkeit wurde, weil die Abwesenheit des Genusses zur Qual? Ehrgeiz; leichtere, bessere Einfälle im Rausch? Freier Wille, ›Ungezogenheit‹? Todestrieb, Hoffnung, das Leben durch das Gift, nicht zu beenden, aber ungewiß abzukürzen? Für eigentlich süchtig hielt er sich nicht, war auch fähig, längere Zeit ohne Morphium zu leben. So in den Soldaten-Jahren; vergiftet hätte er die ihm zugemuteten physischen Leistungen gar nicht bestehen, übrigens die heimliche Post gar nicht erhalten können. Vorher ja, danach bald wieder. 1937 habe ich in Prag erlebt, wie es mit ihm stand, wenn die schurkische Quelle versagte, die Qual des Wartens, die Jagden durch die Stadt von einer Apotheke zur anderen, die verzweifelten Versuche, durch tschechische Freunde ein Rezept zu gewinnen, welches, erhalten, ihn für ein paar Tage erlöste. Unmittelbar danach machte er in Budapest eine Entziehungskur, von der – »On souffre. On ne peut pas vivre.« – nun gedruckte Briefe Zeugnis geben. An die Mutter, halb genesen: »In absehbarer Zeit fange ich bestimmt *nicht* wieder an – vielleicht *sehr* viel später einmal. Wozu soll man 80 werden?« Er fing alsbald wieder an, zog sich im nächsten Jahr in Zürich wieder in ein Privatsanatorium zurück. Da brachte ich ihn hin, besuchte ihn, mußte Zeuge dieser Not sein. In seinem letzten Roman, ›Der Vulkan‹, hat er sie beschrieben, wie sie, diese ohne Erfahrung ganz unvorstellbare, nur aus Erfahrung beschrieben werden kann. Das Sanatorium nannte er ›Haus Sonnenruh‹, den Doktor Rütli, wie Rütlischwur, fügte auf meinen Rat ein e ein, Rüteli, später wurde Rüthy daraus. Erfunden sind nur Flucht und gieriger Rückfall. In einem Gespräch, das wir hatten, als ich ihn aus ›Haus Sonnenruh‹ wieder abgeholt hatte, bemerkte er mit einem Blick, der nicht gut war: »Du wärst eigentlich ganz geeignet dafür.«

Den Blick hatte ich schon einmal erlebt. Es war die Rede von einem Dritten und Nahestehenden, der selbstmordgefährdet sei. Klaus: »Vielleicht würde er es tun, wenn ich es täte.«... Es leuchtete die Ruchlosigkeit auf eines, der sich dem Tod verschworen hat und einen anderen, nicht ohne Lust, mitzulocken bereit ist. Wie eine solche Neigung zusammenging mit seiner großen Freundlichkeit und Güte, seiner Arbeitsdisziplin, seinem Verantwortungsgefühl, das frage man mich lieber nicht. Die Frage wäre sinnlos.

Der Gedanke des Selbstmordes war in ihm unglaublich früh und mit unglaublicher Zähigkeit. Aus der Zeit der blauen Schulhefte erinnere ich mich an ein Drama, dessen letzte Szene ›Nacht. Großhesseloher Brücke‹ betitelt war; an eine Novelle, welche endete mit dem Satz: »Ich glaube sogar, sie lächelte, als sie aus dem Fenster sprang.« Da war es noch Kinderspiel; später nicht mehr. Es spricht für die Anziehungskraft seiner Persönlichkeit, für den Instinkt, mit dem er sich seine Freunde auswählte, oder sie sich ihn auswählten, daß in seinem engeren Umkreis ein Selbstmord nach dem anderen vorfiel, wie Blitze im Gewitter. Jedesmal fühlte er sich tief betroffen, wie mitgetroffen; als ob jeder Blitz näher an ihn heran käme. So in seinen Romanen, seinen Erinnerungen, seinen Essays, seinen Reportagen: Selbstmord konnte er seinen Lesern traum-glaubhaft machen wie kaum ein anderer unter seinen Zeitgenossen. Natürlich hingen beide Fixierungen, Tod und Droge, eng zusammen. Morbidität? Was erklärt solch Wort, was sagt es? Hier kann man nicht erklären, es wäre denn medizinisch, aus der ›Erbmasse‹, welche man jedoch, wenn es um diese eine Person geht, besser außer acht läßt. ›Doktor Rütli‹, mir seine Ratlosigkeit bekennend – »Ich verstehe nicht. Ein so begabter Mensch! Die Welt ist ihm doch offen! Tragisch! Unbegreiflich!« –, dieser Wirt von ›Haus Sonnenruh‹ war vernünftig in seiner Bescheidenheit. Auch das Wort Unglück erklärt nicht viel. Natürlich war Klaus ›unglücklich‹, wie alle besseren Schriftsteller es sind, warum sonst würden sie schreiben. Er war auch freudefähig, genußfreudig, wie Schriftsteller es ja wohl auch sein müssen, lebensmutig, neugierig, voller Initiative, die sich auf neue Erfahrung richtete. Seine erste, finanziell gänzlich unfundierte ›Weltreise‹, 1927–28, ist ein Beispiel dafür. Seinen erotischen Neigungen gab er sich ganz ohne die Skrupel hin, mit denen die bürgerliche Gesellschaft sie belastet hatte, nicht nur zu flüchtigem Vergnügen, auch zu Glück und Schmerz, welche sich durch die Jahre zogen. Gerade hier war durchaus keine ›Morbidität‹. Daß die andere, die von der Moral als die eigentliche und einzig statthafte proklamierte Liebe dennoch ihre überlegene Seite habe, erfuhr er spät, wieder in der amerikanischen Armee. Wenn er, so erzählte er mir, mit ein paar Kameraden auf Urlaub sei und sie würden am Bahnhof von ihren Frauen erwartet und freudig umarmt, und er stehe allein dabei – ja nun, da sei eine Bezogenheit und Geborgenheit, die ihm leider fehle. Tatsächlich dachte er damals an Heirat, ernsthafter als in den Jahren der Verlobung mit Pamela Wedekind. In der Stadt nahe seines ›Camps‹ verkehrte er bei zwei feinen, gastlichen Damen, Mutter und Tochter, diese kam ihm entgegen. Wäre da nicht endlich das Heim, der Hafen etc.? – Es wurde nichts daraus. Sie waren arg südstaatlich die beiden Damen, sie fanden es empörend, daß er vor einem schwarzen Major hatte salutieren müssen.

Nie lebte Klaus intensiver, angespannter, tätiger als in den ersten Jahren der Emigration; darum wohl auch: nie glücklicher. Seine erzählerische Produktion war stetig und erreichte in drei aufeinanderfolgenden Romanen ›Flucht in den Norden‹, ›Symphonie Pathétique‹, ›Der Vulkan‹ ihr höchstes Niveau. Dazu zahllose Aufsätze; eine dichte, mit fester, emsiger Hand geführte Korrespondenz; Reisen quer durch den Kontinent, immer um Deutschland herum, einmal nach Moskau, nach Spanien während des Bürgerkriegs, Reisen, durchgesetzt gegen unsagbare bürokratische Plackereien, denn bis 1938 hatte er keinen Paß; ›antifaschistische Kongresse‹, Streitereien, in die er gezogen wurde und maßvolle, aber klare Stellung in ihnen nahm – der Herausforderung der deutschen Tyrannei hielt er nicht nur stand, sie erst führte ihn auf die ihm erreichbare Höhe. Bei alledem fand er noch Zeit, auch Geld, so gering die Auflagen seiner Bücher sein mußten, um sich zu erholen am Meer oder im Engadin. Sportliche Erholungen waren es nicht, die hatten ihm nie gelegen; zarte Spaziergänge, Schwimmen zunächst noch, später gab er es auf.

Wir waren nun wieder gute Freunde und blieben es. In der Zeitschrift, die er während der ersten zwei Jahre in Amsterdam redigierte, *Die Sammlung*, ließ er mich schreiben, ein paar Essays, sogar anonym eine regelmäßige politische Chronik. Sie war wohl nicht ganz sein Stil. Wir differierten im Sachlichen um einiges, aber freundlich. September 1933 schrieb ich ihm sybillinisch: »Unsere Lage wird sich immer mehr als das herausstellen, was sie ist« – nämlich schlecht. Die Emigration, der wir wohl oder übel zugehörten, rechnete ich zu der Art von Emigranten, die ihre Chance im eigenen Land gehabt und verloren hatten, nicht zu der Klasse derer, die, wie Lenin in der Schweiz, noch nie daran gewesen waren und das mit Sicherheit herannahende Ende eines ancien régime erwarten konnten. Damit vereinfachte ich einen komplizierten Prozeß, hatte aber, im Rückblick, doch mehr recht als unrecht. Daß wir zwölf Jahre später nach Deutschland, nach Europa zurückkehren konnten, verdankten wir keiner inneren deutschen Entwicklung, viel weniger einer, die von außen durch uns beeinflußt worden wäre, sondern einem Weltkrieg samt allem, was der bedeutete und was man ja nicht wünschen konnte. Natürlich wünschten wir den Krieg manchmal doch, aber dergleichen denkt man nur, man spricht es nicht aus. Wir wünschten ihn, weil wir ihn für unvermeidlich ansahen – wenn nicht ›die Westmächte‹, ›die Demokratien‹ dem ›deutschen Regime‹ vorher eine Niederlage beibrächten, die zu seinem Sturz führen würde. Dafür war der Moment durch die Besetzung der Rheinlande, März 1936, erstmals und letztmals gegeben; danach gab es keine Hoffnung mehr. In Frankreich auf minimalen Lehrerpöstchen ein karges Leben fristend, beschäftigte ich mich mit der Geschichte der Französischen Revolution und Emigration und lernte aus meinen Studien – meine Gentz-Biographie war ihr spätes Produkt –, daß Emigranten, mochten sie noch soviel wissen, noch so wahr warnen, auf die Politik ihrer Gastländer nie den geringsten Einfluß haben konnten, solche Emigranten, wie wir waren, auch keinen Einfluß auf den Gang der Dinge zu Hause. Die Bildung, die ich mir während der französischen Jahre erwarb, war eine historische, das hieß überwiegend pessimistische. Die von den Emigranten gebotenen Interpretationen des Nazismus – die ›marxistische‹, die ›preußische‹ – hielt ich für mindestens ungenügend, wenn nicht für falsch im Kern. Klaus, dessen Bildung literarisch war, mit einem Schuß moralischer Politik oder politischer Moral, nahm sie ungefähr an. Übrigens war er Optimist von Haus; wie anders hätte er so beginnen, so weitermachen können? Als Optimist setzte er sich ein, wagte und verbrauchte er sich, brannte er die Kerze an beiden Enden. Die Gefahr einer solchen, an sich nobleren Lebenshaltung, liegt eben im Verbrauch; in der Kette der Enttäuschungen; in Depressionen, gegen die man sich nicht wehren kann, weil man nicht auf sie vorbereitet war. – Aus der Verschiedenheit der Temperamente, Interessen, Ansichten stammten divergierende Urteile über Fragen des Tages. Wir diskutierten viel, in Paris und in Zürich, wie später in New York, Princeton, Kalifornien, ernsthaft und immer freundschaftlich. Freundschaftlich warnte er mich davor, zu weit zu gehen in dem, was ich seinen fortschrittsfreudigeren Gesinnungen entgegensetzte. Er war ein guter Zuhörer, höflich im Verstehen.

Als ich, Herbst 1940, für nur allzu lange Zeit nach Amerika geriet, fand ich ihn in New York schon seit zwei Jahren etabliert und in seinem Hotel komfortabel lebend. Schnell hatte er die Sprache so gut gelernt, daß er sie schreiben konnte; wie sonst in Paris und London mit einem großen Kreis von Schriftstellern Bekanntschaft gemacht; mit gewohntem Mut sich in das literarische Leben des neuen Landes eingearbeitet, dabei stets engen Kontakt mit deutschen Schicksalsgenossen wahrend. In Europa war er ein deutscher Schriftsteller geblieben; jetzt wurde er zum amerikanischen, oder gab sich die tapferste Mühe, es zu werden. Wieder war seine Arglosigkeit im Spiel. Er sah keinen Grund, warum er in Amerika *nicht* zu Hause sein sollte; wofür ich eine ganze Menge Gründe sah. Neugier empfing zunächst ihn wohl, auch Sympathie, im Zeichen des Antifaschismus, der das intellektuelle Leben beherrschte; aber sie blieb oberflächlich. Zuletzt gab es keine ernste Bereitschaft, seinen Typus zu empfangen, zu gebrauchen, einzubürgern. Auch besaß er nicht den Charme, verbunden mit Autorität – »she has poise« –, die praktische, zupackende Intelligenz, die Anpassungsfähigkeit und histrionischen Talente, die es seiner Schwester ermöglichten, mit ihren ›lectures‹ sich durchzusetzen. Ein weitertragender Erfolg blieb ihm aus. Er bemerkte das zunächst nicht, oder wollte es nicht bemerken. Er hatte sich ein Buch ausgedacht, das Europäisches und Amerikanisches passend vereinte: ›Distinguished Visitors‹, eine Sammlung von Porträts namhafter europäischer Besucher in der Neuen Welt, Fanny Elßler, Louis Napoleon, Herman Bang und sein Tod im Eisenbahnzug, Oscar Wilde, die Duse und andere mehr. Die Skizzen waren sehr hübsch; und sehr liebenswürdig die ablehnenden Verlegerbriefe. »Good luck for your book elsewhere!« Mittlerweile ging er an die Gründung einer Zeitschrift, *Decision*, die Januar 1941 zu erscheinen begann; was er nicht hätte tun sollen.

Es war kein Geld dafür da, kaum genug für die ersten beiden Nummern; kein Verlag, der das Unternehmen stützte, wie Querido in Amsterdam zwei Jahre lang *Die Sammlung* gestützt hatte. Papier und Druck und Vertrieb, Miete, Sekretärinnen, zwei oder drei Nebenredakteure, das war alles zu bezahlen von jemandem, der gerade zwei Jahre in Amerika lebte und in geschäftlich-organisatorischen Dingen keinerlei Erfahrung besaß. O, er hatte einen stattlichen ›Board of Advisors‹ zusammengebracht; zwischen W.H. Auden und Stefan Zweig sechzehn Namen von Klang. Aber diese Berater rieten nicht, halfen nicht. Mein Vater, der nach einigen Monaten zu ihrem Vorsitzenden aufrückte, suchte wohl zu helfen, indem er, von Klaus angeleitet, an Schriftsteller-Kollegen, an reiche Leute Briefe schrieb, auf welche trocken bedauernde Antworten kamen oder gar keine; er spendete auch selber 1000 Dollar, viel Geld für ihn damals, aber ein Tropfen auf den heißen Stein. Nicht, daß die Zeitschrift schlecht gewesen wäre; im Gegenteil, sie war gut, erfüllte ihre Aufgabe, zugleich amerikanisch, gesamtamerikanisch übrigens, den lateinischen Süden miteinbeziehend, und europäisch zu sein, und politisch wie kulturell und literarisch. Noch einmal bewies mein Bruder sein Talent, neue Talente zu entdecken, auch die längst bewährten zur Mitarbeit zu gewinnen. Heimlich aber war Schnödigkeit. New Yorker Literaten veröffentlichten wohl in *Decision*, vorausgesetzt, daß sie prompt bezahlt wurden; redeten aber für sich, daß dieser Deutsche wohl nicht der Rechte sei, ihre Stelle zu vertreten und eine amerikanische Zeitschrift zu edieren. So hörte ich in dem später berühmt gewordenen Brooklyner Haus, in dem ich wohnte von März bis Juli 1941, zusammen mit Auden, Benjamin Britten, Carson McCullers und anderen Vielversprechenden; es ging da Literatur und Bohème reichlich aus und ein. Selber ließ Klaus mich wieder mitarbeiten, wie acht Jahre früher in der *Sammlung*. Im Juli reiste ich zu meinen Eltern nach Kalifornien, weil ich die Miete nicht mehr bezahlen konnte; in dem allerbilligsten Zug vier Tage lang, während derer ich mich von Brot und preiswertem Wein ernährte, wenn meine Mitreisenden im Speisewagen verschwunden waren.

Nach Santa Monica drang der Jammer der Zeitschrift, die nicht leben konnte, nicht sterben wollte. Klaus lieh und lieh, 100 Dollars, 50, 20, nie genug, um auch nur die reißendsten Löcher zu stopfen. Einsam in der entsetzlichen Hitze des New Yorker Sommers spann er vergebliche Intrigen, hoffte er auf große Summen, die nicht kamen, fühlte sich hingehalten, dann grausam enttäuscht, von Mäzenen, die ihm erst Hoffnung gemacht hatten. In Wirklichkeit war es wohl so, daß reiche Leute, die unter Umständen zu geben bereit sind, nur geben nach diskreter, genauer Prüfung; ob da etwas sei, dem durch ein rundes Geschenk wirksam geholfen werden könnte. Als sie merkten, daß man ihnen zumutete, die Existenz eines Unternehmens, welches überhaupt keine Basis hatte, um höchstens ein paar Monate zu verlängern, winkten sie ab. Natürlich verstand Klaus es nicht so. Ich habe keine Zweifel daran, daß diese New Yorker Kämpfe seinen Lebensmut schwer und dauerhaft verwundeten, daß er damals dem Selbstmord sehr nahe war. Briefe an seine Eltern und mich, nun gedruckt, geben Zeugnis davon.

Hier füge ich ein paar Passagen aus Briefen von mir an ihn ein, zweites Halbjahr 1941, seinen trüben Botschaften nach Kalifornien korrespondierend. Ende Juli: »Hast Du reale Aussichten für die Finanzierung des Septemberheftes? Mein Gefühl ist, daß die Schwierigkeiten sich steigern; eine so dramatische Aktion wie diese letzte war bisher nicht notwendig. Ich kann mich auch der Meinung nicht anschließen, daß die Lage, an und für sich, mit jedem erscheinenden Heft besser wird. Jedes Heft, das erscheint, ist mit der Auspressung einer äußersten Möglichkeit verbunden, läßt trotzdem erhöhte Schulden zurück, erschwert das Aufhören angesichts der, eben durch das Aufhören, getäuschten Geldgeber. Jede Entscheidung ist mit einem Risiko verbunden, weil man nicht weiß, ob nicht die entgegengesetzte besser wäre, daher ich mich selbst sehr schwer entscheide, anderen ungern Ratschläge gebe. Von der Durchsetzung des Möglichen, wenn auch Schwierigen würde ich nie abraten wollen. Mit dem Unmöglichen aber soll man sich nicht quälen. Geschieht nicht im August etwas, was Dir wenigstens den größeren Teil der bis zum Dezember benötigten 10 bis 12000 Dollars sichert, so würde ich aufhören. Du kannst sie *nicht* von Woche zu Woche oder Monat zu Monat bekommen. Wären diese kleineren Möglichkeiten nicht erschöpft, so wäre jetzt die Anleihe nicht notwendig gewesen. Ist ein Grund, warum die reichen Leute, die im Frühjahr versagt haben, im Herbst nicht versagen sollten?... Im Fall einer Liquidation solltest Du Dich nicht mit asketischen Ideen tragen; also ob dergleichen nicht schon anderen passiert wäre. Du solltest dann die Sache dem Anwalt überlassen, sobald es irgend geht, Dich aus dem Staube machen, in diese Gegend kommen, Dich aufs Geldverdienen verlegen; wer will, der kann... Soweit, so schlecht. Ratschläge sind leicht, vernünftig handeln sehr schwer. Ich nahm die Dinge immer sehr schwer, stand immer vor dem Nichts, empfand meine Lage in der Welt immer als denkbar übel. Du, im Gegenteil, nimmst die Dinge zu leicht, gehst aber dann plötzlich zur Nervosität über. Wer fände wohl die richtige Mitte?...« August: »Ich sehe Dich, in diesem trostlosen Augustmonat, schon wieder den größten Unbilden und Widrigkeiten ausgesetzt. Ich selbst habe von *Decision* wenig Mühe und nichts als Vorteile gehabt, sehe aber leider gar nicht, wie ich mich revanchieren kann. Hat Ascoli sich herbeigelassen? Ist sonst irgendeine ernsthafte Aussicht? Ich neige an sich zur Düsternis, will nicht noch mit unnützen Ängsten einen negativen Beitrag leisten. Please, tue aber nichts, was, heute ein Tropfen auf den heißen Stein, sich morgen in ein Damoklesschwert über Deinem Haupt verwandeln muß. Gentz, dies bedenke, hat 1795 seine *Deutsche Monatsschrift* mit einem förmlichen Banqueroute liquidiert, und auch Schiller mußte seine *Horen* plötzlich einstellen...« Ende August: »Ich versichere Dir, daß pauvre mère ganz zermürbt von der Sache ist, nicht da Geld machen zu können, wo keines ist. Beide Eltern waren und sind wirklich sehr nett in der Affaire. Eben in ihr aber auch wurden die nur allzu eng gezogenen Grenzen ihrer Macht offenbar. Übrigens ist meine Erfahrung, daß das Wahrscheinliche, wenn es unangenehm ist, *immer* eintrifft...« Im Dezember, drei Tage nach ›Pearl Harbor‹: »Und Du? Die Zeitschrift? Wenn man Dir einen Rat geben dürfte – aber man darf es ja nicht. Der Ernst dieser Krise; die äußerste Anstrengung der Nation zu *materiellen* Zwecken; das eigentliche Aufhören der Diskussion, dort, wo die Waffen reden; daß selbst die *Nation* um ihre Existenz ringt... Großer Gott, wer hat Dich verhext!...« Aus diesem letzten Brief, wie auch aus anderen, hier nicht wiedergegebenen, muß ich schließen, daß er meine ›Ratschläge‹ übel aufnahm, verwundbar wie das Leid ihn machte. Tatsächlich begann er noch mit einem zweiten Jahrgang, gelangte aber nicht mehr weit damit.

Ein paar Monate lang lebte er im väterlichen neuen Hause, Pacific Palisades, Kalifornien. Damals kam es zu dem eingangs erwähnten peinlichen Streit mit dem Vater, und zwar über den Krieg. Thomas Mann bejahte den Krieg, wie er es 1914 getan hatte. Klaus nicht; eben gerade nicht mehr, seit die USA interveniert hatten. Der Krieg, meinte er, verdumme und brutalisiere das Volk. Übrigens sei er nicht populär – worin er ganz recht hatte; die Leute wußten oder ahnten, daß Franklin Roosevelt sie mit höchster, langwieriger Kunst in etwas hineinmanövriert hatte, was sie nicht wollten, und zwar entgegen seinem eigenen heiligsten Versprechen. Worüber also zwischen den beiden schwer gestritten wurde. Daß Klaus trübe gestimmt war nach seinem zuletzt doch vergeblichen Kampf um die Zeitschrift und geneigt, auch die allgemeinsten Dinge trübe zu sehen, das mag sein. Trübe gestimmt; verwundet; nicht gebrochen. Er arbeitete fleißig an seinen Erinnerungen, die lesbar wurden im höchsten Grad, obgleich nicht so ernst und stark wie die nach 1945 fortgeführte und wesentlich veränderte deutsche Ausgabe. Er glaubte, dem amerikanischen Publikum Konzessionen machen zu müssen. Indem er noch an dem Buch schrieb, nannte er es ›The Turning Point‹. Der Wendepunkt: er hatte sich zur Armee gemeldet und fand Anfang des nächsten Jahres, 1943, sich in einem Infanterie-Training-Camp. Nicht ohne Stolz widmete er sein nächstes Buch »dem französischen Schriftsteller und amerikanischen Soldaten, Julien Green«.

Mir schrieb er, aus New York, erst darüber, als er den Beschluß schon gefaßt hatte; also weiß ich nicht, wie allmählich oder plötzlich. Die Tagebuch-Aufzeichnungen, die man im ›Wendepunkt‹ findet und die darüber Aufschluß geben sollen, sind meiner Meinung nach bedeutend später geschrieben, also fiktiv. Es mag da eine Menge zusammengeflossen sein, wie gewöhnlich. Sich einmal, *diesmal*, nicht ausschließen; die Gelegenheit, mitzumachen, sich nicht entgehen lassen. Den Menschen, dem ›Volk‹ einmal näher kommen, als ihm in der Wiege gesungen worden war, als er bisher je getan hatte. ›Antifaschist‹ war er gewesen seit zehn Jahren. Da nun endlich auch das Land, in dem er lebte, einen antifaschistischen Krieg führte, durfte er, immerhin erst 36 Jahre alt, sich weiterhin auf den Kampf mit der Feder beschränken, zumal nach dieser Feder unlängst so wenig gefragt worden war? Als ich zuerst von seinem Schritt hörte, erklärte ich ihn mir aus einer Art von Trotz und Verzweiflung. Ein Irrtum. Sicher aber befreite die Armee ihn, wie so viele andere, aus allerlei Verlegenheit; war ihre Sklaverei eine Art von Befreiung. Auch Lust nach ganz Neuem, nach Abenteuer war dabei, und die Sehnsucht nach Europa, welche auf diese, etwas gröbliche Weise würde gestillt werden können. Als ich ihn, August 43, in seinem Camp Crowder besuchte, richtiger nahebei in Kansas City, hatte er das Härteste, das ›Basic Training‹ schon hinter sich und wartete, zum Staff-Sergeant vorgerückt und mit Herausgabe der Camp-Zeitung beschäftigt, auf seine ›travel orders‹. Die Sache war die, daß er denunziert worden war, wenn nicht als Kommunist, so doch als etwas Ähnliches, als »vorzeitiger Antifaschist«, »premature Antifascist«, so der offizielle Ausdruck, und also von seiner Kompanie, die nach Afrika verschickt wurde, getrennt worden war. Zäh und politisch bestand er auf seinem Recht, ihr nachzufolgen, und setzte es durch, aber erst nach Monaten, die er in Camp Crowder, so nützlich es ging, verbrachte. Der Oberst des Regiments, in dessen Stab man ihn beschäftigte, war so positiv von ihm beeindruckt, daß er, höchst seltener Akt, dem Vater des Feldwebels spontan einen Brief schrieb, um ihn seine freundliche Beurteilung des Sohnes wissen zu lassen. Ein Erfolg war auch unser sonntägliches Zusammensein; Klaus ausgeglichen und neugierig. Der Intellekt, lehrt der Philosoph, sei die Dienerin unseres Willens; unseren Stimmungen gehorcht er auch. Zufrieden mit sich, sah Klaus die allgemeine Zukunft weniger düster als im Vorjahr – eine Zeitlang. – Ich traf ihn dann erst wieder in Luxemburg, gut zwei Jahre später.

Da hatte er den langen italienischen Feldzug von Anfang bis Ende mitgemacht; nicht an der Front, aber dicht dahinter, derart, daß einer seiner Kollegen neben ihm tödlich verwundet wurde, eine Erfahrung, die ihm nahe ging, ohne ihn zu schrecken. Natürlich hatte er es bequemer gehabt als ein

Infanterist, aber bequem keineswegs; was ihm nichts ausmachte, ja, einem bei ihm durch die Jahrzehnte verschütteten romantischen Sinn wohlgetan zu haben schien. Nun war er in Prag gewesen, in Bayern und München und erzählte darüber in einem amerikanischen Kreis, in den ich ihn brachte, so lebendig, wie er demnächst in Artikeln darüber berichtete: der Besuch im ruinierten Elternhaus, die skurrilen Begegnungen mit Emil Jannings, Richard Strauss und anderen. Sein Talent, zu beobachten, seine Neugier, eine Eigenschaft, die ja nun mit Lebenslust zu tun hat, schienen mir nicht nur unvermindert, sondern zum Höchsten angeregt. Zu seinen ehemaligen Landsleuten verhielt er im einzelnen sich freundlich und hilfreich, darin von seiner Schwester sich unterscheidend. Aber kein Elend konnte den Moralisten in ihm vergessen machen, was ehedem geschehen war. Über ›die Deutschen‹ im Kollektiv dachte er pessimistisch, jetzt und während der Jahre, die ihm blieben.

Es waren keine guten Jahre, das stellte sich bald heraus; und wurden immer schlechter. Warum? Zu sagen, Klaus habe sich nicht mehr ins zivile Leben fügen können, wie ein abgedankter Rittmeister, wäre töricht. Er war nur zwei Jahre Soldat gewesen, und ein ganz rechter auch dann nicht. Zu sagen, er sei schon vorher am Ende gewesen, die Armee-Erfahrung habe seinen Lebensmut nur noch einmal, flüchtig, erweckt, wäre auch nicht richtig. Verwundet war seine Seele 1942 allerdings, am Ende nicht. Zu sagen, daß der Gang der öffentlichen Dinge seit 1946 ihn tief deprimierte, wäre ganz treffend. Aber der deprimierte andere auch, zum Beispiel den Schreiber dieser Zeilen. Gescheiterte Politiker haben im alten Rom den Tod gesucht, seither kaum. Viel weniger tun es Menschen, die vom politischen Treiben enttäuscht sind, ohne doch je in ihm aktiv gewesen zu sein, ohne je auch nur etwas versucht zu haben, woran sie politisch hätten scheitern können. Wahr ist nur dies. ›Antifaschismus‹, die Hoffnung auf den Untergang des Tyrannen, ist für Klaus zwölf Jahre lang ein Lebenselement gewesen. Nun war der Tyrann tot, aber nicht gut die Welt, die er hinterlassen hatte. Moralische Energie, so lange gegen ihn gerichtet, ging ins Leere, fand sich nicht mehr. Aber das erklärt bei weitem nicht alles. – Meine historischen Studien haben mir den Glauben, daß alles ›erklärt‹ werden könne, längst abgewöhnt.

Was ich *fühlte*: meines Bruders Seele war krank. Der Motor wollte nicht mehr laufen. Ich fühlte es schon im Winter des Jahres 47, als wir in einem altmodischen, mittlerweile gewiß längst verschwundenen New Yorker Hotel namens ›Sevilla‹ wohnten. Wieder die politischen Gespräche wie in den dreißiger Jahren, aber ganz ohne Hoffnung jetzt. Da habe man es, meinte Klaus. Sie, die Amerikaner, würden uns alle umbringen; alle ›Intellektuellen‹, alle, die für den Präsidenten Roosevelt und gegen Hitler gewesen seien. *Das* sei des Krieges wahre Frucht. Was konnte ich erwidern? Die außenpolitische, die innenpolitische Entwicklung gefalle mir natürlich auch nicht, aber so ganz verzweifelt werde es doch wohl nicht ausgehen ... Nicht ›es‹ stand so ganz verzweifelt; er war es, oder wurde es zusehends mehr. Also sah er ›es‹ so.

Nichts gelang ihm mehr, oder kaum noch etwas. Er hatte Aufträge, ein ›Buch über Rom‹ sollte er schreiben, der dubiose Auftraggeber war mit dem Gelieferten unzufrieden, und es wurde nichts daraus. Er konzipierte zwei Romane. Einer sollte ›Fräulein‹ heißen und eine gräßliche Satire auf Nachkriegsdeutschland sein, die Heldin eine ehemalige Nazi-Dame, die es mit den GIs treibt, zuletzt in Amerika aber reich und mächtig wird. Der andere war der ›Roman der intellektuellen Verzweiflung‹. Er hätte zwei Helden gehabt, einen Amerikaner, einen Osteuropäer, die beide an ihrer Seite des Kalten Krieges verzweifeln und beide umkommen in dem Moment, in dem sie in das andere Lager hinüberwechseln wollen. Mit der Ausführung beider Projekte wurde im Ernst nie begonnen; daran, fürchte ich, haben wir nichts verloren. Überhaupt hat er seit dem ›Vulkan‹, der 1939 erschien, nichts Erzählendes mehr geschrieben, volle zehn Jahre lang. Daß er noch schreiben *konnte*, zeigen ein paar kleine Stücke; zumal die Reportage über den Selbstmord Jan Masaryks. Er war damals in Prag und hielt es für Selbstmord, wie ich auch heute noch tue; den Kommunisten, denen Masaryk sich und seinen großen Namen doch eben zur Verfügung gestellt hatte, kam sein Tod ungelegen im allerhöchsten Grade. Dem sei wie ihm sei. Was er sah und glaubte, beschrieb Klaus, wie nur er, der traurig interessierte Kenner, es beschreiben konnte. Das war März 1948. Vier Monate später machte er selber in Santa Monica einen Selbstmordversuch.

Angesichts des Kalten Krieges hatte ich es getrieben ungefähr wie 1933; einem kurzen Gastspiel bei der ›Voice of America‹ aufgesagt und in einem bescheidenen Lehramt Schutz gesucht. Das kalifornische Orangen- und Wüstenbergnest hieß Claremont. Dort blieb ich lange, wartend auf ich wußte nicht was. »On se tue lentement« schrieb ich an Klaus; was trotzdem übertrieben war. Ich wollte ihn trösten damit, daß auch andere sich unglücklich fühlten. Nicht, daß ich es besonders nett und leicht gehabt hätte. Die Arbeit fraß mich auf und war obendrein unergiebig. »You are wasting your talents here«, sagte mir ein wohlmeinender Schüler. Immerhin gaben die Berge, abschreckend nach außen, aber bewaldet in den inneren, bis zu 4000 Metern ansteigenden Höhen ein wenig Glück. Auch pflegte ich die menschlichen Beziehungen, die ich 1945–46 wie in den folgenden Jahren in Deutschland angeknüpft hatte und die seither mein Stecken und Stab geblieben sind. Klaus hatte nichts dergleichen getan; nur aus Gutmütigkeit ein paar uralte Bekanntschaften erneuert, die ihm wenig oder gar nichts bedeuteten.

Während ich, schier zum ersten Mal in meinem Leben, nun genug Geld hatte, solange meine Ansprüche bescheiden blieben – den Studenten galten ihre Lehrer freilich als Hungerleider –, wurde Klaus wieder von der Geldnot geplagt, wie bis 1943. Wieder lieh er, wieder ließ er sich von der Mutter schenken, wieder wartete er auf irgendeinen kleinen Scheck, der nicht kam. Da er nun so sehr wenig veröffentlichte, da er zudem häufig zwischen Amerika und Europa hin und her flog, Reisen, die viel kosteten, ohne etwas zu erbringen – wie hätte er prosperieren sollen?

Spätwinter und Frühjahr 1948 hielt er sich wieder einmal in Kalifornien auf, in zwei Zimmern irgendwo in Santa Monica. Besuchte ich am Wochenende meine Eltern, sah ich ihn meistens und kam jedesmal in grauer Stimmung von ihm. Er war einsam geworden. Es ging abwärts mit ihm, mit mir ein wenig aufwärts. Mein erstes Buch, die Gentz-Biographie, war in Zürich erschienen und von der Schweizer Presse gelobt worden. Ein Kritiker hatte die Taktlosigkeit, den Autor als »das begabteste unter den schreibenden Mann-Kindern« zu bezeichnen. Dergleichen mußte ihn kränken, und so sehr unnötigerweise. Als ob er nicht wenigstens so gut gewesen wäre wie ich. Als ob nicht für uns beide reichlich Platz gewesen wäre. Wir würden ganz gewiß nicht T.M. contra H.M. spielen. Aber ich hatte den Eindruck, daß meine Gegenwart ihn nun verstimmte, ganz einfach, weil ich besserer Laune war als er. Da war ein alter Freund, Christopher Isherwood, hochbegabt, erfolgreich, liebenswert; machte Geld in Hollywood zwischen zwei Perioden indisch-asketischen Sektierertums; machte ein vergnügtes Haus. Er lud Klaus nicht mehr ein, er vernachlässigte ihn. Der merkte es und litt darunter; litt um so mehr, weil er die Ursache ahnte, den eigenen Verfall.

Wenn dich der Tod berührt hat
Bist du nicht mehr beliebt …

Werfels schönes Gedicht hatte er mir bewundernd vorgelesen, um 1930. Ach, wie anders, wenn es einen selber trifft.

Du warst ein muntrer Kunde
Du spieltest schön Klavier.
Jetzt rückt die Freundesrunde
Geheimnisvoll von Dir...

Ich füge hinzu, daß er auch zu seiner Schwester nicht mehr ganz so stand wie ehedem. Sie unternahmen nichts Gemeinsames mehr. Erika hatte sich nun ganz auf den Vater konzentriert, seine Assistentin und Editorin, seine Unterhalterin und Hofnärrin. Sie reiste mit den Eltern, und die reisten häufig – »diese Ehrenreisen«, wie Alma Mahler schiefen Mundes einmal fallen ließ. Auf solcher Ehrenreise – Oxford, Stockholm – war sie auch, als das Letzte geschah; ein Zufall, aber ein nicht uncharakteristischer.

Während der Sommerferien 1948 hielt ich mich in Palo Alto auf, um einen Intensivkurs in Russisch zu nehmen. (Man lernt's und man vergißt's.) Dort las ich es eines Morgens in der Zeitung: Klaus, in seiner Halbwohnung, hatte sich die Pulsadern zerschnitten, dann auch noch den Gashahn geöffnet. Das Letztere war seine Rettung, wenn man es Rettung nennen soll; Leute hatten das ausströmende Gas bemerkt und die Feuerwehr alarmiert. Der Anlaß, aber auch nicht mehr, war ein Freund gewesen, der, unabgemeldet, ihn hatte warten lassen. – Ein paar Tage später kam er nach Palo Alto, mit ebendiesem Freund, einem gutmütigen Menschen, aber jeder Bildung bar und seiner Erscheinung nach eher ein Unhold. (Mein Vater, mit milde staunendem Kopfschütteln: »Da gibt es nichts, was es nicht gibt.«) Mit diesem Knaben also kam er, um für ein paar Wochen bei mir in meinem für den Sommer gemieteten Vierzimmerhäuschen zu wohnen. Ein Nervensanatorium hatte er abgelehnt; unter seinen Nachbarn, Zeugen des Unglücks, nicht bleiben wollen. Was konnte ich tun? Mit Hilfe eines uralten Freundes und Münchner Nachbarkindes, Wolfgang, später George W. Hallgarten, des Historikers, eines Burschen von Humor und für diesmal hilfswillig, unterhielt ich ihn, so gut ich es eben konnte, mit Spazierfahrten in der Gegend, die schön ist, fast wie die Toscana, mit möglichst harmlosem Gespräch und ein wenig Studentengeselligkeit. Aber so recht gelungen war der Aufenthalt nicht, wie konnte er es sein. Er erhielt viele Briefe, hauptsächlich Bitten um Autographen, die Unterschrift eines Selbstmörders war etwas wert. Er trug noch Verbände um die Unterarme, ein nicht zu übersehendes trauriges Mal. Und er stritt sich mit seinem Freund, dem gutmütigen, groben Unhold. Über das Ereignis, welches der Grund des Besuches war, wurde nicht gesprochen bis zum Schluß. Da, während wir am Bahnhof warteten, mußte ich trotzdem fragen: »Warum hast du das eigentlich getan?« Er nannte flüchtig den ›Anlaß‹. Dann: »Man darf es nicht machen; wegen derer, die einem nahestehen, nicht.« Er sagte es wider besseres Wissen; auch nahm ich es ihm nicht ab. Der Akt, den keine Worte beschreiben, der alle Bande bricht, der bricht die Treue auch, und sie sehr nebenher. Weswegen ich auch nie verstanden habe, wie man so blind sein kann, Selbstmördern ihre Tat zum Vorwurf zu machen.

Der Psychiater, der Klaus in den ersten Tagen auf sich nahm, hatte ihm gesagt: »In neun Monaten werden Sie's wieder tun.« Mit seiner Prophezeiung bewies der erfolgreiche Mann erfahrenen Blick; ob auch therapeutische Verantwortung, wäre eine andere Frage.

Wo ging der Bruder dann hin? Wieder nach Europa? Nach Holland, wo sein Freund Friedrich Landshoff seine verlegerische Tätigkeit wieder aufgenommen hatte? Seine Briefe weisen es aus. Ich habe keine Notizen aus dieser Zeit, wir korrespondierten auch nicht mehr. Und mein Gedächtnis hält die

Flüge hin und her dieser letzten Jahre nicht auseinander. Jedenfalls war er Anfang 1949 wieder in Kalifornien, diesmal im Elternhaus. Dort, Ende Februar oder Anfang März, hatten wir unser letztes Gespräch. Ich sehe ihn noch in dem Schlafrock, den er vormittags zu tragen pflegte, spüre noch die Atmosphäre, das unnennbar Traurige, wie lange schon. Es ging um seine Frühjahrs- oder Sommerpläne; er hatte keine. Ich: Warum bleibst du nicht einfach hier im Haus? Die Eltern werden fort sein. Es ist doch recht angenehm hier. Du kannst dir jemanden einladen. Er: Doch, ja. Natürlich hätte ich Leute. Oskar Seidlin zum Beispiel würde bestimmt kommen. – Er flog dann aber doch nach Europa, und ich hörte nicht wieder von ihm, bis jenes Telegramm kam.

Ich fand es am Ende eines heißen, langen Frühsommertages, nahe vor dem Semester-Ende, welches den Lehrern noch ungleich willkommener ist als den Schülern. Wir hatten eine Wanderung gemacht zu den ›Twin-Peaks‹, der Professor Henry May und ich, fünf Stunden hinauf und lange Rast, und fünf Stunden hinunter. Er hatte es vollbracht, den Akt, nicht der intellektuellen, sondern der wirklichen, letzten Verzweiflung, ein paar Stunden bevor wir aufbrachen; lag, die erloschene Zigarette im Mund, im Schlaf, aus dem er hinüberschlief, während wir in der Lust der Anstrengung zwischen Gestein zuerst, dann zwischen Sequoiabäumen dem Gipfel zustrebten, ohne daß ich auch nur eine Sekunde lang an ihn gedacht hätte.

O vanas hominum mentes. O pectora coeca.

Die Frage, die ich ihm am Bahnhof von Palo Alto stellte, ist später mir gestellt worden. Ebenso, unter welchen Bedingungen er es vielleicht *nicht* getan hätte; was etwas sinnvoller gefragt, etwas leichter zu beantworten ist.

Klaus im Jahre 1935, als wir über den Selbstmord Kurt Tucholskys sprachen: »Natürlich hat er schon lange damit gespielt. Dann bekam er diese Menge Schlafmittel, und da hat er's halt getan.« So er, am 21. Mai. Hätte er nicht am selben Tag von einem New Yorker Drugstore ein ganzes Paket Tabletten erhalten, würde er es dort und damals nicht getan haben. Viel sagt das nicht.

Er war gänzlich ohne Geld, man fand keines bei ihm. Aber er wußte, wie es sich aus seinem Brief vom Vortag an Mutter und Schwester ergibt, daß »die schöne Dollar-Überweisung von Mama« unterwegs war. Eine Freundin, um derentwillen er wohl Cannes zum Aufenthalt wählte, hätte ihm geliehen am 22., dann wären die Dollars gekommen und er hätte für ein paar Wochen Ruhe gehabt. Mehr als das war er nicht gewohnt. Freilich kann auch das Gewohnte quälen und als steter Tropfen wirken.

Hätte der deutsche Büchermarkt sich ihm etwas früher geöffnet, was er nun im Begriff war zu tun, hätte er selber verstanden, daß hier keine geringe, sondern eine entscheidende Chance für ihn war, daß sein Ehrgeiz, ein amerikanischer Schriftsteller zu bleiben, auf einem Mißverständnis beruhte, daß die Deutschen nach seinen Büchern mit Begier greifen würden, daß hier endlich ihm Echo, Wirkung, Geld winkten, wenn er nur noch etwas wartete – ja, dann vielleicht nicht. Auch nicht: wenn der Vater, sagen wir im Winter 1949, gestorben wäre. Zum geringeren Teil wegen der Erbschaft, die ihm dann zufließen mußte, zum anderen aus tiefergreifenden Gründen.

Es kamen die ärgerlichen Zufälle, die kleinen Gelegenheiten hinzu. Die Botschaft eines deutschen Verlegers, wohl mehr angeblichen als echten, der seinen ›Mephisto‹ hatte drucken wollen, jetzt aber ihm schrieb, Gustaf Gründgens sei in Deutschland schon wieder so angesehen, daß man diese »Aktion« nicht mehr »starten« könne – dieser kurz vor dem 12. eingetroffene widerliche Brief hat ihn deprimiert und angeekelt; er sah ihn als vollkommen charakteristisch für die

Lage an. Den 16. hoffte er die Schwester Monika, den Bruder Michael zu sehen. Die beiden kamen von Amerika auf einem Schiff, das in Cannes Station machen sollte. Es wäre eine erheiternde Begegnung gewesen. Das Schiff lag im Hafen von zwei bis acht, und Klaus muß lange dort gewartet haben. Aber, so steht es im letzten Brief: »Erst um 8 wurden die (endgültig aussteigenden) Passagiere an Land gelassen – um dieselbe Zeit aber flog die Amboß auch schon wieder von Bord.« Die Zeile muß ich erklären. Etwa vier Jahre alt, besaß ich ein Phantasieschiff, welches die ›Amboß‹ hieß. Andererseits glaubte ich, daß der Ausdruck »von Bord gehen« soviel bedeutete wie: sich vom Ufer lösen, die Anker lichten. So hieß denn mein erstes und beinahe auch schon letztes Gedicht:

Und schnell und schnell und immer schneller
Die Amboß flog von Bord.

Über diesen dichterischen Versuch mögen ›die beiden Großen‹ eine Zeitlang gespottet haben. Dann sank er in Vergessenheit; um nach so vielen Jahren wieder aufzutauchen zu behaglichem Spaß in der Seele eines, der am nächsten Tag sterben würde.

In welcher Stimmung wurden solche Briefe geschrieben? Briefe, die oft den Eindruck von Heiterkeit machen, und die von Plänen handeln, Arbeitsplänen, Reiseplänen, demnächst zu erfüllen? Ich fürchte, daß sie unter dem Einfluß von Morphium geschrieben wurden, oder Benzedrin, oder beidem. Mit der ›Droge‹ muß er bald nach seiner Entlassung aus dem Heer wieder begonnen haben. Eine Entziehungskur hat er seither nicht wieder gemacht; also nahm er sie nahezu ununterbrochen. In Nizza verbrachte er um die Monatswende April-Mai ich weiß nicht wie viele Tage in einer Klinik. Es handelte sich aber um keine Entziehungskur. Er war vergiftet, und zwar durch einen Stoff, den sein Händler dem Morphium beigegeben hatte; so wurde bei Nachforschungen in der Klinik St. Luc festgestellt. Daß das Gemisch, welches der Gauner ihm zuspielte, zu seiner Zerrüttung beitrug, ist wahrscheinlich. Jedenfalls bringt der Zustand, in dem er schrieb, seine Aussagen in die Schwebe. Es fiel ihm manches ein, recht Lustiges darunter. Anders sah es in einer tieferen Schicht seiner Seele aus. Geplant hat er nichts, vermutlich noch in den Tagesstunden des 21. Mai nicht; geplant hat er Arbeiten und Reisen. Er mag gewußt haben, oder es in ihm, ohne zu planen.

Eine Reihe heterogener Ursachen, Kummer über Politik und Gesellschaft, Geldnot, Mangel an Echo, Drogenmißbrauch, addieren sich, aber summieren sich nicht zu dem Ganzen, welches hier der Tod war. Die Neigung zum Tod war in ihm gewesen von Anfang an, er hatte nie alt werden können oder wollen, er war am Ende; günstigere Bedingungen im Moment hätten sein Leben verlängert, jedoch nur um ein geringes Stück. Damit wird nichts erklärt; nur etwas festgestellt. Auch die These, er sei am Vater gescheitert, erklärt nichts. Gescheitert, nach einem kurzen, selten glücklichen, aber intensiven, auch schöpferischen Leben, ist diese Identität; welche bei einem anderen Vater allerdings eine andere gewesen wäre.

Seinen Freunden stirbt man zweimal: einmal in der Wirklichkeit, einmal im Traum, in dem man sich meldet, erst oft, dann seltener, um endlich auch von dort zu verschwinden. Eine Weile träumte mir von Klaus gar nicht. Dann kam er. Ich wußte, daß er tot sei. Durch die schrecklichste Anstrengung suchte er, die Folgen seiner Tat ungeschehen zu machen, ins Leben, zu Mutter und Schwester zurückzukehren. Gelungen war es ihm, aber er war falsch eingefahren in der Zeit, nicht, wo wir jetzt hielten, sondern zwanzig Jahre früher, damals als die Eltern wohlgelaunt und wohlhabend waren und es hoch herging im Münchner Haus; da kam er durch das Gartentor gefahren, im offenen Benz-Wagen und mit dem Chauffeur Hans, wie er, von einer Reise kommend, so oft getan hatte. Diese Zeit, die angenehmste der Zeiten, 1929, dieser Familien- und Kinderort hatten sich bereit gezeigt seinem Drang zurück; dem ewig vergeblichen, unmöglichen.

Erstdruck: *Neue Rundschau*, Jg. 86, Nr. 3 (1975), S. 376–400.

[6]

Die Mendelssohns und ihr schwarzes Schaf
Briefe einer Familie des 19. Jahrhunderts: Bankiers, Künstler und Gelehrte

Eine interessante Sammlung, viele, in ihrer Summe, lesenswerte Briefe; große nicht eigentlich. Der Herausgeber, selber ein Mendelssohn-Abkömmling, führt, zwischen 1806 und 1888, uns durch die Geschichte von drei Generationen. Die erste ist die der Kinder des weisen Moses, Lessings Freund. Dieser Gründer, längst verschwunden, gibt der lebenden Familie ihre Identität, er schafft den Clan; ein wenig so, wie Napoleon, kurz lebend, lange tot, durch zwei bis drei Generationen den Clan der freundlich-feindlich zusammenhaltenden, emsig unter sich korrespondierenden Bonapartes schuf. Oh, kein ernsthafter Vergleich zwischen den beiden Familien! Nur dies haben sie gemeinsam, daß ihre Geschichte bezeichnendes Licht auf das Jahrhundert wirft, ohne doch irgend typisch zu sein. Auf das letztere legt Professor Gilbert in seiner instruktiven Einleitung Gewicht. Der Ruhm der Mendelssohns kam nicht vom Geld wie jener der Rothschilds, Itzigs, Arnsteins. Er kam vom Geist. Er, des Gründers mythischer Ruhm, bestimmte Tradition und Verpflichtung, mit abnehmender Kraft natürlich, je mehr Jahrzehnte ins Land gingen, aber doch bis in die dritte nachfolgende Generation hinein.

Geld kam allerdings hinzu; und ohne es, ohne das von Moses' ältesten Söhnen, Joseph und Abraham, gegründete, solide, stetig wachsende Berliner Bankhaus, ist die Familie nicht zu denken. Die reichen Mitglieder des Clans halfen den nicht auf der Sonnenseite wohnenden. Stattliche Häuser und Landsitze, Treffpunkte der Familie, Zentren geistiger Geselligkeit, hatten das Bank-Unternehmen zur Voraussetzung.

Professoren durften sich Zeit lassen, ohne als Schullehrer, Hauslehrer – Droysen, der Historiker, war Hauslehrer Felix Mendelssohns –, bedürftige Privatdozenten die Berufung zu ersehnen.

Der göttliche Felix kannte von Anfang nicht die Sorgen, die seinen Freund Robert Schumann so schwer belastet hatten; ein Vorzug, wenn auch in seinem Fall kein entscheidender. Die Bankiers selber gönnten sich Interessen, die mit ihrem Geschäft nichts zu tun hatten. Alle wollten sie etwas werden, ob Geldleute, ob Musiker, Maler, Mediziner, Historiker, an Faulenzen dachte keiner; auch dies von der Tradition vorgeschrieben. Insgesamt gehörten sie zum elitären, liberalen, stark nach dem Akademischen tendierenden preußischen Bürgertum. In die Oberschicht des Adels und Beamten-Adels drangen sie erst spät vor und auch dann nicht weit; die Tradition hinderte sie daran. Den Schritt, in der ersten Hälfte des Jahrhunderts formal noch alles entscheidend, sich taufen zu lassen, taten die allermeisten, spät oder früh; in der Mitte des Jahrhunderts waren von 56 Mitgliedern des Clans nur noch vier jüdischen Glaubens. Wenn aber bei den Freiherren von Aehrental niemand mehr fragte, woher sie kamen – wie hätten Moses Mendelssohns Nachkommen ihre Herkunft vergessen oder vergessen machen wollen?

Woran sie die Herkunft nicht hinderte: gute Deutsche, vor allem gute Preußen zu sein. Dies schon in der ersten Generation. Joseph Mendelssohn, zu Geschäftszwecken in Paris 1809, schreibt an seine Frau die Briefe eines gebildeten deutschen Bürgers, nicht mehr, nicht weniger; groß und sonderbar sei die Stadt schon, aber die imposanten Vistas Berlins habe sie nicht und das Theater sei grotesk: Wie doch diese Franzosen den Shakespeare verhunzten! Nach den »Hundert Tagen«, 1815, ist er wieder da; wenn er zwei Jahre früher stolz gewesen war auf die Rolle, welche die preußische Armee spielte und wie sie überall in Deutschland freudig aufgenommen wurde, so ist er jetzt bekümmert über den Abscheu, den »unser alter Blücher« sich bei den Besiegten zu erregen bemüht – »so war es 1813 nicht«. Daß Josephs Sohn Benjamin als freiwilliger Jäger dient, später im Rang eines Leutnants, an der Katzbach-Schlacht teilnimmt, davon wird wenig hergemacht; es versteht sich von selber. Was sich dem Referenten übrigens doch nicht von selber versteht: der junge Mendelssohn wird preußischer Offizier noch als Jude, taufen läßt er sich erst nach dem Krieg und nimmt nun den Vornamen Georg an ...

Beginn eines Briefes von Hinni Mendelssohn, Josephs Frau, an ihre Schwiegertochter Rosamunde: »Dein vaterländisches Gefühl sagt Dir gewiß, liebe Rosa, daß heute der Todestag der Königin ist.« Mit der Königin ist die vor 26 Jahren gestorbene Luise von Preußen gemeint. Und so geht es weiter. Die Mendelssohns sind kleindeutsch gesinnt 1848, bismarckisch seit 1864. Benjamin Georg, der Freiwillige von 1813, an seinen Neffen Karl, gleichfalls Professor der Geschichte, Januar 1871: »Dem Geschichtsschreiber unserer Zeit fällt meist eine schöne und große Aufgabe zu.« Von den »französischen Ideen« hält der alte Herr nach wie vor sehr wenig.

Sollten, wie der Herausgeber andeutet, die Mendelssohns als Deutsche, als preußische Patrioten unter ihrer Herkunft dennoch gelitten haben, so kann man nur sagen, daß ihre Briefe rein gar nichts davon erraten lassen. Es sind die Briefe selbstsicherer Menschen. Ein Sohn Felix Mendelssohns an den anderen: »Wir sind nicht in der Lage unserem Vater ein Denkmal setzen zu müssen.« Geld geben für einen guten Zweck, ja; aber nicht für diesen, dazu ist man zu stolz. Der Empfänger des Briefes, Karl, beklagt als Student sich darüber, daß ein gar zu feiner, vornehmer Freund von ihm, ein Herr von Radowitz, ihn nicht lieben könne, »weil ich ein Bürger bin ...« Bürger – nicht etwa Jude.

Im Zusammenhang mit der umfangreichen Gelehrten-Korrespondenz, welche die beiden Historiker der Familie, Onkel Benjamin Georg und Neffe Karl, führen, bemerkt der Herausgeber: die freundschaftliche Sprache der Korrespondenten, der Klang ihrer Namen, Twesten, Moritz August von Bethmann Hollweg, Gervinus, Häusser, Treitschke und andere mehr, könnten leicht einen Eindruck erwecken, der in die Irre führe, ohne doch »durchaus falsch« zu sein, den Eindruck enger, unbeschwerter Beziehungen der Mendelssohns zu Vertretern des deutschen geistigen Lebens. Aber: »Optimismus in Fragen der Judenemanzipation, der in den ersten sechzig Jahren des 19. Jahrhunderts berechtigt erscheinen konnte, nahm in den späteren Jahrzehnten einen illusionistischen Charakter an.«

Es scheinen mir diese Bemerkung und die Ausführungen, welche sie begründen, doch ein wenig *ex eventu* gemacht. Niemand wird den im neuen »Reich« aufflammenden Antisemitismus bestreiten oder beschönigen. Die Tendenz erreichte ihren Höhepunkt in den neunziger Jahren; im folgenden Jahrzehnt ist sie eher abgesunken als noch weiter gestiegen. Jedenfalls würde ich entschieden vor einer Auffassung warnen, der zufolge die Sache der deutschen Juden damals schon verloren, alles Spätere bereits vorbestimmt gewesen wäre.

Was Treitschke betrifft, auf den Professor Gilbert hier Bezug nimmt, so ist sein Antisemitismus allerdings ein sehr peinlicher. Trotzdem muß man daran erinnern, daß gerade Treitschke die Assimilierung der Juden forderte und seine giftigen Pfeile nur gegen jene richtete, die, seinem Urteil nach, sich ihr widersetzten. Ein Zitat aus seiner Würdigung Felix Mendelssohns in der ›Deutschen Geschichte‹ mag hier immerhin am Platze sein.

»Wie Meyerbeer war auch Felix Mendelssohn-Bartholdy in den verwöhnten Kreisen des Berliner Reichtums aufgewachsen, aber seine reine, liebenswürdige Natur nahm nur die guten und tüchtigen Züge des Berliner Wesens an: die vielseitige Bildung, den freien Blick, die gesellschaftliche Gewandtheit und die Gabe der beredten Mitteilung. Ein Deutscher vom Wirbel bis zur Zehe konnte er sich selbst in dem Zauber der südlichen Landschaft nicht auf die Dauer wohlfühlen ... Die Werke Bachs und Händels, auch Beethovens letzte Symphonien, die lange für ungenießbar gegolten hatten, erschloß er dem Verständnis der Nation ... Ihm verdankten die Deutschen, daß sich in der Hörerschaft immer noch ein Kern reinen Geschmackes erhielt, auch als die Anarchie in der Oper einriß. So führte ein Deutscher jüdischer Abstammung unsere gebildete Gesellschaft zu den alten Überlieferungen ihrer nationalen Kunst zurück, eben in den Tagen, da die Pariser Deutschjuden sich so frevelhaft an unserem Volkstum versündigten. Mendelssohns edles und großes Wirken bewies für alle Zukunft, daß der deutsche Jude nur dann wahren Ruhm erringen kann, wenn er ganz und ohne Vorbehalt im deutschen Leben aufgeht.«

Nicht, daß ich die Anspielung auf Heine schön fände. Trotzdem: mit *diesem* Antisemitismus hätte man zur äußersten Not existieren können; zu Späterem führt von ihm keine Brücke. Übrigens macht er verständlich, warum Treitschke den Sohn Felix Mendelssohns als einen bedeutenden Kollegen ansah und als gar nichts anderes.

Den stärksten Brief der Sammlung schreibt Arnold Mendelssohn, Dr. med., Armenarzt seiner eigenen Benennung nach, im April 1849 an seinen Vater Nathan, den Jüngsten aus der ersten Generation. Der Schreiber ist im Gefängnis oder Zuchthaus, für fünf Jahre, weil er Lassalle ins Garn gegangen war und für ihn oder für seine Gräfin Hatzfeld den »Kassettendiebstahl«, eine gegen den Gatten der Gräfin gerichtete Räuber-Intrige, unternommen hatte. Dem Bemühen der Familie und des treuen Humboldt gelingt es, eine Milderung der Strafe zu erreichen: der Rebell soll vorzeitig, nach wenig mehr als einem Jahr, befreit werden, unter der Bedingung, Deutschland für immer zu verlassen. Das letztere gegen eine zu hinterlegende Kautionssumme, um die nun der Sohn den Vater bestürmt.

Seiner Bitte fügt er einen eigentlichen Lebensbericht bei, warum er Sozialist geworden sei und was es mit seinen Beziehungen zu Lassalle auf sich habe. Armenarzt in Berlin und im Vogtland, habe er das Elend kennengelernt.

»Als Naturforscher, d.h. wissenschaftlicher Mann, konnte ich mich mit der einfachen Tatsache, daß diese Menschen arm seien, viel ärmer als man überhaupt glauben sollte, daß ein Mensch in einem civilisierten Lande sein könne, nicht begnügen, sondern ich dachte natürlich darüber nach, woher es komme, daß diese Menschen 18 Stunden des Tages arbeiten (dies ist Tatsache) und anstatt sich durch einen so immensen Fleiß zu bereichern, gerade diejenigen Einwohner von Berlin seien, deren Tagesverdienst von 1½ bis 4 bis 6 Silber war...«

Sein Nachdenken führte ihn zu etwas dem Marxschen »Mehrwert« Nahekommenden; auch begriff er, daß die Almosen, die er, dank der Hilfe des reichen Onkels Joseph, seinen Patienten spendete, nicht besser seien, als ob man sich »mit einer Klystiersprütze an den Krater des Vesuv stellte«. Nun verfiel er, und zwar, das betont er, noch ehe er die Bekanntschaft Proudhons und später Lassalles machte, auf die Idee der Produktiv-Association von Arbeitern. Joseph Mendelssohn – »Onkelchen«, wie er ihn mit einer Art gutmütiger Verachtung nennt – auf seine Schilderung der Lage im Vogtland hin: Was willst Du, Geld oder guten Rat? »Ich erwiderte ihm: beides.« Er setzt ihm nun seinen Plan auseinander und verlangt viel Geld dafür. Joseph rät dringend von dem Unternehmen ab: Der Neffe werde sich erstens viele Feinde dabei machen, zweitens mit seinen Textilien sitzenbleiben, weil der Wert einer Ware nicht von der investierten Arbeit, sondern von der Nachfrage, der schwankenden Mode abhänge. Arnold versteht diese Antwort mit der Überlegenheit, von der wenigstens er selber längst überzeugt ist; daß er wieder einmal den Nagel auf den Kopf getroffen habe, in medizinischen wie in sozialen Fragen, kommt in dem Brief mehrfach vor. Der reiche Mann will die Association nicht, weil sie ihm und seinesgleichen Schaden tun würde. Solches durchschaut Arnold, »obgleich ich damals keine Ahnung davon hatte, auf welche Weise er oder jeder andere Banquier Geld mache wie Dreck...«

Auch weitere Besuche bringen nichts ein; das Projekt wird vorläufig aufgegeben. Es folgen schärfere theoretische Studien, durch Proudhon fühlt er sich bestätigt, durch Lassalle fasziniert. »Du selbst bist einer der ersten gewesen, die mich Communist (als Vorwurf, als Schimpfwort) nannten und hast mir gedroht, Dich meinen oder unseren Ideen mit Kanonen gegenüberzustellen. Schon damals sagte ich Dir, daß Du gar nicht mein oder meiner Ideen Feind seist, daß ich aber, wenn es zum Klappen komme, die Kanonen nicht fürchten würde, wohl wissend, daß sie nichts gegen Ideen vermögen.« Durch sein Vogtländisches Institut hätte er die soziale Revolution einleiten können, so nahe sei man damals schon daran gewesen. Jetzt herrsche allenthalben Reaktion und seine Gesinnungsgenossen seien im Gefängnis; und bis zum Ende, dem unvermeidlichen guten Ende, werde es leider noch sehr blutig zugehen müssen. »Also, seid so gut und laßt mich jetzt aus dem Loch... Dein Sohn Arnold.«

Die Familie zahlte. Der Gefangene wurde frei, begab sich nach Ungarn, um als Arzt bei den aufständischen Truppen zu dienen, floh nach dem Zusammenbruch der ungarischen Revolution nach der Türkei. Dort starb er schon im nächsten Jahr; ein junger Mensch von großen Fähigkeiten, diesem einen Brief nach zu schließen, bei allem Dünkel immerhin auch fähig zur Selbstkritik, und von noch größerem Starrsinn; Holz, aus dem Revolutionäre geschnitzt werden.

Felix Gilbert, ›Bankiers, Künstler und Gelehrte‹. Unveröffentlichte Briefe der Familie Mendelssohn aus dem 19. Jahrhundert. Tübingen 1975.
Erstdruck: *F.A.Z.* vom 29.5.1976.

[7]

Friedrich Rückert
Nach Dschelaleddin Rumi

Wohl endet Tod des Lebens Noth,
  Doch schaudert Leben vor dem Tod.
Das Leben sieht die dunkle Hand,
  Den hellen Kelch nicht, den sie bot.
So schaudert vor der Lieb ein Herz,
  Alswie vom Untergang bedroht.
Denn wo die Lieb' erwachet, stirbt
  Das Ich, der dunkele Despot.
Du lass ihn sterben in der Nacht,
  Und athme frei im Morgenroth.

Friedrich Rückert, ›Gedichte‹. Stuttgart 1963.

Hinter dem Schein der Einfachheit

Eine von Rückerts Dichtungen nach dem Persischen des großen Mystikers; wie nahe dem Urtext, weiß ich nicht. Eine Verschmelzung des einen Geistes mit dem anderen jedenfalls; derart, daß es auch ein autonomes Gedicht Rückerts sein könnte. So hat dieser gelehrte, edle und weise Poet gedacht, Ähnliches stammt, auch ohne Modell, von ihm. Die östliche Schule, in die er ging, erweckte oder bestärkte in ihm nur, was in ihm angelegt war. Übrigens konnte er Verwandtes auch bei den Deutschen, bei Eckhart, bei Angelus Silesius finden, an den er sich mit seinen ›Schlußreimen‹ anlehnte.

Er weiß, wie so oft, seine hohe Kunst hinter dem Schein der Einfachheit zu verbergen. Einfach ist der Grundreim, der in den beiden ersten Zeilen angeschlagen wird, um von da ab in jeder zweiten Zeile zu erklingen, abgehoben gegen den vorhergehenden und nachfolgenden reimlosen Zeilenschluß. Was könnte vertrauter gereimt sein als Not, Tod und Rot? Wozu noch »bot« kommt und, ein wenig origineller, »Despot«. Man mußte Friedrich Rückert sein, um mit einem so bescheidenen Pfunde so zu wuchern. Der genialste Reimer in aller deutschen Lyrik konnte es.

»Denn wo die Lieb' erwachet, stirbt
Das Ich, der dunkele Despot...«

Kernsatz aller Mystik, tausendfach variiert: Verwandtschaft von Liebe und Tod; Befreiung von der Sklaverei des Ich, Auflösung des Ich den beiden gemeinsam; der armen Seele Angst davor und Sehnsucht danach. Der am Ende erteilte Rat ist, wenn man es denn genau nehmen will, nicht der, zu sterben, sondern in der Liebe den dunklen Despoten ganz zu stürzen. Dem Dichter selbst gelang es: ›Du bist die Ruh...‹ und andere Glanzstücke seiner erotischen Poesie zeugen davon.

Es gibt eine zweite Rückertsche Dichtung nach Rumi, diese aber nun ganz Nachdichtung, ganz orientalisch in der Instrumentierung, die unglaubliche Virtuosität des Nachdichters in der stürmenden Bewegung der Trommeln und Flöten für einmal nicht verbergend. Sie beginnt:

»Schall, o Trommel, Hall! Flöte! Allah hu!
Wall im Tanze, Morgenröte! Allah hu!
Lichtseel im Planetenwirbel, Sonne vom
Herrn im Mittelpunkt erhöhte! Allah hu!«

und endet:

»Seele, willst ein Stern dich Schwingen um dich selb,
Wirf von dir des Lebens Nöte! Allah hu!
Wer die Kraft des Reigens kennet, lebt in Gott,
Denn er weiß, wie Liebe töte. Allah hu!«

Hier kommt zu Liebe und Tod der Tanz, eine Rumis frommem Orden eigene Kultpraxis, das Kreisen der Sphären symbolisierend und das Kreisen der Seele um Gott. So staunenswert gelungen die Übersetzung, so gehört dieses Lied doch dem Dschelaleddin, nicht Rückert, dessen Sache solch orgiastisches Geschwing und Gedröhn nicht war. Dagegen ist

»Das Leben sieht die dunkle Hand,
Den hellen Kelch nicht, den sie bot«

ganz sein Gedicht.

Er war ein Meister der Formen, darin Platen ähnlich. Ich meine jedoch: mit weniger Mühe als Platen; mit mehr Glück ohnehin; folglich auch mit tieferem Schmerz (›Die Kindertotenlieder‹). Seine Balladen – ›Chidher‹, ›Das versunkene Dorf‹ – sind keineswegs kunstloser als die Platenschen, dabei kraftvoller, erdnäher; seine Sprüche voll des »körnigen Tiefsinns«, die Platen vom Lyriker verlangt. Er konnte alles: Gedichte von so berauschend-raffinierter Süße wie sonst nur Brentano; von so streng rhythmisierter Lieblichkeit und Klarheit wie sonst nur George, wo der am besten war; und lustig gereimte Märlein für die Kinder. Sie standen vor sechzig Jahren noch in unserer Fibel; sind heute vergessen.

Es gibt keine auch nur halbwegs befriedigende Rückert-Ausgabe; kein Schüler kennt mehr seinen Namen. Auf dem Autographenmarkt, sichere Messung nicht des Ranges, aber des Rangierens, mag man ein Rückert-Gedicht, zierliche, vermutlich zweite Niederschrift, noch mit Korrekturen, für ein paar hundert Mark ersteigern. Für Platen wäre das Zehnfache, für Heine das Fünfzigfache zu bezahlen gewesen. So wunderlich geht es in Ruhmeslanden zu.

Erstdruck: *F.A.Z.* vom 11.9.1976.

[8]

Ein wahrhaft deutsches Lesebuch
Zu Stephan Hermlin, ›Deutsches Lesebuch. Von Luther bis Liebknecht‹

Den Herausgeber dieser Anthologie kannte ich vor mehr als dreißig Jahren, als ich, verkleidet als Amerikaner, ein wenig an *Radio Frankfurt* bastelte, der Mutter des Hessischen Rundfunks. Damals kam Stephan Hermlin frisch aus der Emigration, dem Schweizer Welschland, zusammen mit seinem Freunde Hans Mayer. Die beiden bildeten in unserem Institut eine Art von kommunistischer Zelle, es kam noch ein Dritter hinzu, der hier nicht weiter interessiert.

Zu meinen Aufgaben gehörte es, geistige Schmuggelware, welche aus dieser Ecke kam, aufzudecken und zurückzuweisen, welches mit Heiterkeit geschah, von Hans Mayer auch mit Lachen akzeptiert wurde; ein Spielchen. Weniger zum Spiel war Stephan Hermlin aufgelegt: hochgewachsen, blendend aussehend und dessen sich wohl auch bewußt, stolz und immer im Ernst. Er sei ein St. Just-Typ, sagte ich ihm; machten die Deutschen mir einmal als »Kriegsverbrecher« den Prozeß, so werde er, in kleidsamster Uniform, als Generalanwalt gegen mich antreten und die Todesstrafe fordern. Dem widersprach er nur milde ...

Mein heikles Amt gab ich schon im Herbst 1946 wieder auf; auch Hermlin blieb nicht mehr lange in Frankfurt, sondern siedelte über in die »Ostzone«, wohin seine Gesinnungen ihn zogen. Daß er dort reussierte, blieb mir nicht unbekannt. Ich sah ihn noch einmal, Juni 1955, als er mit einer von dem Kulturminister Johannes R. Becher geführten Delegation zu Thomas Manns achtzigstem Geburtstag in Kilchberg erschien. In einem Gespräch mit dem Jubilar sprach er, wie ich mich erinnere, sich schärfstens gegen den »Kalten Krieg«

aus; mich mied er. Zu meines Vaters Begräbnis, zwei Monate später, kam dann der Kulturminister alleine und wußte, gramgebeugt zum Zweck einer photographischen Aufnahme, sich am Grab wie von ungefähr dicht neben der Witwe zu placieren. Hermlin sah ich nicht wieder. Und will gestehen, daß dies ›Deutsche Lesebuch‹ seit einer politisch-didaktischen und arg schwachen Novelle, ›Der Leutnant Yorck von Wartenburg‹, das erste Werk aus seiner Hand ist, dem ich mich widmen konnte oder wollte.

Eine Auswahl deutscher Texte, »unvergänglicher Muster« aus einer »großen und alten Literatur«, »von Luther bis Liebknecht«. Den Untertitel tadle ich flüchtig. Die beiden Namen sind nicht äquivalent, so wenig wie etwa »Von Adam bis Adenauer« oder »Von Beethoven bis Brandt«; das einzige Gedicht Liebknechts, mit welchem das Buch endet, ist so gut gemeint wie als Gedicht miserabel. Besser noch hätte es »Von Luther bis Rosa Luxemburg« gelautet. Wenn der große Kämpfer zartesten Gemütes sein konnte, so konnte die Kämpferin es auch: zart, nobel, voller Poesie und voller Mitleid sind die »Briefe aus dem Gefängnis«, von denen Hermlin eine Auswahl bietet.

Ganz überwiegend ist dies ›Deutsche Lesebuch‹ eine nicht nur gelungene, eine wahrhaft herrliche Auswahl. Ich staune über die weiten Kenntnisse, die, nicht gelehrte, sondern literarische, man möchte sagen Herzensbildung des Anthologisten. Man mußte aus dem Vollsten schöpfen, um zu einem solchen Konzentrat zu gelangen. Hundert bekannte Autoren – zufällig hundert? – dazu noch eine Reihe von Namenlosen.

Viel Bekanntes, legitimer Weise. Kleists ›Marionettentheater‹ und ›Anekdote aus dem letzten preußischen Krieg‹, Hebels ›Unverhofftes Wiedersehen‹ – wie war es zu vermeiden? Einiges hätte ich buchstäblich genauso ausgewählt: die drei Gedichte von Platen, von den vier Brentano-Gedichten sicher drei, von Grillparzer die ›Rede am Grabe Beethovens‹ (der ich noch ein paar von Grillparzers großartigen politischen Reimereien hinzugefügt hätte); und so öfters.

Aber nahezu ebenso oft kannte ich den edlen Lesestoff überhaupt nicht, fand ihn hier zum ersten Mal und bin dankbar dafür. Um Beispiele zu nennen: Bürgers ›Beichte eines Mannes, der ein edles Mädchen nicht hintergehen will‹, Wilhelm Grimms ›Bericht über das Deutsche Wörterbuch‹, Stifters ›Die Sonnenfinsternis am 8. Juli 1842‹, Schumanns Artikel ›Neue Bahnen‹, welcher von einem jungen Komponisten namens Brahms handelt. (»Seine Mitgenossen begrüßen ihn bei seinem ersten Gang durch die Welt, wo seiner vielleicht Wunden warten werden, aber auch Lorbeeren und Palmen; wir heißen ihn willkommen als starken Streiter...«) Und noch manches andere. Büchners ›Der Hessische Landbote‹ – das hat wohl sein müssen. Mir wäre ›Lenz‹ lieber gewesen; jenes Stück jugendlicher Demagogie ist gar so bekannt und abgegriffen. Nun, das ist Geschmackssache.

Übrigens ist Hermlin mit Heinrich Heine anders verfahren. Da will er neben dem allzu gern zitierten Rebellen, Kritiker, Künder des Sozialismus auch den Verspotter politischen Engagements, auch den reinen Lyriker erscheinen lassen. »Manche, die den Begriff ›Widerspruch‹ so oft gebrauchen, daß er schließlich nichts mehr besagt, werden unruhig, wenn sich dieser Widerspruch als das zu erkennen gibt, was er ist: der große Beweger. Heine wird erst verstanden, wenn man ihn als einen begreift, der nicht nur anderen, sondern auch sich selbst widersprach.« Genauso ist es.

Die Idee hinter Hermlins Unternehmen ist die folgende. Eine *neue* Gesellschaft wie jene der DDR muß sich »in der Verwaltung und Aneignung eines großen Erbes üben und erproben«. Anders, wird insinuiert, steht es mit einer *alten* Gesellschaft wie jener der Bundesrepublik. Da muß eben noch um die Erneuerung gekämpft werden; da paßt Enzensbergers ›Klassenbuch‹ besser hin als das ›Deutsche Lesebuch‹ ... Schade, daß ich nicht mehr Stephan Hermlins Zensor in Frankfurt bin. Denn *diese* Sätze würde ich ihm nicht durchgehen lassen.

Enzensbergers ›Klassenbuch‹, eine gänzlich auf die Klassenkämpfe des 19. und frühen 20. Jahrhunderts konzentrierte, vorzüglich gemachte, aber eben auf einen einzigen Gegenstand ausgerichtete Zusammenstellung paßt, mit ihrer speziellen Absicht, ebenso gut in die DDR wie in die Bundesrepublik. Hermlins allseitige und reiche, liberale und humanistische Auswahl paßt ebenso gut in die Bundesrepublik wie in die DDR. Eben darum hat der Hanser Verlag für unsere Gegenden ihren Vertrieb übernommen.

Stephan Hermlin (Hg.), ›Deutsches Lesebuch. Von Luther bis Liebknecht‹. München 1976.
Erstdruck: *F.A.Z.* vom 11.12.1976.

[9]

Die neunzehn Anekdoten
Heinrich von Kleist zum 200. Geburtstag

Die seltsame, neuartige Geschichte, »was Unerhörtes«. Mehr liegt nicht im Wort. Im Begriff, so wie er sich entwickelte, liegt mehr und liegt Verschiedenartiges. Er meint die kürzeste und in sich abgeschlossene Geschichte, derart, daß gänzlich ohne Sinn wäre, zu fragen, was denn nun nachher noch geschehen sei. Dem scheint zu widersprechen, daß die Anekdote etwas Frappant-Allgemeines vermittelt, trotz des »Unerhörten«, auch Exempel für etwas ist, oder in einem weiteren Zusammenhang steht. Der Zusammenhang kann ein gesellschaftlicher, biographischer sein, die Anekdoten der antiken Historiker, Plutarch, Tacitus, Hebels Napoleon und Suwarow-Anekdoten. Er kann die ganze große Wirklichkeit erfassen, so wie der Mensch sie erfährt, Welt der Menschen, Welt der Tiere, Welt der unbelebten Natur. Letzteres bezeichnet, überwiegend, die Anekdote Heinrich von Kleists.

Er hat neunzehn Anekdoten geschrieben, der Länge nach variierend zwischen sechs Zeilen im Minimum, einhundertzehn im Maximum, in welchem Fall die Grenze zwischen Anekdote und Novelle unsicher wird. Novelle: Was Neues, das interessiert. Würde man sich dafür interessieren, wenn es nicht Beispiel wäre, allenfalls Beispiel nur seiner selbst, beispielloses Beispiel?

Von den neunzehn, immer irgendwelchen schriftlichen oder mündlichen Überlieferungen entnommenen, aber ganz frei gestalteten Anekdoten trennen die Herausgeber noch einige »Anekdoten-Bearbeitungen«, die Kleist, mitunter bei einigen Zutaten, aus anderen Zeitschriften in seine *Abendblätter* übernahm. Hier wäre die Frage, warum er gerade sie auswählte. Bei der ›Geschichte eines merkwürdigen Zweikampfes‹ ist das Motiv klar: die Anekdote, nach Froissart, wurde demnächst zur ausgewachsenen Novelle.

Neunzehn Anekdoten, das ist wenig verglichen mit den mehr als zweihundert, welche man Johann Peter Hebel verdankt. Nun, Kleist hat ja auch nur acht Novellen geschrieben und bleibt doch der genialste Novellist deutscher Sprache. Der größte Anekdoten-Erzähler auch, neben Hebel, dem glücklicheren Zeitgenossen. Und wie ganz anders die beiden sind, auch dort, wo sie von nah verwandten Stoffen handeln, Weissagungen, Kriegszwischenfällen, Unglücksfällen, sonderbaren Gerichtsfällen; auch dort, wo sie dieselbe Geschichte erzählen.

Da steht bei Hebel ›Schlechter Lohn‹, bei Kleist ›Franzosen-Billigkeit‹. Es ist die Geschichte von dem General Hulin, zu dem ein preußischer Untertan kommt: ein reiches Holzlager sei im Ort, das dem König von Preußen liege. Bei Kleist wird der Bürger gar nicht beschrieben, er macht kurze Meldung, erhält kürzere Antwort: Nein, mein Freund, diese Stämme können wir nicht nehmen. »Warum nicht?« fragte der Bürger. »Es ist königliches Eigentum.« – Eben darum, sprach der General, indem er ihn flüchtig ansah. Der König von Preußen braucht dergleichen Stämme, um solche Schurken daran hängen zu lassen, wie er. – Kein Kommentar; Ende. Nur unter dem Titel in Klammern die Worte: Wert in Erz gegraben zu werden....

Hebel schenkt uns gleich am Anfang eine Sentenz: »Denn der Krieg bringt nichts, er holt.«; herzhaft wird geschildert, wie der Denunziant »dem französischen Kommandanten mit schmunzliger Miene und spitzbübischen Augen anzeigte, was für ein schönes Quantum von eichenen und tannenen Baumstämmen noch da und da beisammen liege, woraus manch Tausend Gulden zu lösen wäre«; eine Stellungnahme des Erzählers rundet die Anekdote. »Das muß der Rheinländische Hausfreund loben und wollte gern aus seinem eigenen

Wald ein paar Stämmlein auch hergeben, wenns fehlen sollte.« Der geistliche Herr aus Alemannenland ist ausführlich, behäbig, ein Menschenfreund, der lehren will, indem er unterhält. Oft beginnt er mit der Moral: »Man muß Gott nicht versuchen, aber auch die Menschen nicht.« »Wie man in den Wald schreit, so schreit es wieder heraus.« Oder das Allgemeine, welchem die Erzählung als Beispiel dient, steht am Ende. Immer ist es gut gemeint, meist wird dem Erzählten ein Maß von Heiterkeit abgewonnen; selbst in nur allzu wahre, schreckliche Nachrichten, Lawinenkatastrophen in der Schweiz etwa, mischen sich Beispiele für wundersame Errettung, Frömmigkeit, edle Selbstaufopferung; und zu welch trauriger Wunderlieblichkeit kann dieser Anekdotenmacher in der Geschichte vom ›Unverhofften Wiedersehen‹ sich erheben.

Praktiken und Charakterzüge, alles das, die dem preußischen Erzähler aus der Wurzel fehlen; erwähnt hier, um ihm negativ näher zu kommen: das und das hat er nicht und ist er nicht und kann und will er nicht sein. Was ist er dann? In unserem umschränkenden Rahmen: was ist und leistet *seine* Anekdote?

Ja, natürlich, das, was Lessing »anschauende Erkenntnis« nennt und worin er das Wesen der Fabel sieht, bietet sie auch, ab und an. In der ›Mutterliebe‹ überschriebenen Anekdote wird in der Tat die Liebe der Mutter für ihre Kinder angeschaut, wenn auch auf arge Weise; der tolle Hund und die Mutter, die sich auf ihn wirft und ihn erdrosselt, und die Kinder, welche der Hund schon gebissen hat, sind am Ende alle vier verloren; im Gegensatz zu Hebels ›Fürchterlicher Kampf eines Menschen mit einem Wolf‹, gleichfalls aus Frankreich beigebracht, in dem am Ende der Vater-Held, der ihn bekämpfte, aber gerettet wird.

In den ›Unwahrscheinlichen Wahrhaftigkeiten‹ wird die Erkenntnis angeschaut, dreimal, wonach Dinge, die so unglaublich sind, daß kein Dichter sie seinen Lesern aufzutischen wagen könnte, in der Wirklichkeit dennoch vorkommen mögen; und so in der ›Anekdote aus dem letzten Preußischen Kriege‹ die Verbindung von Tollkühnheit und ruhigem Gleichmut in einem vereinzelten Reiter, trotz Niederlage und Panik, als wirklich, folglich als möglich. Hier wird eingangs und ausnahmsweise sogar etwas moralisiert: wären alle Soldaten der Hohenloheschen Armee so tapfer gewesen wie dieser, so hätten die Preußen die Schlacht bei Jena gewonnen. Aber da liegt der Zweck nicht.

Kleist ist kein Menschenfreund. Wie könnte er es sein, da er sein eigener Freund nicht ist? Wenn er uns etwas lehren will, was man bestreiten könnte, denn er sieht ja weg, während er erzählt, er redet uns nicht an in der latinisierenden Knappheit seiner Sprache, wenn er uns dennoch etwas anschauen lassen will, so ist es nichts, was praktisch zu beherzigen wäre.

Verbotene Frage

Es sind Grenzfälle oder Fälle schon jenseits der Grenze, monströse Zufälle ohne Sinn oder versteckten, nur ein einziges Mal offenen, frommen, fürchterlichen Sinnes; höchste Zerstreuung, höchste Konzentration des Menschengeistes; Wiederholungen nach einem Gesetz, das es nicht gibt, oder nur für diesen einen Pechvogel, den viermal vom Wagen eines Arztes Überfahrenen gibt; Vergewaltigungen von Frauen unter so unglaublichen Bedingungen, daß der Richter sie nicht glauben kann; der »ungeheuerste Witz, der vielleicht, solange die Erde steht, über Menschenlippen gekommen ist«; Mordbrennerei und Pyromanie, Gericht, Hochgericht, Gottesgericht; immer das Äußerste in der Begegnung von Mensch und Mensch, Mensch und Natur, von Glück,

Unglück, Glück im Unglück. Das Absurde. Es ist selten erfreulich, mit Happy-end, öfter komisch oder tödlich, oder beides zugleich.

Die Natur ist weder bös noch gut, was schlimmer ist, als wenn sie bös wäre; das Böse könnte doch Gott strafweise verhängt haben, nicht die Neutralität, welche den einen vom Blitz erschlagen läßt, und verschont den anderen, der, von jenem verhängnisvollen Baum weggewiesen, sich unter einen anderen stellte.

Trotzdem ist die Kleistsche Anekdote nicht quälend wie die thematisch verwandten Novellen ›Michael Kohlhaas‹, ›Der Findling‹, ›Der Zweikampf‹. Qual muß lange dauern, hinzögernd, falsche Hoffnungen erweckend und wieder verderbend. Die sechszeilige Meistererzählung verblüfft, teilt dem Leser von ihrer Energie mit, am erfreulichsten da, wo der Mensch sich über seine Situation erhebt, wie jener Soldat, der, verdientermaßen, exekutiert werden soll und sich als letzte Gnade erbittet, in den Hintern geschossen zu werden, nicht ... damit nicht ...

Die vollkommene Anekdote ist die ›Aus dem letzten Preußischen Kriege‹; übrigens die am wirksamsten vorzutragende, was am Nonplusultra ihres Aufbaus liegt. Da ist kein Wort zuviel und keines zuwenig. Alles sieht man: den schnurrbärtigen Husar zu Pferd in seiner männlich-biederen Ruhe, den Wirt, ihn zweimal, den Erzählenden und die Figur der Erzählung, die Magd, Wirtshaus, Dorfplatz. Und die Franzosen schon rings um das Dorf. Hinreißend die Spannung: das Drängen des Wirts, Mischung aus Bewunderung, Angst, peinlichster Ungeduld, die natürliche, unerschütterliche Ruhe des Soldaten.

Für einmal wird ganz bildhaft erzählt, nicht bloß behauptet. Es muß langsam hergehen, um die Spannung zu steigern, Ruhe und Unruhe zu kontrastieren. Der Husar gießt nicht das erste Glas Danziger hastig herunter, man sieht ihn trinken, genießen, sich den Bart streichen. Er zündet sich nicht kurzerhand eine Pfeife an, er holt aus dem Stiefel einen Pfeifenstummel hervor, bläst den Kopf aus, stopft, bittet um Feuer, zündet, hält die angeschmauchte Pfeife im Maul. Man sieht, endlich, was die ganze, kurze, lange Zeit immer schon drohte, die drei Chasseurs, durch das Tor reiten; worauf die Geschichte sich überstürzt, die drei in einem einzigen, freilich nun sehr kunstvoll gebauten, wild periodisierten Satz getroffen zu Boden stürzen und der Husar mit drei Beutepferden siegesstolz davonsprengt. Was dann? Das Dorf ist, wir hörten es, völlig von Franzosen umzingelt. Obendrein müssen die drei Pferde den Helden behindern, ihn als den Mörder der drei arglos durch das Tor Gerittenen verraten.

Wie will er da ungeschoren entkommen? – Verbotene Frage. Die Geschichte ist aus und so abgeschlossen, wie eine nur sein kann. Sie endet mit den kopfschüttelnden, atemfassenden Worten des Wirts, der sie erlebte und dem Autor erzählte, der sie dem Leser erzählte, der sie nun vorträgt und ebenso aufatmend zur Ruhe kommt nach der letzten, langen, tollen Satzperiode: »So einen Kerl, sprach der Wirt, habe ich Zeit meines Lebens nicht gesehen.«

Kleist hat, in diesem Bereich, nichts Besseres gemacht, und es gibt, in diesem Bereich, nichts Besseres in unserer Sprache.

Erstdruck: *F.A.Z.* vom 15.10.1977.

[10]

Der letzte Monarch der Christenheit
Zu Peter Lahnstein, ›Auf den Spuren von Karl V.‹

Eine neue Biographie Karls V.? Ja und nein. Eine Lebensbeschreibung wohl, aber eigener Art: Verbindung von Biographie und Topographie. Das Buch reiht sich in eine Serie, ›Auf den Spuren von ...‹ Einige Bände sind schon da, zum Beispiel ›Auf den Spuren der Goten‹; andere – ›Auf den Spuren Hadrians‹, worauf ich mich freue –, stehen in Aussicht.

Spuren: Die Orte und Landschaften und Wege, die Städte und Schlösser und Villen, von den Helden der Erzählung gebaute oder vorgefundene, bewohnte oder berührte, so wie sie damals waren und wie sie heute sind – oder nicht mehr sind. Das mit der Anschauung von Gegenwart und Vergangenheit Verbundene, die Lebensbeschreibung, ergibt sich von selber; wie kam jener, auf dessen Spuren man wandert, dahin, was machte er dort?

So kann man, höchst sinnvoll, über versunkene Zeiten schreiben; über die unseren könnte man es nicht mehr. Unser Raum ist ja abstrakt und im buchstäblichen Sinn des Wortes gleichgültig; die Flughäfen, die einander ähneln wie ein Ei dem andern, die Städte ohne Geheimnis, das als selbstverständlich hingenommene Schrumpfen der Entfernungen zu nichts.

Aber wie war das kleine Europa groß zu Zeiten Karls V.; wie einzigartig charakterisiert jede bedeutendere Siedlung; wie weit und schön und gefährlich der Raum, Länder und Meere; wie war man da, wohl oder übel, ausgesetzt dem Wind und dem Wetter, der Kälte und Hitze, den holprigen Straßen, den Wäldern und Gebirgen; und ausgesetzt wie lange! Wie müssen solche Erfahrungen – das Wort wieder in seinem ursprünglichen Sinn genommen – die Menschen, welche sie machten, beeindruckt haben; die wenigen, Ausgenommenen, welche sie machen konnten oder mußten.

Karl V. war der emsigste Reisende, Reitende seiner Epoche. Denn er war der letzte Monarch der Christenheit. Der letzte, in gewissem Sinn auch der erste. Das macht die nur auf ihm beruhende, mit ihm wieder untergegangene imperiale Einheit Spanien–Deutschland–Italien. Er besaß nicht bescheidene »Hausmacht« wie ein deutscher Fürst, den man zum Kaiser gewählt hatte, im eigentlichen Deutschland besaß er gar nichts, dort war er nur der »Präsident eines Fürstencollegiums«. Das, was er besaß, richtiger, das, wo er der Herr war, der regierte oder regieren ließ, der belohnte und strafte, war viel zu weit und vielfältig, als daß es »Hausmacht« genannt werden dürfte: das unlängst erst zusammengezwungene, noch gärende spanische Königreich, das ganze Süditalien samt den Inseln, die reichen Niederlande; der Form nach auch der ost-mitteleuropäische Länderkomplex, den man später die Habsburgischen Erblande nannte, den er aber praktisch schon zu Lebzeiten seinem Bruder Ferdinand überließ.

Er hatte keine Hauptstadt, wie Franz I. und Heinrich VIII., seine schwierigen Zeitgenossen, eine hatten, aber unzählige Hauptstädte. Er residierte in Gent und Mecheln und Brüssel; in Barcelona, Saragossa, Sevilla, Toledo, flüchtig auch in Madrid, das es immerhin schon gab; in der Alhambra und im Schloß El Pardo, wo später noch jemand anderer residieren sollte; in Bologna und in Neapel; in Worms und Augsburg und Regensburg, wofür die langwierigen, schicksalsträchtigen Reichstage den Anlaß gaben. Blieb er irgendwo acht Monate, dann war das schon eine lange Zeit.

Die Sorgen des weltlichen Oberherrn der Christenheit, als der er sich fühlte, Sorgen, mit denen er sich identifizierte in tiefem Ernst, trotz seines Stolzes, seines durch Melancholie gemilderten Dynastenhochmuts, sie trieben ihn von Land zu Land, von Ort zu Ort; Kriegszüge, Friedenszüge, »Gipfeltreffen«. Die letzteren waren, wenn man die Fährlichkeiten der Reisen bedenkt, erstaunlich häufig; so als ob in einer Welt, die sich rapide veränderte, die Anführer, zugleich bedrohte und auch von ungeahnten Vorteilen gelockte Menschen, der persönlichen Kontakte untereinander bedurft hätten. Zwei Besuche Karls bei Heinrich VIII. in dessen Inselreich; Begegnungen mit dem Papst, mit den deutschen Fürsten noch und noch, sogar eine Reise durch Frankreich und nach Paris, begleitet von dem wetterwendischen Gegner, Franz I. Auf dessen elegante Begrüßungsansprache antwortete Karl ebenso artig, aber wahrer: Sehr hübsch habe der Herr Bruder ausgemalt, wie die Beziehungen zwischen ihnen beiden sein *sollten*... Während der Besichtigung der königlichen Schatzkammer: »Ich weiß einen Weber zu Augsburg, der kann all das bar zahlen.« – Er meinte die Fugger, die er, und er wußte wofür, zu Reichsgrafen erhoben hatte.

Welcher Nationalität war er denn? Kaum hätte er die Frage verstanden; wir Späteren stellen sie trotzdem, der Autor stellt sie. Er war Burgunder zuerst und seine erste Sprache das Französische; Niederländer zweitens und seine zweite Sprache das Flämische; Spanier drittens und seine dritte Sprache, rasch erlernt, als er schon erwachsen war, das Kastilische. Deutsch verstand er zur Not, aber sprach es nicht.

Also war der Kaiser der Deutschen kein Deutscher; nahm aber seine deutschen Pflichten so ernst, als ob er einer gewesen wäre. Und wirklich, waren die ungeheuren Verwirrungen, die der entlaufene mitteldeutsche Mönch verursacht hatte, nicht zugleich deutsche und solche der Christenheit überhaupt?... Luther und der kurz zuvor in Aachen gekrönte, der noch junge, aber unter dem Druck seiner Welt-Verantwortung schnell reifende Kaiser in Worms, diese Begegnung wird von Lahnstein so kurz wie meisterlich dargestellt.

Zum ersten Mal las ich hier die in einsamer Nacht auf französisch niedergeschriebenen Antithesen Karls. In der Nußschale enthalten sie alles, was gegen Luther zu sagen war, was ein der christlichen, und das konnte hier nur heißen, der katholischen Religion verschworener Herrscher gegen ihn einzuwenden hatte. »Car yl est certain, que ung seul frère erre en son opinion laquelle est contre toute la crestiennité tant du temps passé mille ans et plus que du présent; selon laquelle opinion toute ladite crestiennité seroit et auroit tousiours esté en erreur.«

»Denn es ist gewiß, daß ein einzelner (Ordens)bruder irrt mit seiner Meinung, die gegen die ganze Christenheit ist sowohl während der vergangenen tausend und mehr Jahre als auch in der Gegenwart; dieser Ansicht nach wäre die ganze genannte Christenheit immer im Irrtum gewesen und würde es (noch heute) sein.«

Daß der Monarch so glauben, denken, handeln *mußte*, widerlegt nicht die Position Luthers, es erhellt die Unvermeidlichkeit des Konfliktes, von dem Karl nun bis zuletzt nicht mehr loskam. 36 Jahre später zu seinen mönchischen Gesprächspartnern (nicht Mitmönchen, wie Platen in einem schönen und von der historischen Wahrheit weit entfernten Gedicht es haben wollte), zu seinen frommen Nachbarn in Yuste also: »Als ich diesen Luther in meiner Macht hatte, da hätte ich ihn töten sollen.« – So, kurz vor dem eigenen Tod. Im Leben, belastet mit der nun unmöglich gewordenen Aufgabe eines katholischen Kaisers der Deutschen, erwies Karl sich mehrfach als erstaunlich kompromißbereit; vergeblich, wie man weiß.

Machtpolitische und kriegerische wie religionsgeschichtliche Zusammenhänge kommen in dem Buch nicht zu kurz, nehmen aber vergleichsweise geringen Platz ein. Vor allem ist Lahnstein Kulturhistoriker, man möchte sagen: Volks- und Lebenshistoriker, in der Tradition etwa Ricarda Huchs, auch Gustav Freytags. Instinkt, Neugier, Vorstellungskraft gelten der Wirklichkeit des Lebens; den Häfen und Schiffen, dem Essen und Trinken und Wohnen – Wie wohnten denn alle die großen Herren in Worms? In ihrer Mehrzahl erbärmlich –, den Kriegszügen samt den Leiden, die sie mit sich brachten, den Volksaufständen und Volksfesten und Kirchenfesten und Königsfesten, welche zugleich Volksfeste waren. Der Musik, der Kunst, welche dem Gemüt Karls am nächsten lag, und der Malerei; sehr schön seine Beschreibungen der Tizian-Porträts und der Freundschaft zwischen Kaiser und Maler. Auch der Höchstgestellte wird wesentlich vom Volk oder von den Völkern her gesehen; zumal in vier über das Buch verstreuten Betrachtungen, Karl und die Spanier, die Niederländer, die Italiener, die Deutschen.

Den Deutschen blieb er fremd; die Gewissensnöte, echte oder weltlich-interessierte, der deutschen Stände konnte er nicht begreifen. Die Spanier glaubten in ihm die ihnen eigenen oder von ihnen am wärmsten bewunderten Tugenden zu erkennen: den christlichen Ritter, die »gravitas«, die Einsamkeit des Monarchen, der fast nie lachte. Umgekehrt lieben die Niederländer gerade das Volkstümliche, das ihm gleichwohl und auch eigen sein konnte, wie so manchem Habsburger nach ihm; zahlreiche Anekdoten, charakteristisch, auch wenn sie ausgeschmückt sein sollten, meist von »Verirrungen« des großen Jägers in großen Wäldern handelnd, zeugen davon. Viel hat der Autor, fleißiger und glücklicher Finder, aus Chroniken der Zeit genommen, auch aus ungedruckten Berichten, die in feudalen oder städtischen Archiven lagern. Er zitiert gern und gut.

Eine Kulturgeschichte der Zeit also, neben der politischen. Des weiteren – und diese Verbindung hätte ich kaum für möglich gehalten, ehe ich sie verwirklicht fand – ein Reiseführer. Für Spanien der beste, den ich mir überhaupt denken kann, freilich nur für Leute, die es ein wenig gründlicher nehmen. Über die Stadt Guadeloupe: »Niemand, der es eilig hat, sollte sie besuchen.« Wer aber Toledo, Avila, Salamanca im

Ernst besucht, sollte Lahnsteins Buch bei sich führen. Für die Niederlande, das heutige Belgien, gelang es ihm beinahe ebensogut. Für Deutschland nicht so sehr, unvermeidlicherweise; teils, weil der deutsche Leser eben dort zu Hause ist, teils, weil, Gott sei es geklagt, in Deutschland so unvergleichlich weniger intakt blieb, den Zeiten Karls ähnlich blieb, als in Spanien.

Was auffällt: Karl V. selber ist kein Erbauer gewesen. Er sah, was wir sahen oder nicht mehr sehen können; er fügte ihm fast nichts hinzu. Er bedurfte keiner steinernen Selbstglorifikation. Und welche seiner vielen Kapitalen hätte er denn erwählen sollen? So bleibt die Villa in Yuste, komfortabel-bescheidener Ruhesitz, das einzige Gebäude, in dem sein eigener Geist zu uns spricht.

Peter Lahnstein, ›Auf den Spuren von Karl V.‹. München 1979.
Erstdruck: *F.A.Z.* vom 26.5.1979.

[11]

Hugo von Hofmannsthal
Terzinen über Vergänglichkeit

Noch spür ich ihren Atem auf den Wangen:
Wie kann das sein, daß diese nahen Tage
Fort sind, für immer fort, und ganz vergangen?

Dies ist ein Ding, das keiner voll aussinnt,
Und viel zu grauenvoll, als daß man klage:
Daß alles gleitet und vorüberrinnt.

Und daß mein eignes Ich, durch nichts gehemmt,
Herüberglitt aus einem kleinen Kind
Mir wie ein Hund unheimlich stumm und fremd.

Dann: daß ich auch vor hundert Jahren war
Und meine Ahnen, die im Totenhemd,
Mit mir verwandt sind wie mein eignes Haar,

So eins mit mir als wie mein eignes Haar.

Hugo von Hofmannsthal, ›Sämtliche Werke. Kritische Ausgabe, Band I. Gedichte 1‹. Frankfurt am Main 1984.

Vom Gleiten der Zeit

Eines von Hofmannsthals vollkommenen, oder nahezu vollkommenen Gedichten, von Urerlebnissen handelnd. Das erste ist elementar, jeder auch nur etwas zum Staunen Geneigte kennt es. Das zweite ist neurotischer Natur, aber dem ersten verwandt und zur *condition humaine* gehörig. Das dritte ist kein echtes und dient nur der Abrundung.

»Wie kann das sein, daß diese nahen Tage...« Hier geht es nicht um jene Vergänglichkeit, von der, Urquell der Lyrik, so viele Dichter künden: das Altern, das Sterben, die welkende Liebe (»Leben und Liebe, wie flog es vorbei!« heißt es bei Storm): Um den Schock geht es, hervorgerufen durch das plötzliche Aufhören einer Situation, die eben noch war und nicht mehr ist und nie wieder sein wird.

Einige Tage müssen es gewesen sein, »diese nahen Tage«; bloße Stunden genügten nicht. Daß ein einziger Abend nicht dauert, das weiß man. Daß einige Tage enden werden, weiß man auch, aber will es nicht wissen, sie werden zur Gewohnheit, zur Dauer, wie das Leben selber; traurig ist erst der letzte Tag. Natürlich müssen es schöne Tage gewesen sein, im Sommer vermutlich (der Atem von Wind und Sonne »auf den Wangen«), die Gegenwart einer geliebten Person, ein freundlicher Kreis. Und nun ist's aus.

Hofmannsthal liebt das Verbum »gleiten«. In den ›Terzinen‹ erscheint es zweimal und führt neue Gedanken-Erlebnisse ein. Denn diese nahen Tage glitten ja gerade nicht, veränderten sich nicht, solange sie waren; eben darin liegt der Schrecken ihres Endes. Daß auch ihre Dauer Täuschung war, kommt dem Dichter erst in der zweiten Strophe in den Sinn. Ein Pedant mag einwenden, man könne sich das Gegenteil von »gleiten«, das Stehenbleiben der Zeit, das *nunc stans*, erst recht nicht ausdenken. Worauf zu antworten wäre: zutiefst staunenswert ist nur, was man sich anders, als es ist, nicht denken kann, und nur da taugt auch keine Klage.

Vom Gleiten der Zeit zum gleitenden Ich in der Zeit: ein Hofmannsthalsches Thema. Die Marschallin im ›Rosenkavalier‹ weiß schön davon zu singen. Sie war das Kind Resi am Anfang und folglich immer; der Teil von ihr, der es blieb, schaut dem andern zu, der sich wandeln muß und bald »die alte Fürstin Resi« sein wird, und fragt staunend, wie der Liebe Gott denn das macht, und fragt nicht weiter, denn Resi ist eine gesunde Untertanin der Maria Theresia, keine Neurotikerin.

In des Dichters direkter Rede spaltet das Ich sich im Herübergleiten, so, daß der Herangewachsene sich selber fremd wird, wenn er, absehend von den Dingen, sich auf sein Selbstbewußtsein zentriert. Über diesen psychischen Vorgang gibt es eine Fußnote in Schopenhauers ›Hauptwerk‹: das Ich bedürfe allezeit der »Percipierung« von Gegenständen und finde, wenn es sich selber sucht, ohne Objekt, nichts als ein bestandloses Gespenst. In den ›Terzinen‹ wird das Gespenst zu etwas, was wohl ist, aber sich – ihm – unheimlich stumm und fremd ist wie ein Hund – das der Tiernatur entfremdete Tier, welches doch kein Mensch sein kann.

»Dann: daß ich auch ...« Es stimmt nicht. Wir waren keineswegs schon vor hundert Jahren und sind nichts weniger als eins mit unseren Ahnen, die durch ihre gleitende Zeit bestimmt waren, wie wir von der unseren, und wenn wir ihre blassen Photographien, dunklen Portraits, verwitterten Grabsteine sehen, so mit einem Gefühl recht matten Interesses: Der Konvention nach waren das meine Vorfahren, und glauben muß ich es wohl, und ein bißchen kurios ist es auch. Gott sei Dank braucht es zwei, nicht einen, um das Leben fortzusetzen, dann vier, dann acht und so weiter; Gott sei Dank ist jede Individualität für sich, von unerschöpflich vielen möglichen Variationen diese eine einzigartige Mischung verwirklichend. Einheit mit allen den Erzeugten und Erzeugern vor hundert Jahren findet nicht statt.

Die letzte Zeile, die vorletzte wiederholend und steigernd, könnte formal nicht wirksamer sein. Aber auf Kosten der Aussagekraft. Für diese wären, bei einem Gedicht von nur dreizehn Zeilen, zwei, sieht man genauer hin: drei Denk-Anstöße auch reichlich genug gewesen.

Erstdruck: *F.A.Z.* vom 30.6.1979.

[12]

Heinrich Heine
[Nicht gedacht soll seiner werden!]

»Nicht gedacht soll seiner werden!«
Aus dem Mund der armen alten
Esther Wolf hört' ich die Worte,
Die ich treu im Sinn behalten.

Ausgelöscht sein aus der Menschen
Angedenken hier auf Erden,
Ist die Blume der Verwünschung –
Nicht gedacht soll seiner werden!

Herz, mein Herz, ström aus die Fluten
Deiner Klagen und Beschwerden,
Doch von ihm sei nie die Rede –
Nicht gedacht soll seiner werden!

Nicht gedacht soll seiner werden,
Nicht im Liede, nicht im Buche –
Dunkler Hund, im dunklen Grabe,
Du verfaulst mit meinem Fluche!

Selbst am Auferstehungstage,
Wenn, geweckt von den Fanfaren
Der Posaunen, schlotternd wallen
Zum Gericht die Totenscharen.

Und alldort der Engel abliest
Vor den göttlichen Behörden
Alle Namen der Geladnen –
Nicht gedacht soll seiner werden!

Heinrich Heine, ›Gedichte‹. Ausgewählt, eingeleitet und kommentiert von Ludwig Marcuse. Zürich 1977.

In zwei ›Diesseits und jenseits des Rheins‹ überschriebenen Strophen vergleicht Heine die heitere Kunst der Franzosen, die Liebe, mit der ganz anderen Kunst der Germanen. »Aber wir verstehen uns baß, Wir Germanen auf den Haß. Aus Gemütes Tiefen quillt er, Deutscher Haß! Doch riesig schwillt er Und mit seinem Gifte füllt er Schier das Heidelberger Faß.« Wenn oder insoweit dieser Vergleich zutrifft, gehörte der Dichter so gut zu den Germanen wie zu den Franzosen. Er konnte grimmig hassen.

Damit ist nicht der Spott gemeint, witzig oder bitter, für den er berühmt wurde und blieb, als ob er nicht auch andere, ernste, schöne, traurige Musik gemacht hätte. Haß ist gemeint. Er richtete sich gegen »Feinde« im allgemeinen: so in dem Gedicht ›Vermächtnis‹, in dem er sie christlich mit »schönen Gottesgaben« bedenkt, nämlich allen seinen Leiden: »Meine Krämpfe sollt ihr haben, Speichelfluß und Gliederzucken...« Heines Haß richtete sich auch gegen Einzelne und da, zu Zeiten, am wütendsten gegen seine Hamburger Verwandten.

Die Sache war, daß sein Oheim, der steinreiche Salomon, ihm die Weiterzahlung einer Pension auch über seinen, Salomons, Tod hinaus versprochen hatte, in seinem Testament dem berühmten Neffen aber ganze 8000 Franken bestimmte, woran der Sohn Karl, nun Besitzer von dreißig Millionen Talern, sich schärfstens hielt. Kein anderes Erlebnis, persönliches oder öffentlich historisches, hat den Dichter in so wilden Haß und ohnmächtigen Zorn gejagt wie dieses. Unglücklich traf es mit dem Ausbruch seiner Krankheit, der letzten, zwölf Jahre währenden, zusammen; die Botschaft aus Hamburg wirkte auf den Zustand des Körpers, so wie dieser die banal-geizige Haltung des Vetters zum Satanischen verzerrte.

Aus solcher Stimmung entstanden nicht weniger als sechs Gedichte des im Bett sich Wälzenden. Man findet sie eines nach dem anderen, aber nicht in der letzten von Heine selber veranstalteten Sammlung, dem ›Romanzero‹, sondern in der ›Nachlese‹; was sich daraus erklärt, daß eine drei Jahre später, 1847, dennoch wieder aufgenommene regelmäßige Pensionszahlung mit der Bedingung verbunden war, Heine dürfe kein Wort über seine Verwandten veröffentlichen, ohne es vorher der Zensur des Vetters unterbreitet zu haben. Nun lassen fünf von den sechs Gedichten an Deutlichkeit nichts zu wünschen übrig. Der Kranke spricht in der ersten Person; Blutsfreunde, »Magen und Sippen« sind es, die ihm den Tod geben, »Affrontenburg« ist Salomons Landhaus bei Hamburg, der Dichter dringt in die Hölle, um den treulosen Oheim zur Rede zu stellen ... Als viertes in der Reihe steht ›Nicht gedacht soll seiner werden!‹

Das ist ganz anders. Es steht höher. Hier verwandelt Heine den eigenen Haß in Mitleid für die arme alte Jüdin, die er ehedem kannte. Vermutlich war es der eine, einzige Liebhaber, von dem sie ihm sprach – von dem sie *nicht* sprach –, der sie betrogen hatte, so daß der lange Rest ihres Lebens gar kümmerlich verlief. Daß sie, indem sie den Schurken ewiger Vergessenheit weiht, dennoch an ihn denken muß, wollen wir übersehen, zumal sie selber den Widerspruch nicht bemerkt. Sie ist schlichten, frommen Geistes. Sie glaubt an das Antreten zum Jüngsten Gericht, die Posaunen, an den Engel, alle Namen verlesend, die es je auf Erden gab, aber diesen nicht, diesen nicht! Hier wird eine Steigerung erreicht, die nach den ersten vier Strophen kaum noch möglich scheint: sind solche gewaltigen, armen Klänge von Haß und Verwünschung noch zu überbieten? Die fünfte bringt ein Ritardando; es ist die einzige, in der das ›Nicht gedacht soll seiner werden‹ fehlt. Genau damit erhebt sich der Fluch, wo er zum fünften und letzten Mal erklingt, noch über alles Vorhergegangene. Ein zu höchster Kunst sublimierter, durch Mitgefühl veredelter Ausbruch von Düsternis und Verzweiflung, von Lebens-Niederlage und von bitterem Triumph auch. Kaum je hat Heine etwas Stärkeres gemacht.

Erstdruck: *F.A.Z.* vom 27.10.1979.

[13]

Der schönste Krimi aller Zeiten
Zu Jakob Wassermann, ›Caspar Hauser‹

Zweimal, in früher Jugend, kamen mir bei der Lektüre eines Romans die Tränen. Zufällig nicht bei ›Buddenbrooks‹, meinem ersten Erwachsenen-Roman, welcher Anlaß dazu wohl auch gegeben hätte. Wohl aber beim Sterben Joachim Ziemssens im ›Zauberberg‹, da war ich siebzehn Jahre alt, und beim letzten Kapitel von Wassermanns ›Caspar Hauser‹, da war ich sechzehn. Ich las das Buch zweimal hintereinander, las es meinen Mitschülern im Dormitorium des Internats abends vor.

Ein paar Jahre später, nun Student in Berlin, lieh ich es einem neuen Freund, Pierre Bertaux, der nach der Lektüre sich eher zurückhaltend äußerte. »Aber ist es denn nicht sehr spannend?« »Zu spannend«, antwortete er. Gab es hier ein zu sehr? Es ist ja der Roman eines Staatsverbrechens; enorm umsichtig aufgebaut, so daß die Spannung immer anhält, obgleich ja der Leser das Ende voraus weiß.

Der Autor selber weiß alles. Er ist, wie in alten Romanzeiten üblich, überall dabei, verrät uns, was im Innersten eines jeden sich stumm vollzieht, beobachtet noch den Einsamsten in seiner Einsamkeit, wagt sogar, ihn anzureden, der Erzähler seine Helden oder Schurken, Halbhelden oder Halbschurken. Was er weiß, läßt er nur Stück für Stück, ganz allmählich aus dem Sack. Also wirklich ein »Krimi«, neben ganz anderem, und der schönste, der je geschrieben wurde. Als ich ihn jetzt wieder las, fühlte ich mich beinahe so stark angerührt wie vor vierundfünfzig Jahren. Wenn das kein Beweis für die Lebenskraft eines Buches ist…

Es erschien zuerst 1908. S. Fischer, wenn ich recht verstehe, übernahm es 1924 und machte einen eleganten Band in

Halbleder oder gelbem Leinen daraus. Also noch eine der fränkischen Erzählungen Wassermanns wie die ›Juden von Zirndorf‹, die ihr vorhergingen, noch heimatlich provinziell. Wie hoch war die Auflage? Etwa 30000, aufs Geratewohl geschätzt, wozu noch eine Buchgemeinschaftsausgabe kam. Kein Bestseller. Der Künstler gab sein Schönstes, gab es jedenfalls dem Schreiber dieser Zeilen, als er noch nicht, auf großem Fuße in Alt-Aussee residierend und unter der Last zweier Frauen stöhnend, das große Geld machen wollte und mußte.

Sein schönstes Werk; voller Gefühle, die sich ihrer nicht schämen, Liebe, Trauer, Zorn, Menschenkenntnis und Menschenbitternis. Der Untertitel sagt es: ›Die Trägheit des Herzens.‹ Ein Satz ganz gegen Ende sagt es: »... denn die öffentliche Meinung, ein Ding, ebenso feig wie ungreifbar, orakelt nur aus sicheren Hinterhalten. Und sie schwieg gar bald stille hier, wo Verleumdung, Bosheit, Lüge, Dummheit und Heuchelei ein schönes Menschenbild wie zwischen Mühlrädern zermalmten, bis daß nichts übrigblieb als ein ärmliches Märchen, wovon sich das Volk dieser Gegenden an rauhen Winterabenden vor dem Ofen unterhält.«

Wassermann war von seines Helden verheimlichtem Prinzentum überzeugt. Natürlich war er es, *optima fide,* wie sonst hätte er sein Buch schreiben und so schreiben können. Die Frage, wie es mit dem historischen Caspar denn stand, ist künstlerisch gleichgültig, zumal sie, obendrein, ja doch nie wird gelöst werden können.

Anzumerken bleibt, daß jene, die des Prinzen Mutter hätte sein sollen, die in Mannheim residierende Großherzogin Stefanie (Beauharnais), das Spektakel noch erlebte, aber keinen Augenblick glaubte, es sei ihr Sohn, der da in Nürnberg und Ansbach ein erst stattliches, dann kümmerliches Leben fristete. Beweisen kann auch das nichts; der feinen und klugen Dame mag es an Mutterinstinkt dennoch gefehlt haben, oder sie wollte als Napoleonidin, deren Stellung in Baden eine heikle blieb, etwas vermeiden, was der furchtbarste politische Skandal hätte werden müssen. Andererseits hat niemand die reichen Erfahrungen und Talente des Hauptverfechters der Prinzenthese, des Staatsrates von Feuerbach, bestritten. (Ein großer Schriftsteller war er auch.)

Nur: Während alle Figuren des Romans, die an dem Komplott nicht beteiligt sind, von Professor Daumer über Bürgermeister Binder, Baron Tucher, Rätin Behold, bis zu den Ansbachern, Lehrer Quand, Hofrat Hofmann, Frau von Imhoff, völlig überzeugend sind von Anfang bis Ende, wird es etwas balzacisch-großartig und steil, dort, wo die Personen der Intrige ins Spiel kommen. Es ist wie in Schillers ›Geisterseher‹, der immerhin im Venedig des achtzehnten Jahrhunderts spielt, nicht im Karlsruhe des neunzehnten. Ging es damals an süddeutschen Höfen wirklich so diabolisch zu? Wurden wirklich solche versiegelten Uriasbriefe hin und her getragen? Gab es da Schurken, die, unvermeidlich in allerhöchstem Auftrag, zugleich so mörderisch, so gewagt, wie nur bei gänzlicher Blindheit, oder wieder bei bezahlter Verblendung der bayerischen Justiz möglich war, und dann auch wieder so inkonsequent handelten? Wenn sie Caspar beseitigen wollten, warum dann nicht gleich, anstatt so bedenklicher Aufschiebungen und Viertelslösungen?

Was macht es aus. Wir dürfen nicht zweifeln und zweifeln nicht, solange wir im Banne der Erzählung gehalten werden. Wie könnte der Tod Caspars uns zu Tränen rühren, wären wir nicht eben noch Zeuge seines benommenen Jubels gewesen, als er dem Hofgarten zuschritt, unterwegs zur fürstlichen Mutter, und dann Zeuge des Mordes?

Wassermann hat die gründlichsten Studien gemacht. Er hat alle Quellen benutzt, die ihm nur irgend zur Verfügung standen; die amtlichen Protokolle – und wie wacker wurde im neuen Königreich Bayern protokolliert! –, die Erinnerungen des Professors Daumer und des Pfarrers Fuhrmann, die Notizen und Briefe des Ansbacher Lehrers Mayer – er macht Lehrer Quand daraus –, die Briefe des Freiherrn von Tucher, der Rätin Behold, die in Wirklichkeit Frau Biberbach hieß, des Polizeileutnants Hickel und so weiter und so weiter.

Von den Quellen machte er den allererstaunlichsten Gebrauch. Ganze Dialoge wurden glatt übernommen. Was ich, als ich zuerst las, für Erfindungen hielt, Caspars frühen Schloßtraum zum Beispiel, oder seine kläglichen Streitereien mit Lehrer Quand, der ihm seine Lüglein vorhielt, und um welchen Kleinkram es da gegangen war – »An der Sache selbst ist ja wenig gelegen, aber Ihre fortgesetzte dreiste Behauptung läßt tief blicken ...« –, nicht einmal, sondern oft: kein Wort erfunden. Nicht erfunden die Worte des sterbenden Caspar: »Gott wissen« – »Das ermüdete Haupt bittet um Ruhe« – »Geh jetzt bald fort von dieser Lasterwelt« – »Ach, so abkratzen müssen in Schimpf und Schande« – und noch mehr von solchen.

Anderes wurde gebraucht, jedoch abgewandelt oder mit Zusätzen versehen. Zum Beispiel gibt es wirklich den widerlichen Brief der Rätin Behold (Klara Biberbach) an die Lehrerin Jette Quand (Mayer), voller Gift und Galle gegen den Jüngling seitenlang, zuletzt aber versichernd, ein »Plätzchen im Herzen« der Schreibenden behalte er dennoch. Eingefügt hat Wassermann die Hauptbosheit und Lüge: Es sei viel von Caspars »innocence« die Rede gewesen, sie könne aber versichern, daß er sich ihrer Tochter auf das Unmißverständlichste zu nähern versucht habe. Es sind diese Sätze, die, als Quand sie seinem Zögling höhnisch zeigt, den Caspar, anfangs so sehr menschengläubig, mit dem Aufschrei: »Ach diese Menschen, diese Menschen« enteilen läßt ... Dagegen trifft es zu, daß die Rätin später durch einen Sprung aus dem Fenster endete.

So daß man, insgesamt, meinen könnte, hier habe wieder einmal eine nur zu wahre Geschichte sich selber erzählt, und der Historiker-Romancier habe nichts zu tun brauchen, als das Gefundene anzuordnen. O nein, so nicht. Die Quellen mußten ihm *dienen;* er verwarf sie, wo sie das nicht konnten, auch da, wo sie ihm ganz einfach zuviel wurden, und erfand den Rest, ohne den das Ganze nicht wäre. Was er alles verändert oder imaginiert hat, ergäbe einen Katalog, so lang wie jener seiner buchstäblich übernommenen Findungen. Er tat, was Schiller das »Idealisieren« eines historischen Stoffes nannte. Und wie Schiller war es ihm nicht um den Stoff zu tun, sondern um das aus ihm zu Gewinnende, um Gleichnis und Idee.

Es ist die Geschichte von dem schönen Menschenbild, dem reinen Jüngling, noch begabt mit Sinnen und Kräften, die unterdes verlorengingen, der sich in der Welt der Menschen verirrt, böser Menschen auch, aber das ist nicht einmal das ärgste, meist gewöhnlicher, in ihren Grenzen sogar wohlmeinender, jedoch egoistischer, feiger, herzensträger Menschen, um nun von ihnen von Stufe zu Stufe herabgeschleppt zu werden, ob sie es bös damit meinen oder gut, von ihnen betrübt, betrogen und wie erstickt zu werden, so daß der Mord nur noch ein Schlußpunkt ist nach langem, traurigem Satz.

Der Personenkreis um Caspar hat es dem Autor leichtgemacht, den Stoff zu »idealisieren«. Sie waren beinahe alle so, wie er sie macht: der romantische, experimentierfreudige Gymnasialprofessor Daumer – es ist der Daumer, dessen gereimte Klage ›Nicht mehr zu dir zu gehen …‹ Rudolf Borchardt in seinem ›Ewigen Vorrat Deutscher Poesie‹ einzulassen geruhte –, der hoch integre, seine so strengen wie praktischen Lebensregeln auch dem Schützling aufnötigende Freiherr von Tucher, der gottesfürchtig selbstgerechte, salbungsvoll schmunzelnde Quäler und Provinznest-Skeptiker,

Lehrer Quand, die vielen Bürokraten, die neuigkeitsbegierigen Journalisten, und ihnen allen gegenüber der grimmige Staatsrat Feuerbach, die einzige gute, edle Macht in der Erzählung, eine Friedrich-Schiller-Figur; eben darum muß er sterben, und auf dem Gesicht das Toten liest sich nichts mehr als eisige Angst.

Ganz für sich steht Lord Stanhope. Er gehört zu den Bösen, seinem Auftrag nach, den sein selbstverschuldetes Elend ihn zu übernehmen zwang, er gehört nicht zu ihnen seinem Charakter nach, der ungleich feiner ist als der des Polizeileutnants; derart, daß er das Unglück hat, sich in den Jüngling zu verlieben, für dessen Verderben man ihn bezahlt. Er erfreut ihn nicht nur, und sich selbst, mit goldenen Geschenken, er versucht, ihn zu retten, zu warnen, während er zugleich seine bösen Pflichten erfüllt.

Die zwei Seelen in der Brust des heruntergekommenen Granden tun, was sie sollen, sie erregen Furcht und Mitleid, zumal das Ende. In seinem entfernten Sterben, im Selbstmord, erscheint er gräßlich dem Caspar im dunklen Lehrerhaus und ruft ihn an mit seinem wahren Namen, Stefan – eine der kühnsten Erfindungen, stärksten Szenen des Buches. (Wieder war der »historische« Stanhope ein wenig so und auch recht anders. Sicher war er verliebt in seinen »Pflegesohn«, tat ihm Gutes, bis die Liebe verwelkte; sogar schrieb er, selbst noch quicklebendig, nach Caspars Tod ein eigentliches Pamphlet gegen ihn.)

Ein Stoff, der »idealisiert« werden soll, muß es in sich haben, und von diesem kann man wohl sagen, daß er es hatte. In der Idealisierung darf das Reale nicht verschwimmen, im Gegenteil; so stark, lebenstreu und genau muß es erscheinen, daß der Leser darüber vergißt, worum es denn eigentlich geht. Solche Verschmelzung ist kein leichtes Stück Arbeit; hier gelang sie. Die *Dramatis Personae* reden so, wie sie um 1830 wirklich redeten, was der Erzählung etwas Altväterliches schon im Jahre 1908 verlieh; es steht dies Jahr zwischen unseren und den Jahren Caspars in der Mitte. Aber wie lebendiger das Altväterliche sein kann als das Neueste. Die bayerischen Ämter-Hierarchien, Königreich und Kreis, Bürgermeistereien und Gendarmeriestationen, Gerichte und Untergerichte, die Straßen und Gassen, Häuser, Höfe, Türme, Mauern, Tore sind alle da mit ihren Namen; das wechselnde Licht der Jahreszeiten, Sonne und Unwetter, der Geruch von Nebel und Regen, von Erde, Essen und Menschen. Und alles idealisiert, trotzdem. Die schöne, dem Roman vorgesetzte Strophe sagt es dem, der es hören will, in ihren letzten Zeilen:

Nichts geblieben, nichts verschwunden,
alles jung und alles alt,
Tod und Leben sind verbunden,
zum Symbol wird die Gestalt.

Erstdruck: *F.A.Z.* vom 9.1.1980.

[14]

August von Platen
Lebensstimmung

– – – ∪ ∪ –, – ∪ ∪ – ∪ –
– – – ∪ ∪ –, – ∪ ∪ – ∪ –
– – ∪ ∪ – ∪ – ∪
∪ ∪ – ∪ ∪ – ∪ –

»Wem dein wachsender Schmerz Busen und Geist beklemmt
Als Vorbote des Tods, bitterer Menschenhaß,
Dem blühn der Gesang, die Tänze,
Die Gelage der Jugend nicht!

Sein Zeitalter und er scheiden sich feindlich ab,
Ihm mißfällt, was erfreut Tausende, während er
Scharfsichtige, finstre Blicke
In die Seele der Toren wirft.

Weh ihm, wenn die Natur zarteren Bau vielleicht,
Bildungsreicheren lieh seinem Gehör, um durch
Kunstvolle Musik der Worte
Zu verewigen jede Pein!

Wenn unreifes Geschwätz oder Verleumdung ihn
Kleinlichst foltert, und er, welchen der Pöbel höhnt,
Nicht ohne geheimes Knirschen
Unerträgliche Qual erträgt:

Wenn Wahrheiten er denkt, die er verschweigen muß,
Wenn Wahnsinn dem Verstand schmiedet ein ehrnes Joch,
Wenn Schwäche des Starken Geißel
Wie ein heiliges Zepter küßt:

Ja, dann wird er gemach müde des bunten Spiels,
Freiheitatmender wehn Lüfte des Heils um ihn,
Weg legt er der Täuschung Mantel,
Und der Sinne gesticktes Kleid.«

Ob zwei Seelen es gibt, welche sich ganz verstehn?
Wer antwortet? Der Mensch forsche dem Rätsel nach,
Gleichstimmige Menschen suchend,
Bis er stirbt, bis er sucht und stirbt.

August von Platen, ›Gedichte‹. Auswahl und Nachwort von Heinrich Henel. Stuttgart 1968.

Erlösung in Weltentsagung

Das Gedicht gehört zu den ›Oden‹, die Platen in einem Buch sammelte. Die ersten drei entstanden noch in der deutschen Leutnantzeit, die folgenden sieben, darunter diese, während des ersten römischen Winters, 1826/27. Insgesamt gehören sie nicht zum Besten, was er geschrieben hat. Zahlreiche sind an Personen gerichtet, die erste, im Stile des Horaz, an seinen Mäzen, König Ludwig von Bayern.

Von Horaz stammen auch die in Strophen angeordneten Rhythmen. Regelmäßig zeichnet Platen die Versfüße, lange, kurze, oberhalb der Ode, damit der Leser um so besser wüßte, wie er zu skandieren hatte; worüber Heine sich lustig machte. (Heine hat später seine grausame Verspottung Platens bereut und eingestanden, er habe sie unternommen, um »in die Gazetten zu kommen«, wie Friedrich der Große mit seinem ersten Krieg.)

Die Versmaße von Ode VIII in ihrer Komposition hat Horaz oft gebraucht. Er nahm sie wie alle seine Rhythmen von den Griechen. Erinnere ich mich korrekt an meine fünfzig Jahre zurückliegenden Philologie-Studien, so haben wir von diesem nur ein einziges griechisches Fragment als Beispiel. Vor Platen handhabte sie Hölderlin mit Meisterschaft (›Heidelberg‹, ›Sokrates und Alkibiades‹).

›Lebensstimmung‹ ist ein schönes und trauriges Gedicht; der Monolog eines Alternden, Abgetrennten. Sechs der sieben Strophen stehen zwischen Anführungszeichen. Die letzte ist jedoch wesentlich vom gleichen Ton. Wollte Platen sich in einen Anderen, Fremden versetzen, so gelang es ihm schlecht. Der Sänger, dessen Gehör die Natur feineren Bau verlieh, der Worte zu kunstvoller Musik gestaltet, um jede Pein zu verewigen, der mißverstandene, verleumdete, verspottete Hohe Priester – wer ist es anderes als er selbst?

Er zählte dreißig Jahre damals. Manchmal fühlte er sich schon alt. Von Deutschland hatte er sich kurz vorher für immer getrennt mit dem Sonett, welches endet mit der Zeile: »Wie bin ich satt von meinem Vaterlande!« Den Gipfel seines Könnens erreichte er früh: die ›Ghaselen‹ mit fünfundzwanzig, die ›Venezianischen Sonette‹ mit neunundzwanzig.

Auf seine Jugend als eine verlorene, vertane blickte der Vierundzwanzigjährige zurück, Verlaine antizipierend: »Dis, qu'as-tu fait, toi que voilà, De ta jeunesse?« Platen, der Jüngling:

O wehe, wie hast du die Tage verbracht!
Nun stille du sacht
In der Nacht, in der Nacht!
Im pochenden Herzen die Reue!

Er hatte seine Tage dichtend verbracht. – Wem es bestimmt ist, mit neununddreißig Jahren zu sterben, mit einem Werk, dessen weiteres Wachstum man sich nicht vorstellen kann, der mochte mit vierundzwanzig sich schon nicht mehr jung, mit dreißig sich alt fühlen.

Nicht immer. Schon in der folgenden Ode gibt Platen sich jung und glücklich, wäre er allein mit seinem Römerfreund, teilte nicht ihre Genossenschaft »Wein und Jugend, ein feurig' Paar«. Auch das Sich-nicht-Kümmern um das in einer Ode Gesagte ist horazisch; wobei es Horaz gar nichts ausmacht, sogar innerhalb des gleichen Gedichtes von einer Winterabend-Stimmung in die einer Sommernacht hinüberzuwechseln. Er nahm sich weniger ernst als Platen, der sich allzu ernst nahm und damit es sich allzu schwer machte.

Sein Zeitalter und er scheiden sich feindlich ab,
Ihm mißfällt, was erfreut Tausende …

Steppenwolf-Mentalität würde man heute sagen, zumal in Amerika. »Drogen« gab es damals noch keine – in England fing man eben an, mit Opium zu spielen –, und Platen, streng mit sich selber, unermüdlich arbeitend und lernend, höchst ehrgeizig auch, wäre der letzte gewesen, sich ihnen zuzuwenden. Statt ihrer findet der Menschenfeind Erlösung in Weltentsagung: »Freiheitatmender wehn Lüfte des Heils um ihn …« Die letzte Strophe, vom Dichter direkt geredet, verneint den rettenden Weg. Er muß weiter suchen, hoffnungslos, nach der Seele, die ihn ganz versteht und er sie, bis er stirbt.

Erstdruck: *F.A.Z.* vom 22.11.1980.

[15]

Ein gewaltiger Steinbruch
Zu Robert Musil, ›Der Mann ohne Eigenschaften‹

Wenn strenge Kritiker fragten, warum er sich denn so tief erniedrigen könne, die Verfilmung eines seiner Romane zu erlauben, so pflegte Thomas Mann zu antworten: »Das Buch bleibt ja. Wegen des Filmes wird es nicht weniger gelesen werden, vielleicht sogar mehr.« ... Dasselbe scheint mir für die gekürzte Ausgabe eines großen, reichen, aber schwer zugänglichen Werkes zu gelten, für die Präsentation einzelner Stücke daraus in einem schmalen, zur Lektüre einladenden Band.

In meiner Kindheit waren nicht alle Bücher »für die Jugend« so schlecht, wie man heute wohl glaubt. Zum Beispiel erinnere ich mich an eine Serie von »Heftchen«, die Auszüge aus Meisterwerken boten. Eines hieß ›Die Tage von Borodino‹ und bot, in sich ungekürzt und mit erklärenden Fußnoten, Tolstois unvergleichliche Beschreibung der Schlacht. Etwa zehnjährig las ich das mit Begeisterung und erinnerte mich, als ich mich später an ›Krieg und Frieden‹ wagte, noch an jedes Detail.

So kann ich die Idee Reich-Ranickis, eine Selektion aus dem ›Mann ohne Eigenschaften‹ nicht anders als gut finden. Ein solcher Band könnte einer Art von Lesern genügen, eine andere zur Lektüre des Ganzen verlocken, auf beide in höchstem Grad anregend wirken. Einstweilen bleibt Musil für sie ein großer Name, ein Mythos, an den man glaubt, ohne Genaueres zu wissen.

Sein Hauptwerk trug keinen Publikumserfolg in sich, vermutlich wollte der Autor es im Grunde auch nicht, konnte es nicht wollen. Auch mußte es Torso bleiben, ein Ende war ihm nicht bestimmt. Als einen gewaltigen Steinbruch habe ich es in ferner Erinnerung, voller Beschreibungen, Porträts, Szenen auch, Gedanken und wieder Gedanken. Hergang, »Plot« – nahezu gar nicht. Gerade ein solches Werk eignet sich für Auszüge, wie etwa auch Proust es täte. Also warum denn eigentlich *nicht*?

F.A.Z. vom 13.12.1980.
Zu Robert Musil, ›Der Mann ohne Eigenschaften‹.

[16]

Ein Prinz vom Lande Nirgendwo
Zu Thomas Mann, ›Königliche Hoheit‹

Der Redaktion gefiel es, über ›Königliche Hoheit‹ jemanden schreiben zu lassen, der, ganz ohne Verdienst, mehr über den Roman weiß als andere Leser und bei abermaliger Lektüre solches Wissen vergebens zu verdrängen suchte. Auch abgesehen vom Grundbezug, jenem zum Ich des Autors, wimmelt es in dem Buch von Bezügen persönlichster Art, die gleichzeitig Verwandtschaften zu Figuren in anderen Werken desselben Erzählers überreichlich herstellen. Und schier unglaublich, wie verschieden die Verkleidungen, Verwandlungen dieser Leitmotiv-Figuren sein können, so tiefgreifend, daß von der Identität der »per-sona« auf den ersten Blick nichts zu bleiben scheint oder beinahe nichts.

So ist die Prinzessin Ditlinde die Schwester jener Ines Institoris, geborenen Rodde, im ›Doktor Faustus‹; aber Letztere kennen wir als eine leidende, arg heruntergekommene Frau, die am Ende ihren Geliebten in der Trambahn erschießt, während die Prinzessin immer ein gutes, harmloses Persönchen bleibt. Schwestern trotzdem; schon daraus ersichtlich, daß auch die Gatten der beiden, der Fürst zu Ried-Hohenried und der Kunstprofessor Institoris, offenbar Brüder sind. Und wenn nicht ein Bruder, so ist der Prinz Klaus Heinrich, der ja nun nicht rein zufällig Klaus und Heinrich heißt, doch ein Verwandter Tonio Krögers wie auch Felix Krulls ...

Sein Roman, dessen Manuskript in der Novelle ›Das Eisenbahn-Unglück‹ beinahe vernichtet worden wäre, ist für den Autor »ein Bienenstock, mein Kunstgespinst, mein kluger Fuchsbau, mein Stolz und Mühsal ...«. Was für das ganze Œuvre gelten mag.

Wie gewöhnlich hatte der Autor gründliche Vorstudien

gemacht, wenn auch keine so umfassenden wie für seine Hauptwerke; sich ein paar Jahre lang die Tageszeitung einer kleinen deutschen Residenz gehalten; zu unterscheiden gelernt zwischen ordentlichen und außerordentlichen Haushalten, zwischen Staatsschulden, die redlich getilgt, und solchen, die durch die Aufnahme neuer, höher verzinslicher Schulden kümmerlich bedient werden; zwischen soliden und unguten Forstverwaltungen; zwischen gesunder und kranker Milchwirtschaft und dergleichen mehr. Auch kommen schon gelehrte medizinische Explikationen vor, hier über pränatale Einflüsse, welche die »Hemmung« des Prinzen, seine verkrüppelte Hand, zu erklären haben.

Was über Klaus Heinrich gesagt wird, gilt, wieder einmal, auch für den Erzähler selber: »Überhaupt bedurfte er zu seiner Berufsausübung gewisser sachlicher Kenntnisse, die er sich von Fall zu Fall verschaffte, um sie im rechten Augenblick und in ansprechender Form zu verwenden.« Wirklich, die Form ist ansprechend; und daß sich hinter aller Akribie, allem Naturalismus sogar, Schein, Spiel und Spaß verbergen, macht die Lektüre des Märchens so angenehm.

Das Land, das Großherzogtum, liegt in Deutschland irgendwo und nirgendwo. Es hat eine Million Einwohner – das war in der Frühe unseres Jahrhunderts ziemlich genau die Einwohnerzahl von Mecklenburg-Schwerin; auf Mecklenburg könnte auch das leicht Slawische im Typus der Untertanen wie der Dynastie, die breiten und erhöhten Backenknochen schließen lassen. Dagegen mutet die Landschaft mehr thüringisch als mecklenburgisch an. Die Hauptstadt ist namenlos; es kommt kein einziger Name einer deutschen oder nicht-deutschen Stadt, eines deutschen oder nicht-deutschen Landes vor; was an Ortsnamen fällt, wird hübsch erfunden, ein Name wie »Berlin« würde die zarten Fäden des Märchens erbärmlich zerreißen.

Überhaupt die Namen. Ein paar Minister werden realistisch genug benannt, von Schröder und von Knobelsdorf, »Minister des Äußeren, des Inneren und des Großherzoglichen Hauses«, hinter dessen Portrait wir wenigen übriggebliebenen Wissenden den Reichskanzler Bernhard von Bülow erkennen; die geschickten Hände, die kühle, ironische Weltläufigkeit, das »in der Mitte gescheitelte Haupthaar... von reinem Weiß wie der gestutzte Schnurrbart, sein Kinn durch einen Einschnitt, der als Grübchen gelten konnte, sympathisch gespalten...«. Dagegen sind Namen wie Graf Trümmerhauf oder Finanzminister Dr. Krippenreuther, wie Dr. Watercloose, Leibarzt des amerikanischen Milliardärs, durchaus humoristisch, da läßt der Märchenerzähler für einen Moment die Maske fallen.

Die Schlösser, die er ernsthaft beschreibt, Burg Grimmburg, das »Alte Schloß«, muß er gesehen oder aus mehreren kombiniert haben, dergleichen erfindet man nicht; in der »Eremitage«, des Prinzen kargem Wohnsitz, dessen Park in den Stadtgarten übergeht, mögen alte Münchner das mittlerweile verschwundene Schlößchen Biederstein am Nordrand des Englischen Gartens erkennen.

Zum Märchen gehört das Didaktische. Alle irgendwie wesentlichen Figuren stellen Typen dar und erfüllen eine im Zusammenhang notwendige Funktion, bis zu dem Moment, in dem die beiden total Fremden, die Milliardärstochter und ihr Vater, in den geschlossenen Märchenraum einbrechen.

Der alte Großherzog: ganz identisch mit seiner Repräsentanten-Rolle, abgeschirmt und sich selber abschirmend, hochmütig und milde, fremd gegenüber aller Realität, zumal dem Geld, welches trotzdem oder eben deswegen in der Erzählung eine so große Rolle spielt. Die alte Großherzogin: die böse Stiefmutter nicht gerade, aber nur schön und kühl, ihre Kinder nur dann liebend, wenn Zuschauer dabei sind. Der junge Großherzog, Albrecht II.: kränkelnd, gescheit und skeptisch; er verspottet, ja verachtet die Rolle, die er zu spielen hat, er leidet unter ihr. Das muß wohl so sein, damit der jüngere Bruder die seine um so besser spielen kann.

Übrigens ist es unstimmig. Die deutschen Souveräne der Spätzeit waren, in ihrer großen Mehrzahl, geistig eingeschränkt und zu Zweifeln an ihrem Recht von Gottes Gnaden nicht fähig. Waren sie aber über Durchschnitt gescheit und begabt, dann bemühten sie sich, ihrem Amt, dessen alter Sinn nicht mehr genügte, durch schöpferische Leistungen einen neuen, zusätzlichen zu geben. Selbstverspotter *konnte* es da nicht geben. Also sollten sie wohl auch im Märchen fehlen, welches der äußeren Wahrheit nicht bedarf, der inneren wohl... Prinz Lambert dagegen, der Bruder des alten Großherzogs, ist als Typ durchaus wahrscheinlich; er hat seinen Stand verraten, lebt faul, ordinär und ohne Würde.

Ihnen allen gegenüber, gegenüber der Menschenwelt, welcher er dient, indem er sich von ihr feiern läßt, der Prinz Klaus Heinrich, brav, ernst und vereinsamt durch seine Lebensform, an die er glaubt. »... sein junges Gesicht war ein wenig müde von der Unsachlichkeit, der Einsamkeit, Strenge und Schwierigkeit seines Lebens...« Unsachlich – sein Leben setzt sich aus »lauter hochgespannten Augenblicken zusammen«. In Städten und Städtchen muß er reden zu Menschen, »deren Leben, Arbeit und Tüchtigkeit er festlich darstellte, ohne teil daran zu haben«. Das »Volk«, nichts weniger als antimonarchisch gesehen, glaubt an ihn, erhöht sich selber, indem es sein Herrscherhaus erhöht, jubelt seinem Prinzen zu, trotz der traurigen Wirtschaftslage, der Staatsschuld, die für jeden Untertanen 600 Goldmark beträgt, trotz der hohen Lebensmittelpreise, für oder gegen die Klaus Heinrich nichts anderes tun kann, als ihre Benennung »ernst entgegenzunehmen«.

Aus dem »Volk« treten ihm einzelne entgegen; gleich anfangs dem Kinde ein Schuster, der sich im Alten Schloß verirrte und der ihm erzählt, wie gemein die Lakaien sein können; die Welt überhaupt, die dem Prinzen immer nur ihren schönen Schein zeigt und zukünftig zeigen wird. Später die Leute, die eine Audienz bei ihm erbitten, sie erhalten und gestärkten Herzens von dannen ziehen, obgleich er nur das Geringste für sie wird tun können.

Einmal ist's sogar ein Dichter. Der Künstler, der weiß, daß er es ist, läßt sich von einem anderen empfangen, der es nicht weiß und sich von der Begegnung wunderlich berührt wie auch ein wenig angewidert fühlt. Denn jener Preisträger, der Schöpfer eines Gedichtes über des Lebens Liebe und Lust, ist ein häßlicher, asthmatischer kleiner Mensch, der gar nichts kann, vermutlich nicht einmal lieben, und der, so seine Aussage, nicht so sehr Dichter wurde, weil er mußte, sondern weil er absolut nichts anderes werden konnte. (Wobei mir einfällt, daß Thomas Mann irgendwo dem Adolf Hitler verhunzte Märchenelemente zuerkennt, auch meint, er sei Politiker geworden, weil er eben rein gar nichts anderes hätte werden können... Wenn dies Œuvre nicht beziehungsreich ist, um tausendundein Ecken herum!)

Auch die Begegnung der beiden Künstler und Scheinwelt-Vertreter ist tief belustigend zu lesen, mir aber doch ein wenig gar zu extrem didaktisch. So radikal unterschiedlich von dem, was sie darstellen, sind ja nun Künstler nicht immer und überall. Woran die Selbstentlarvung Axel Martinis, des Preisträgers, erinnert: an jene Szene im ›Felix Krull‹, in welcher Müller-Rosé, der Operettenstar, der angebetete Sänger des Volkes, sich nach der Aufführung den Augen des entsetzten Krull im Künstlerzimmer zeigt: »... ein Anblick von unvergeßlicher Widerlichkeit bot sich dem Knaben dar...« Müller-Rosé und Martini und Klaus Heinrich – Variationen des Künstlers, des Repräsentanten, des Volkslieblings. Aber der Prinz bleibt ungeschminkt und verliert das, was ihn so angenehm wie brav macht, seine »Haltung«, auch hinter den Kulissen nie.

Eine andere intensive Begegnung mit dem Fremden, intimst nicht *völlig* Fremden, ist die mit einem der Lehrer, Dr. Ueberbein. Der hatte es so schwer wie Klaus Heinrich es, äußerlich gesehen, leicht hatte, mußte sich »den Wind um die Nase wehen lassen«, wurde hartgebrannt und zynisch dabei, aber von Ehrgeiz, Arbeitswut und damit auch von Pflichtgefühl besessen. Weit entfernt davon, die Psyche seines Schülers ein wenig lockerer zu machen, sein Leben ein wenig demokratischer und damit glücklicher, hört er nicht auf, ihn zur »Haltung« zu ermahnen; Glück sei nun einmal nicht jedermanns Sache …

In einem ehedem enorm beliebten, heute wohl vergessenen Rührstück, genannt ›Altheidelberg‹, genießt der am Neckar studierende Erbprinz von »Sachsen-Carlsburg« den Schutz eines väterlichen Beraters, der ihn lehrt, sich durch seinen hohen Beruf um sein bürgerlich-menschliches Glück nicht betrügen zu lassen; und so wird er ein fröhlicher Kommilitone.

In unserem Roman dagegen, der zu gut ist, um ein »Anti-Altheidelberg« zu sein, ist es gerade umgekehrt: Klaus Heinrich muß auch als Student sich selber treu bleiben und hält feine Distanz zu seinen Corpsbrüdern oder, was ja dasselbe ist, sie zu ihm. Sein Glück aber findet er zuletzt doch, und daß Dr. Ueberbein, in seiner Laufbahn sich übergangen und schwer gekränkt fühlend, den Selbstmord wählt gerade in der Epoche, in der sein Schüler sich seinem neuen Glücksziel nähert, geschieht nicht von ungefähr. Es ist *eine* Moral des moralreichen Märchens: So wie Dr. Ueberbein darf man sich selber und seine Mitmenschen eben doch nicht sehen …

Das Happy-End, die Erlösung durch Liebe, welche fürstlicher Haltung nicht abträglich ist, »Hoheit und Liebe, ein strenges Glück«, die Heirat, die obendrein dem Großherzogtum 350 Millionen Goldmark einbringt, nicht zu reden von seiner wiederhergestellten, nun sogar höchst brillanten Kreditwürdigkeit, so daß ein ganzes Einmillionenvolk mit beglückt wird, dieses Happy-End, welches fast die ganze zweite Hälfte der Erzählung für sich beansprucht und eben das ist, worauf die Erzählung hinaus wollte – ja, gut, aber die erste Hälfte ist mir lieber.

Gewiß hat – aber nur für den Bescheidwissenden – die durchaus märchenhafte Verwandlung ordinärer Fahrräder in edle Reitpferde, die Verwandlung des bürgerlich-reichen Professors X in den amerikanischen Milliardär etwas Belustigendes; für den Nichteingeweihten bleibt des Prinzen Erleben, Werben und Erreichen ein Operettenscherz. Wie alles, was er erlebte, fühlte und tat, hielt der Autor auch seine tiefste Liebeserfahrung für ungewöhnlich und überaus mitteilenswert – hier von den ins Falsche übersteigerten Antiglücks- und Antigefühlstheorien seines Tonio Kröger sich weit entfernend.

Die unverwüstliche Lebenskraft des Romans beruht also wohl doch nicht auf dem jungen Eheglück dessen, der ihn schuf; sie stammt, wie gewohnt, aus der Intensität der Arbeit – »Besser kann ich es nun nicht machen« –; aus der Verbindung von Gescheitheit, Beobachtungsgabe, Melancholie und Humor; aus der Anschauung von Landschaften, Stadtbildern, Interieurs; von Staffage, von Typen und Ausnahmefiguren; von Situationen und Szenen. Ungefähr so wie im fast gleichzeitig begonnenen, nicht gleichzeitig beendeten ›Felix Krull‹ – doch wohl dem bedeutenderen Bruder. Bedeutender, weil subjektiver, weil kühner, weil weder durch fürstliche Konvention noch durch menschliches Glück gebunden. Für schlichte Leser war es durchaus möglich, ›Königliche Hoheit‹ für einen »Hofroman« zu halten, auch nach der Lektüre. ›Felix Krull‹ für einen echten Hochstaplerroman, gar einen Krimi zu halten, war möglich allenfalls vor der Lektüre, nicht nachher.

Auch ›Felix Krull‹ gerät an einen Hof, den von Lissabon,

und König und »Sänger« verstehen sich gut. Es sollte einmal jemand eine Dissertation über Thomas Mann und das Höfische schreiben. Offenbar hatte er eine Schwäche dafür, auch unabhängig von dem Spiel »Fürst und Künstler«. In ›Josef und seine Brüder‹ haben wir die beiden ägyptischen Höfe, den des großen Höflings und den des Pharao; unermeßlich reiche Höfe, wie jener des Herzogs Grimald im mittelalterlichen Märchen vom ›Erwählten‹.

Dagegen ist der kleine deutsche Hof der Hohenzollernzeit stolz und arm; sparsame Bewirtungen, zerschlissener Prunk, in ungebrauchten Zimmern Brokatkissen, aus denen das Seegras hervorschaut – Dürftigkeit, stammend aus Hochmut, aus des alten Großherzogs »Geldverachtung«. Damit soll jedoch keineswegs gezeigt werden, daß es mit solcher Art von Hof nun zu Ende gehe.

Er muß ja arm sein hier, damit auch er zuletzt »erlöst« werden kann. Klaus Heinrich findet seine Frau, das Volk wird von der verhaßten »Schlachtsteuer« befreit, der immer fröstelnde junge Großherzog erhält seine langersehnte Zentralheizung, und die Dynastie der Grimmburger ist beliebter als je zuvor.

Erstdruck: *F.A.Z.* vom 1.10.1981.

[17]

Johann Wolfgang von Goethe
Erlkönig

Wer reitet so spät durch Nacht und Wind?
Es ist der Vater mit seinem Kind;
Er hat den Knaben wohl in dem Arm,
Er faßt ihn sicher, er hält ihn warm.

Mein Sohn, was birgst du so bang dein Gesicht?
Siehst, Vater, du den Erlkönig nicht?
Den Erlenkönig mit Kron und Schweif? –
Mein Sohn, es ist ein Nebelstreif. –

»Du liebes Kind, komm, geh mit mir!
Gar schöne Spiele spiel ich mit dir;
Manch bunte Blumen sind an dem Strand,
Meine Mutter hat manch gülden Gewand.«

Mein Vater, mein Vater, und hörest du nicht,
Was Erlenkönig mir leise verspricht? –
Sei ruhig, bleibe ruhig, mein Kind;
In dürren Blättern säuselt der Wind. –

»Willst, feiner Knabe, du mit mir gehn?
Meine Töchter sollen dich warten schön;
Meine Töchter führen den nächtlichen Reihn
Und wiegen und tanzen und singen dich ein.«

Mein Vater, mein Vater, und siehst du nicht dort
Erlkönigs Töchter am düstern Ort? –
Mein Sohn, mein Sohn, ich seh es genau:
Es scheinen die alten Weiden so grau. –

»Ich liebe dich, mich reizt deine schöne Gestalt;
Und bist du nicht willig, so brauch ich Gewalt.«
Mein Vater, mein Vater, jetzt faßt er mich an!
Erlkönig hat mir ein Leids getan! –

Dem Vater grauset's, er reitet geschwind,
Er hält in Armen das ächzende Kind,
Erreicht den Hof mit Müh und Not;
In seinen Armen das Kind war tot.

Heinz Nicolai (Hg.), ›Goethes Gedichte in zeitlicher Folge‹. Frankfurt am Main 1982.

Die Urballade

Die deutsche Urballade. Es konnte ihr Gleichrangiges folgen; Besseres nie. Es mochte Gedankenreicheres, Feineres, Italienisch-Hellenischeres kommen, von Goethe selber (›Die Braut von Korinth‹) und von anderen, aber jenem nicht Vergleichbares. Trotzdem ist es die einzige Ballade Goethes, welche der Referent nicht hersagen könnte. Warum? Man käme ins Singen. Warum? Wegen der Schubertschen Komposition. Melodie und Wort haben sich derart vereinigt, daß sie nie mehr voneinander zu scheiden sind: was für die Melodie spricht und das Wort auch. Denn zum Singen war es im Ursprung schon gemeint, wie alle aus dem Volk kommende oder wie hier den Volkston nachvollziehende rhythmisierte, gereimte Erzählung.

Vier Stimmen: des Vaters, des Kindes, des Elben und der Nacht. Die Nacht zum Klingen zu bringen, fällt dem Tondichter leichter als dem Dichter, der über keine »Begleitung« verfügt. Nun, Goethe brauchte das nicht:

Schon stand im Nebelkleid die Eiche,
Ein aufgetürmter Riese, da,
Wo Finsternis aus dem Gesträuche
Mit hundert schwarzen Augen sah.

Da ist's der junge Liebhaber, der zu Pferd durch die Düsternis jagt, dem Dorf der Geliebten zu, und an den schwarzen Augen der Nacht seine Freude hat.

Anders Stimmung und Stimmen im ›Erlkönig‹. Die des Vaters: fest, vernünftig, beschützend. Die des Kindes angstvoll von Anfang an und immer geängstigter bis zum höchsten Punkt, der auch schon das Ende ist. Die des Elben hell, verführerisch, dem Knaben eine Landschaft versprechend, die mit der windenden Herbstnacht kontrastiert: die bunten Blumen am Strand, die güldenen Gewänder der Mutter, die Königstöchter singend, tanzend, einwiegend.

Warum hört der Vater nicht Erlkönigs leise Versprechungen? Warum sieht nicht auch er Erlkönigs Töchter, wie der Knabe sie sieht, am düsteren Ort – und nicht am hellen Strand zwischen bunten Blumen? Angst ist einsam. Daß der Vater zu vernünftig brav ist, um anderes zu sehen als die grauen Weiden, muß die Angst des Kindes noch steigern. »Mein Vater, mein Vater« – er hat ihm ja getraut bisher und bleibt nun unverstanden.

Der Verführer kennt sein Handwerk. Die Verse geraten ins Springen, wo er beginnt; Daktylen, ungefähr, anstatt Jamben. Was er anbietet, sind des Kinderverführers gewöhnliche Versprechungen: gar schöne Spiele. Wes Geschlechts ist er? Des männlichen doch wohl, König, nicht Elfenkönigin. Und hat Töchter und liebt den Knaben. Und das sagt er zuallerletzt, nachdem sein versuchendes Geflüster nichts fruchtete: Liebeserklärung und Gewaltanwendung sind eines. Das »jetzt faßt er mich an!« hat etwas Indezentes, steigert das vorhergehende »Willst, feiner Knabe, du mit mir gehn«. Das Indezente verbindet sich mit dem Mörderischen, und beides zusammen bricht nun auch des Vaters Standfestigkeit. Wo ist noch Verlaß, wenn auf ihn keiner mehr ist?

Der Eingeweihte könnte argumentieren: Es war alles nur ein Fiebertraum des Knaben, todkrank schon, als der Vater ihn aufs Pferd hob. Was er träumt, ist kindlicher Narzißmus, die Lust und die Angst, verführt zu werden. Das Gegenargument: Wir wissen doch, welcher Überlieferung Goethe Motiv und Namen verdankte: urig-nordischer Überlieferung, ihm dargebracht durch Herders aus dem Dänischen übertragenes ›Erlkönigs Tochter‹, welches gleichfalls mit einem anderen Wort als »tot« nicht enden kann.

Da geht es um der Elbe-Prinzessin banale Eifersucht: Weil Herr Olaf nicht mit ihr tanzen will, weil er morgen früh Hochzeitstag hat, tut sie ihm einen Schlag auf sein Herz, noch immer fühlt er solchen Schmerz. Sie hob ihn bleichend auf sein Pferd: Reit heim zu Deinem Fräulein wert ... Von dort also hat er es her, ob ihm bewußt war, wie er den Ritt durch die Nacht steigerte und verfeinerte durch den Traum des Kindes oder, als der Volksdichter der er hier war, selber an den Erlkönig glaubte, das muß offenbleiben.

Erstdruck: *F.A.Z.* vom 24.8.1985.

[18]

Johann Wolfgang von Goethe
Der Fischer

Das Wasser rauscht', das Wasser schwoll,
Ein Fischer saß daran,
Sah nach dem Angel ruhevoll,
Kühl bis ans Herz hinan.
Und wie er sitzt und wie er lauscht,
Teilt sich die Flut empor;
Aus dem bewegten Wasser rauscht
Ein feuchtes Weib hervor.

Sie sang zu ihm, sie sprach zu ihm:
Was lockst du meine Brut
Mit Menschenwitz und Menschenlist
Hinauf in Todesglut?
Ach wüßtest du, wie's Fischlein ist
So wohlig auf dem Grund,
Du stiegst herunter, wie du bist,
Und würdest erst gesund!

Labt sich die liebe Sonne nicht,
Der Mond sich nicht im Meer?
Kehrt wellenatmend ihr Gesicht
Nicht doppelt schöner her?
Lockt dich der tiefe Himmel nicht,
Das feuchtverklärte Blau?
Lockt dich dein eigen Angesicht
Nicht her in ewgen Tau?

Das Wasser rauscht', das Wasser schwoll,
Netzt' ihm den nackten Fuß;

Sein Herz wuchs ihm so sehnsuchtsvoll,
Wie bei der Liebsten Gruß.
Sie sprach zu ihm, sie sang zu ihm;
Da wars um ihn geschehn:
Halb zog sie ihn, halb sank er hin,
Und ward nicht mehr gesehn.

Heinz Nicolai (Hg.), ›Goethes Gedichte in zeitlicher Folge‹. Frankfurt am Main 1982.

Das feuchte Weib

Wer ist das »feuchte Weib«? Eine Gestalt im Wasser, Nixe, Sirene, die ihre »Brut« retten, dem Fischer sein Handwerk legen will? Ist sie das Wasser selber? Offenbar beides: das Element, flüchtig zur Figur geworden, ohne das wir nicht leben können und das uns den Tod bringen kann. Von solcher Doppelheit handelt in seiner Urform schon das Gedicht ›An den Mond‹, welches ja auch ein Gedicht an den Fluß ist:

Wenn in öder Winternacht
Er vom Tode schwillt,
Und bei Frühlingslebenspracht
An den Knospen quillt...

›Der Fischer‹ weiß weder von Fluß noch von Bergsee oder Meer; nur von rauschendem, schwellendem Wasser. In den ersten Versen verrät das Weib noch rationale Tücke. Danach ist's nur noch verlockende Beschreibung: die liebe Sonne, der Mond, der Himmel, alle drei mit dem Wasser vertraut. Und weiter: »dein eigen Angesicht«. Noch einmal das Narziß-Motiv; im ›Erlkönig‹ nur angedeutet, hier ausgesprochen, und zwar zuletzt, als die gefährlichste Versuchung. Wie alt es ist! Die Römer hatten es von den Griechen, wie auch einen Verwandten des Narziß, einen Knaben namens Hylas.

An zwei Distichen des spätrömischen Dichters Ausonius erinnere ich mich.

Das erste:

Sehet den schönen Hylas, letaler Freuden gewärtig,
Wie, in die Wasser verlockt, sein Sterben er lüstern
genießt...

Im folgenden die todbringenden Küsse der Nixen. Bei Goethe keine Küsse, nur Sprechen und Singen. Jedoch:

Sein Herz wuchs ihm so sehnsuchtsvoll
Wie bei der Liebsten Gruß.

Sein eigen Angesicht und Sonne und Mond und Liebe, untrennbar. Das Ende, »Halb zog sie ihn, halb sank er hin«, eine jener glückhaft dämonischen Prägungen des Dichters, die der bestimmten Situation gelten und auch des Menschen Schicksal allenthalben. Wie mancher ging halb »gezogen«, halb bei freiem Willen ins Verderben, in unseren dreißiger Jahren, so hörte ich, sogar eine ganze Nation, ein ganzer Kontinent.

An Frau von Stein schreibt Goethe gelegentlich eines Selbstmordes in seiner Nähe: »...Diese einladende Trauer hat was gefährlich Anziehendes wie das Wasser selbst, und der Abglanz der Sterne des Himmels, der aus beiden leuchtet, lockt uns...« Da hätten wir die Keimzelle des Gedichtes, wenn wir eine brauchen. Fragte man den Poeten, was denn das »feuchte Weib« bedeute, wurde er ungeduldig und antwortete: Es sei das Element und weiter gar nichts.

Erstdruck: *F.A.Z.* vom 1.3.1986.

[19]

Menschenkenntnis, Menschenfreundschaft – *Über Thomas Mann*

Hat an der Figur in zehn Jahren sich Wesentliches verändert? Kaum. Sie ist noch ein wenig historischer geworden, zumal für die Jugend, wohl auch schon für die Mittelalten. Seit dreißig Jahren entschwunden, waren im Jahre 1928 die Dichter Theodor Fontane und Conrad Ferdinand Meyer; für mich damals ganz der Historie angehörige Gestalten, so sehr wie Mörike oder Heine, da machten ein paar Jahrzehnte früher oder später keinen großen Unterschied mehr.

Etwas Neues sind die Tagebücher, die, so Reich-Ranicki über den zweiten Band, uns endlich den wahren T.M. zeigten. Für jene, die ihn nur aus den Werken kannten, mag das zutreffen. Nicht für den Schreiber dieser Zeilen, ganz ohne dessen eigenes Verdienst. T.M.s neurotische Neigungen kannte ich nur allzugenau; seine näheren Freunde auch, je nach der Intimität der Beziehung. Und so die Launen, die Krankheiten, mitunter die Flucht in sie, und das Kränkeln; der Kampf um das Glück durch die Arbeit. Aber das war in allerlei Verkleidungen ja alles auch in seinen Werken zu finden; von Thomas Buddenbrook über Schillers ›Schwere Stunde‹, Aschenbach, Goethe, bis hin zu Adrian Leverkühn.

Ein paar Aspekte haben auch mich überrascht, mitunter beschämt. Der eine: die erstaunliche Energie, Zähigkeit, Vitalität, die er dann doch wieder bewies, zumal auf langwierigen Vortragsreisen; dies besonders in Amerika während des Krieges, bei den endlosen Eisenbahnfahrten und Auftritten vor einem Publikum, das an ihn glaubte, ohne mit dem, was er vortrug, viel anfangen zu können. Der andere: wie sehr er an der Familie hing, keineswegs nur an Erika, wie sehr er es genoß, wenn sie einmal wieder ganz beisammen war.

Natürlich wußten wir auch von seinen homoerotischen Inklinationen – ich mußte sehr jung sein, um mir einzureden, er wüßte selber nichts davon. Es ist aber gegen sie die Familie zu halten; sie gab ihm den Halt, die Lebensordnung und stetige Verpflichtung, die ein scheu und aus der Ferne geliebter Junge – immer wieder »Hans Hansen« – ihm ja nicht geben konnte. Die Tagebücher sind gewiß eine fesselnde Lektüre. Sie füllen Lücken aus, sie bestätigen; grundstürzende Veränderungen des Bildes bedeuten sie nicht.

Das Beste bleibt doch, hin und wieder zu einem seiner Werke zu greifen. In ihnen ist er; unvergleichlich wahrer und stärker als in den Tagebüchern, welche, nicht immer, aber überwiegend, ungeformter Stoff sind, oder Tagesgewohnheiten: die Lust oder Unlust zu arbeiten, der gute oder schlechte Schlaf, die wenigen erwünschten, die vielen unerwünschten Besucher, die Migräne, die Beängstigungen, hin und wieder etwas Freude, ein gutes Essen, eine gelungene Ausfahrt, Trost der Musik, ohne die er nicht leben konnte.

Neulich las ich wieder im dritten Band ›Joseph‹ den »Bericht von Mont-kaws bescheidenem Sterben«. Da sprechen dann die Kritiker, die Herren Germanisten, von dem kühlen, selbstischen Ironiker! Ach du großer Gott! Wie schön ist das, wie tief und reich an Menschenkenntnis, Menschenfreundschaft; an Mitleid, und an Kühnheit dort, wo zum Schluß Josephs Sterbehilfe sich mit Flügeln zum Himmel erhebt, der Tröster sich selber zum Gott macht: »... da du doch heimlich wissen wirst in bescheidener Ahnung, schon vom vorigen Mal, wer ich bin und welchen Bogen ich hinziehe, daß ich den Weg der Götter, meiner Brüder, bahne. Fahr wohl denn, mein Vater und Vorsteher! Im Lichte und in der Leichtigkeit sehen wir uns wieder.« Da hört er auf, gute Nacht zu sagen, denn Mont-kaw war schon unmerklich »aus den Gründen hinaus gelangt in die Auen«. Leider ist T.M.s eigenes Sterben schwerer gewesen; es half ihm kein Osarsiph.

An einem der etwa viertausend Tage, während der er am ›Joseph‹ arbeitete, dem Anfang aber näher als dem Ende, äußerte er sich einmal: »Ich darf keinen historischen Roman schreiben.« Es wurde dann wirklich keiner; soviel kann ich sehen, nicht aber *warum*. Gern würde ich wissen, ob diese Frage durch einen der Herren vom Fach untersucht worden ist.

Marcel Reich-Ranicki (Hg.), ›Was halten Sie von Thomas Mann? Achtzehn Autoren antworten‹. Frankfurt am Main 1986, S. 109–111.

[20]

Laudatio auf Marcel Reich-Ranicki [Regest]*

Marcel Reich-Ranicki vorzustellen, hieße »Kohlen nach Newcastle oder Eulen nach Athen tragen«. Der »Professor Dr. h. c.« (wovon er freilich keinen Gebrauch mache) könne nichts dafür, manchmal »der deutsche Literaturpapst« genannt zu werden. Jede Abstimmung unter lesendem Volk würde ihn, Reich-Ranicki, zum kompetentesten Literaturkritiker küren – »ich will nicht sagen im deutschen Sprachraum, aber gewiß innerhalb der Bundesrepublik«. Doch dem Kritiker sei niemand dankbar für seine Dienste: »Das Opfer eines Verrisses – nun, seine Empörung pflegt unvergleichlich intensiver zu sein, als das Vergnügen dessen, der sich bejaht findet.«

Bei den berühmtesten Kritikern seiner (Golo Manns) Jugend, nämlich bei Alfred Kerr und Karl Kraus, sei das Urteil oft von »persönlichsten Antipathien« bestimmt gewesen (»Egozentriker alle beide bis zur Monomanie«): »Rein gar nichts davon bei RR.« Die Sache sei zu ernst für Kalauer, Hohn und Gift. Auch sei die Frage sinnlos, ob Reich-Ranicki lieber lobe oder tadle: »Zu zeigen, wo ein Autor nicht erreichte, was er wollte, wo er unter sein Niveau ging, ist der Sache genauso nützlich wie Lob, welch letzteres ebenso klar und scharf begründet werden muß.«

Hervorgehoben werden am Schluß Beispiele aus Reich-Ranickis Bänden ›Lauter Lobreden‹ (über Ricarda Huch) und ›Lauter Verrisse‹ (über ein Theaterstück von Peter Weiss und eine Lyrikanthologie, die Hans Magnus Enzensberger zusammenstellte). »Gerne, verehrter Freund RR, würde auch

* Zusammenfassung nach einem unredigierten Vortragsmanuskript; Golo Mann schickte das »Original« der Ansprache im Zürcher Schauspielhaus mit Brief vom 20.1.1986.

ich einmal meinen Namen in einer Neuauflage von ›Lauter Verrisse‹ sehen; was nicht hindert, daß Sie und ich doch auch manchmal übereinstimmen.«

[21]

Friedrich Rückert
Das vierzigste Ghasel

Nach Mewlana Dschelaleddin Rumi

Die hin zur Kaaba pilgern gehn,
　Wenn nun an ihrem Ziel sie stehn,
In einem Tale ohne Saat
　Ein altes Haus von Stein sie sehn.
Sie gingen hin, um Gott zu schaun'n;
　Und nun um's Haus im Kreis sich drehn.
Wann sie sich lange so gedreht,
　So hören sie die Stimme wehn:
Was, Toren, ruft ihr an den Stein?
　Wer wird vom Steine Brot erflehn?
Wenn ihr den Tempel Gottes sucht,
　In eurem Herzen tragt ihr den.
Wohl dem, der bei sich selb kehrt ein,
　Statt pilgernd Wüsten durch zu gehn.

Mewlana Dschelaleddin Rumi, ›Das Meer des Herzens geht in tausend Wogen, Ghaselen‹. Übersetzt von Friedrich Rückert. Frankfurt am Main 1988.

Die neue Form in Deutschlands Garten

Mewlana Dschelaleddin Rumi, der wunderbare persische Dichter und Mystiker des dreizehnten Jahrhunderts, haßte schon die verknöcherte Priesterkaste, bemitleidete schon die Kaaba-Pilger; um wie viel mehr würde er jenen Imam von heute hassen, der seine 150000 Pilger zur Kaaba schicken will, damit sie dort ein neues Blutbad anrichten, während jene zu Rumis Zeiten ihre Pilgerfahrt doch mit reinen, wenn auch irregeführten Herzen unternahmen. Aber Poeten und

Mystiker von Dschelaleddins Rang gibt es ja nun in Persien nicht mehr. Dafür gibt's Politiker.

Die Übertragung der Ghaselen Dschelaleddins war die erste Meisterleistung Rückerts, nachdem er im Jahr zuvor, 1819, sich auf das Altpersische geworfen hatte, um es mit leidenschaftlicher Arbeitswut zu meistern; er könne, schrieb er an seinen Mentor in Wien, Hammer-Purgstall, nur die schönsten und schwersten Texte brauchen, eine Grammatik mit Prosa-Beispielen tauge für ihn nicht. »Genie ist Fleiß.« Die Wahrheit dieses Spruches wird selten so deutlich wie hier, würde aber wohl besser heißen: »Kein verwirklichtes Genie ohne Fleiß.« Rückert war stolz darauf, das Ghasel in die deutsche Dichtung eingeführt zu haben, sein Vorspruch zeigt es:

> Die neue Form, die ich zuerst in deinen Garten pflanze,
> O Deutschland, wird nicht übel stehn in deinem reichen
> Kranze.
> Nach meinem Vorgang mag sich nun mit Glück versuchen
> mancher
> So gut im persischen Ghasel, wie sonst in welscher Stanze.

Dem Genius des Dichters fügte sich hier das Reimtalent, welches schon der Jüngling bewiesen hatte, ehe er zum Dichter wurde, und das für das Ghasel noch unentbehrlicher ist als für das Sonett, denn es duldet nur ein und denselben Reim für die ersten zwei Zeilen und dann für jede mit gerader Zahl. Worte gleichen Ausklanges zu finden, wie der Sinnzusammenhang des Ghasels sie brauchte, und obendrein an das fremde Original gebunden zu sein, ganz persisch zu sein und ganz deutsch auch – wenn das kein Triumph des Dichters und Sprachmeisters ist!

Das Ghasel 39, das sich direkt gegen die Priester wendet, und das Ghasel 4 sind die einzig polemischen unter den insgesamt 79. Alle anderen künden von den frommen Künsten, welche die Vereinigung mit dem Höchsten bringen, der Liebe, von Wollust weltenweit entfernt, dem »Tanz der Derwische«, der Musik – nicht dem Wein, der ist Sache eines ganz anderen, dem Rückert sich demnächst widmen würde, des Hafis. Hier geht es um asketische Trunkenheit und immer wieder um das All-Eine, in das der Mystiker sich versenkt.

Ich sah empor, und sah in allen Räumen eines;
Hinab ins Meer und sah in allen Wellen schäumen eines,
Ich sah in's Herz, es war ein Meer, ein Raum der Welten,
Voll tausend Träum': ich sah in allen Träumen Eines...

Neuerdings besitzen wir eine sehr schöne Ausgabe von jenen einundsiebzig durch Rückert übertragenen Ghaselen des Dschelaleddin, mit einem Nachwort des Verlegers Yildirim Dağyeli, aus dem man alles Wissenswerte über Leben und Werk des Dichters und Mystikers erfahren mag. Es endet mit einem etwas strengen Lob Friedrich Rückerts: »Darüber hinaus verdanken wir ihm, daß er als erster bei seinen Übersetzungen Rumis die dem persischen Original zugrunde liegende Mehrdeutigkeit sowie auch die Form, also die Ghasele übernahm. Den von ihm eingeschlagenen Weg, die orientalische Lyrik ins Deutsche zu übertragen, ging er dennoch leider nicht zu Ende, was zweifelsohne dazu hätte beitragen können, das Verständnis für Menschen aus einem anderen Kulturkreis zu vertiefen.«

Nun, alles, was recht ist, welcher Kompatriot von Herrn Dağyeli hat denn die gesamte europäische Lyrik in seine Sprache übertragen? Das ist zuviel verlangt. Rückert hat nicht nur reichlich aus dem Arabischen und Persischen, auch aus dem Sanskrit – erlernt in drei Monaten – und anderen indischen Sprachen übersetzt, für eines Menschen Zeit ist das genug.

Erstdruck: *F.A.Z.* vom 2.7.1988.

Marcel Reich-Ranicki
Aufsätze und Portraits

Die Befreiung eines Ungeliebten

Ein Jude, heißt es, könne nur mit oder gegen, doch nicht ohne Gott leben. Ob das zutrifft, sei dahingestellt. Aber sicher ist, daß sich Golo Mann nur mit oder gegen, doch nicht ohne Thomas Mann entfalten konnte. Dies mag banal anmuten, nur wird damit auf die Voraussetzung für einen schwierigen literarischen Weg verwiesen und zugleich auf den Kern einer außerordentlichen Existenz: Golo Mann hatte gar keine andere Wahl, er mußte sich – und schon sehr früh – für ein Leben im Widerstand gegen seinen Vater entscheiden.

Im letzten Kapitel seines Buches ›Erinnerungen und Gedanken. Eine Jugend in Deutschland‹[1] meint er, daß er »im Grunde ja doch zum Schriftsteller bestimmt war«, ohne sich freilich dessen bewußt zu sein: »weil ich meinem Bruder Klaus nicht ins Gehege kommen und weil ich den Tod meines Vaters abwarten wollte«. Als Klaus Mann 1949 seinem Leben ein Ende setzte, war Golo vierzig, als der Vater 1955 starb, immerhin schon 46 Jahre alt. Er hatte bis dahin wenig publiziert – neben Zeitschriftenaufsätzen nur die (freilich sehr beachtliche) Monographie ›Friedrich von Gentz, Geschichte eines europäischen Staatsmannes‹ (1947). Die Bücher, die ihn über die Fachkreise hinaus bekannt gemacht und in kurzer Zeit als erfolgreichsten deutschen Historiker und originellsten Essayisten ausgewiesen haben, erschienen nun in verhältnismäßig schneller Folge: 1958 die ›Deutsche Geschichte des 19. und 20. Jahrhunderts‹ und 1961 der Sammelband ›Geschichte und Geschichten‹, 1971 die monumentale ›Wallenstein‹-Biographie und 1973 die ›Zwölf Versuche‹.

Tatsächlich scheint erst der Tod Thomas Manns das schriftstellerische Werk Golo Manns ermöglicht zu haben. Dabei ist zu fragen, ob es nicht gerade dieser jahrzehntelange, dieser qualvolle Widerstand gegen den übermächtigen Vater war, der dem Sohn zu seinen zwar späten, doch imponierenden Siegen verholfen hat. Über Thomas Mann und über die Beziehung zwischen den beiden findet sich in den ›Erinnerungen und Gedanken‹ nur wenig. Sie beginnen mit der Kindheit des Erzählers, »als ob es eine Autobiographie wäre, was es nicht sein, nicht werden soll; es soll das sein, was der Titel sagt. Freilich, welcher Autor ist seines Buches sicher, ehe es fertig ist?« Eben. Letztlich ist es doch eine Autobiographie geworden, wenn auch eine ungewöhnliche, eine nämlich, die sich um die Grenzen der Gattung nicht kümmert und sie immer wieder souverän überschreitet.

Nun sollte man es Golo Mann nicht verübeln, daß er es, wenn es um seinen Vater geht, vorzieht zu schweigen: Der Autobiograph darf sich hier für befangen erklären, zumal er in seiner Eigenschaft als Historiker ihn keineswegs geschont oder gar ausgespart hat. In der ›Deutschen Geschichte des 19. und 20. Jahrhunderts‹ heißt es über Thomas Mann und seine ›Betrachtungen eines Unpolitischen‹: »Insofern dieser schöne, hoch gescheite, redliche Wirrwarr praktisch überhaupt einen Sinn hatte, lief er auf eine Verteidigung des längst in seinen Grundfesten erschütterten deutschen Obrigkeitsstaates hinaus ... Ein paar Jahre später bekannte er sich zur Republik. So wie er aber dem Krieg einen Sinn erfunden hatte, der mit der Wirklichkeit sehr wenig zu tun haben konnte, so war auch seine geistige Begründung der Republik eine schön erdachte, aus alter deutscher Dichtung zusammengereimte; Literatur nicht Wirklichkeit.«[2]

In den ›Erinnerungen und Gedanken‹ hingegen ist dem Vater kein einziger Absatz gewidmet: Er wird stets nur mit wenigen, betont kühlen Worten bedacht, eine freundliche oder gar eine herzliche Erwähnung gibt es hier nicht. »TM trug einen schwarzen Zylinder« – heißt es gleich im ersten Kapitel. So erscheint denn auch sein Bild in diesem Buch: steif und streng, förmlich und feierlich. In den Jahren des Ersten Weltkriegs habe er »noch Güte ausstrahlen« können (man beachte das vielsagende »noch«), »überwiegend aber Schweigen, Strenge, Nervosität oder Zorn. Nur zu genau erinnere ich mich an Szenen bei Tisch, Ausbrüche von Jähzorn und Brutalität...«

Die Kinder im Hause Mann waren nicht zu beneiden: »Wir mußten uns nahezu immer ruhig verhalten; am Vormittag, weil der Vater arbeitete, am Nachmittag, weil er da erst las, dann schlief, gegen Abend, weil er sich wieder ernsthaft beschäftigte. Und fürchterlich war das Donnerwetter, wenn wir ihn gestört hatten... Auch bei Tisch schwiegen wir meistens.« Das Arbeitszimmer des Vaters durften die Kinder nur betreten, wenn er ihnen vorzulesen gedachte, was freilich »selten, sehr selten« geschah: Es waren »ernste, ja feierliche Stunden«.

Die Gelegenheit, eine andere Person der Familie gegen den Vater auszuspielen, läßt Golo Mann nicht ungenutzt. Die Mutter, von der er sich »nie so recht hatte trennen können«, sei ihrem Mann in mancherlei Hinsicht überlegen gewesen. Weil sie sachlicher und praktischer war, mehr Sinn für die Erfordernisse des Alltags hatte und sich in geschäftlichen Dingen tüchtiger zeigte? Golo Mann geht noch weiter: Thomas Mann, schreibt er, sei der »logisch-juristischen Intelligenz« seiner Ehefrau nicht gewachsen gewesen. Hier wage ich es, leise, ganz leise Zweifel anzumelden. Auch über seinen Onkel Heinrich äußert sich der Autor der ›Erinnerungen und Gedanken‹ mit ungleich mehr Sympathie als über den Vater – so in seinem hier auszugsweise wiedergegebenen Tagebuch vom Juni 1933, als er im französischen Exil zur Familie gestoßen war: »Er tut mir wirklich leid, trägt sein Schicksal mit viel Würde, ja selbst mit Charme, und nicht so damenhaft in seinen Schmerzen, von aller Welt beleidigt wie der Alte.« Überhaupt ist an Seitenhieben gegen den Vater kein Mangel.

Als die Eltern einmal einen Berg in der Nähe des Tegernsees »erklommen«, heißt es: »Ich könnte mir denken, daß es die einzige Bergtour war, die mein Vater je machte. Wie bekannt, liebte er das Meer, wenngleich nur vom Ufer aus.«

Aber in welchem Licht die Angehörigen auch erscheinen – die einzelnen Personen bleiben doch nur am Rande des Lebensberichts und gewinnen keine deutlicheren Konturen; das gilt für die gebieterische und blendende Schwester Erika ebenso wie für den geliebten und beneideten Bruder Klaus. Zumal im Vergleich mit den Kapiteln über Karl Jaspers und Leopold Schwarzschild oder über den Pädagogen Kurt Hahn ist Golo Manns Zurückhaltung, sobald er auf seine Eltern oder Geschwister zu sprechen kommt, unverkennbar.

Schon vor einigen Jahren sagte er in einem Fernseh-Gespräch, er habe es satt, der Vikar dieser Familie zu sein. So war ihm denn an nichts weniger gelegen als an einem Familientableau. Was er mit diesen ›Erinnerungen und Gedanken‹ im Sinne hatte, nennt er vorsichtig und etwas umständlich »eine Art von Roman früher Entwicklung«. Man könnte auch sagen: den Roman einer Emanzipation. Genauer: den ersten Teil der Geschichte über die Befreiung eines Außenseiters. Erzählt wird der Weg eines Ungeliebten und Benachteiligten, eines, der sich, von überaus erfolgreichen Menschen umgeben – hier der weltberühmte Vater, da der glitzernde und glänzende, der beinahe genialische Bruder, dort die tüchtige und temperamentvolle, die nahezu jedermann faszinierende Schwester –, für verfemt, für ausgestoßen hält. Zu Recht? Der Junge mag überempfindlich sein, doch ganz aus der Luft gegriffen ist die düstere Selbsteinschätzung nicht. Denn die Umstände, an denen er leidet, sind durchaus real.

Er war kaum vier Jahre alt, als die Mutter in ihrem Tagebuch notierte: »Alles macht er sonderbar ungeschickt oder grotesk: aus einer üppig blühenden Wiese, wo die Kinder

Sträuße pflücken, rupft er, für einen anderen kaum auffindbar, drei ganz verhutzelte und verdörrte Gänseblümchen und überreicht sie mir stolz und verschmitzt.«[3] Die verhutzelten und verdorrten Gänseblümchen – sie sind das visuelle Leit- und Leidmotiv dieser Biographie. Vom Minderwertigkeitskomplex hören wir, seit Alfred Adler diesen Begriff in Umlauf gebracht hat, so häufig, daß man ihn ungern verwendet: Er war ein Modewort und ist es vielleicht auch heute; aber bisweilen läßt er sich nicht umgehen. Tatsächlich schildert Golo Mann, wie durch eine falsche, ja grausame Erziehung Minderwertigkeitsgefühle geweckt und gesteigert werden und zu Komplexen führen, die dem Betroffenen ein Leben lang zu schaffen machen. Das Ganze ist um so erschreckender, als es sich um das Werk von Eltern handelt, denen man Intelligenz und Sensibilität auf denkbar höchster Ebene schwerlich absprechen kann.

Man sagt ihm, er sei häßlich, »so daß diese Vorstellung sich, nicht zu meinem Glück, in mir festsetzte«, man verspottet seine Ungeschicklichkeit und sein linkisches Benehmen. Er reagiert, wie nicht anders zu erwarten ist, mit hilflosem Protest, also bockig und widerspenstig. »Zwischen etwa dem neunten und dem zwölften Jahr war ich bei weitem der Schmutzigste unter den Geschwistern ... Auch schwindelte ich das Blaue vom Himmel herunter, Erlebnisse, die ich mir erdachte, um mich wichtig zu machen ...« Für die Ursachen dieser Neigung zur Unsauberkeit und zum Lügen haben die Eltern – man kann es kaum glauben – nicht das geringste Verständnis.

»Machte ich irgend etwas falsch, so hatte ich zum Schaden den Spott der ›Großen‹.« Die »Großen«, Erika und Klaus, beobachtet er mit »bewundernder Neugier«. Denn sie sind schön und erfolgreich, sie werden von den Eltern ohne Reue bevorzugt, sie haben, wovon er nur träumen kann: Freunde. Auch er möchte sich diesem oder jenem Mitschüler nähern, aber seine Bemühungen mißlingen kläglich. Überhaupt mißlingt ihm alles, er ist ein Pechvogel, ein Versager. Dabei bereitet ihm die Schule keine unüberwindlichen Schwierigkeiten, nur kann er dort nicht brillieren, es sei denn im Geschichtsunterricht; sonst ist er – wie übrigens einst sein Vater in Lübeck – eher unter Mittelmaß.

Wonach er sich sehnt und worauf er geradezu angewiesen ist – hier drängt sich die altmodische Vokabel »Geborgenheit« auf –, das kann er weder in der Familie noch in der Schule finden: Er möchte dazugehören und fühlt sich immer wieder abgewiesen. Da er mit pubertärem Trotz offenbar nichts erreichen kann, hofft er Zuflucht beim anderen Extrem zu finden: »Indem ich zum praktischen Leben erwachte, wollte ich im Hause nützlich sein ...«, er will sich der Familie gefällig erweisen, er spricht von seiner »Liebedienerei« und von der Neigung, es auf jeden Fall mit der Obrigkeit zu halten. Es ist alles vergeblich. So schließt er sich den Pfadfindern an, aber auch bei ihnen hat er es schwer: Unter den meist aus ganz anderen gesellschaftlichen Sphären stammenden Jungen gilt er bald als ein verwöhntes »Herrschaftskind«. Das Kapitel über diese Pfadfinderzeit ist ›Ein Ausbruchsversuch‹ betitelt.

Von Ausbruchsversuchen ist hier immer wieder die Rede: Im Sommer 1928 arbeitet er, um das Leben der Proletarier kennenzulernen, in einem Kohlebergwerk in der Niederlausitz (was nach wenigen Wochen mit einem Fiasko endet), 1930 tritt er dem Heidelberger Sozialistischen Studentenverband bei. Letztlich bleibt es beim monologischen Dasein eines Lesers: Schutz bieten ihm, wenn das wirklich einer ist, die Literatur und die Philosophie. »Einsam« lautet denn auch das Schlüsselwort dieser Autobiographie: »Der tägliche Gang zur Universität wurde mir zur Qual ... Einsamkeit draußen, Einsamkeit auch zu Hause.« Den Eltern hatte er sich in seiner Internatszeit in Salem mehr und mehr entfremdet, man hat einander nichts mehr zu sagen. In Heidelberg findet er Erholung in »einsamen Spaziergängen«, es wiederholen sich Formulierungen wie »einsame Abende« und »einsame Gasthofstuben«.

Im Sommer 1931 will er die Ferien zusammen mit einem Freund am Bodensee verbringen, der aber versetzt ihn, »so daß ich sechs Wochen lang außer mit meiner Wirtin und der Kellnerin im Gasthof mit niemandem sprach«. An Selbstmordgedanken und Selbstmordträumen fehlt es nicht: »Vor wem fürchtet man sich« – fragt der Dreiundzwanzigjährige in seinem Tagebuch –, »wenn man alleine ist? Im Grunde vor sich selbst; daß die eigene Phantasie, stofflos und auf sich selbst zurückgeworfen, einem ein Schnippchen schlagen könnte...« Noch der Vierundzwanzigjährige sei weltfremd und »tief ungeschickt« gewesen, »wie ich noch lange bleiben sollte«.

Also immer nur Enttäuschungen und Fehlschläge? In der Tat läuft diese Lebensgeschichte auf eine Niederlage zu, freilich eine mit einem welthistorischen Hintergrund: Ende Mai 1933 sieht sich Golo Mann gezwungen, Deutschland den Rücken zu kehren, er fährt zu seinen Eltern nach Bandol bei Toulon. Aus seinem damaligen Tagebuch zitiert er den Satz: »Jetzt ist die Familie das Einzige, was mir geblieben ist, das kann nicht gut gehen...« Ging es nicht gut? Noch viel, viel später, 1980, nachdem er zu einer zentralen Figur unserer geistigen Welt aufgestiegen ist und ihm die höchsten Preise und Auszeichnungen, die dieses Land zu vergeben hat, zugefallen sind, beantwortet er die Frage, was er sein möchte, mit dem lapidaren Bekenntnis: »Jemand, der glücklicher ist als ich.«[4]

Glück und Unglück sind Kategorien, denen man mit rationalen Argumenten schwerlich beikommen kann. Aber es ist Golo Mann hoch anzurechnen, daß er über seine traumatischen Erfahrungen ohne Selbstmitleid berichtet und daß er die andere, die Sonnenseite seines Lebens, selbst wenn er sie vielleicht unterschätzt, keineswegs verschweigt. Der unter seiner Familie und wohl auch unter seiner Veranlagung schwer leiden mußte, hat zugleich der Zugehörigkeit zu dieser Familie unendlich viel zu verdanken gehabt: Ein Sohn Thomas Manns war in der Weimarer Republik ein Auserwählter.

Materielle Not blieb ihm erspart. Gewiß, im Ersten Weltkrieg, als er noch ein Kind war, mußte sich auch die Familie Mann einschränken, doch für drei Hausangestellte reichte es immer noch. Die musische, die intellektuelle Prominenz dieser Epoche – Gerhart Hauptmann, Hugo von Hofmannsthal und Ricarda Huch, Jakob Wassermann, Maximilian Harden und Harry Graf Kessler, Hans Pfitzner, Bruno Walter und viele andere – konnte er schon früh kennenlernen, und von manch einem Gespräch hat der Heranwachsende mit Sicherheit profitiert. In den prägnanten Erinnerungen an die Berühmtheiten bewährt sich Golo Manns hervorstechender Sinn für das Wesentliche und für das Anekdotische: Sie gleichen bisweilen kunstvollen Miniaturen und geben (zusammen mit Reminiszenzen an Theateraufführungen und Lektüreeindrücke) der Autobiographie streckenweise den Rang eines kulturgeschichtlichen Nachschlagebuchs.

Aber ob im Salemer Internat, einer fürstlichen Eliteschule, deren Leiter zum väterlichen Freund des Knaben wird, oder später an den Universitäten von München, Berlin und Heidelberg – stets kommt in dieser Autobiographie eine eigentümliche Ambivalenz zum Vorschein. Von Jahr zu Jahr wird es deutlicher: Es ist ein Leben gegen Thomas Mann, doch dank des monatlichen, nicht eben karg bemessenen Wechsels ist es ein Leben im Wohlstand. In Berlin kann sich der Student Golo Mann gelegentlich ein Abendessen bei Kempinski leisten. Als seine Staatsexamensarbeit ins Reine geschrieben werden mußte, kommt er überhaupt nicht auf die Idee, es selber zu tun: Er läßt sich vom Arbeitsamt eine Sekretärin vermitteln. Von der Wirtschaftskrise in den letzten Jahren der Weimarer Republik ist bei den Manns nichts zu merken: Die Zahl der Hausangestellten beträgt jetzt fünf, und in der Garage stehen zwei Autos.

Auch Golo erhält als Belohnung für seinen 1932 erworbenen Doktortitel ein Auto geschenkt, ein kleines natürlich, doch kann er jetzt kreuz und quer durch Deutschland fahren und sich davon überzeugen, daß das Schlagwort »Volk ohne Raum« absurd ist. Wenn er unterwegs übernachtet, sei es in Weimar, sei es in Rothenburg ob der Tauber – immer entscheidet er sich für das erste Haus am Platz. Das alles beschreibt Golo Mann genau und nüchtern, dabei weder kalt noch trocken.

Aber eine Autobiographie ist immer fragwürdig und angreifbar; den meisten kann man Unaufrichtigkeit vorwerfen, wenn nicht gar Heuchelei, jede ist lückenhaft. Verbirgt einer seine Schwächen und Fehler, dann wird ihm dies prompt verübelt, spricht er von ihnen klar und offen, dann wirft man ihm vor, er wolle uns mit seiner Strenge gegen sich selbst imponieren. Stellt er sein Licht unter den Scheffel, dann verspottet man seine falsche Bescheidenheit, rühmt er sich seiner Taten und Tugenden, dann empfindet man das als degoutant: Ob Selbstkritik oder Eigenlob – peinlich ist es allemal.

Heine schreibt in seinen ›Geständnissen‹, daß eine Selbstcharakteristik nicht bloß eine verfängliche, sondern sogar eine unmögliche Aufgabe sei: »Ich wäre ein eitler Geck, wenn ich hier das Gute, das ich von mir zu sagen wüßte, drall hervorhübe, und ich wäre ein großer Narr, wenn ich die Gebrechen, deren ich mich vielleicht ebenfalls bewußt bin, vor aller Welt zur Schau stellte.«[5] Die Historiker, zu deren täglichem Geschäft es gehört, Autobiographien als Quellen zu benutzen, wissen sehr wohl, wie heikel und bedenklich diese Gattung ist. Und worauf der Angeklagte in einem Strafverfahren Anspruch hat, das gebührt auch jedem, der es wagt, über sein Leben Bericht zu erstatten: Er darf, wann immer ihm das angebracht scheint, die Aussage in eigener Sache verweigern.

Von diesem Recht macht der Autor der ›Erinnerungen und Gedanken‹ häufig Gebrauch. Groß und zahlreich sind also die Lücken in seinem Bericht über eine Jugend in Deutschland; sie betreffen vor allem Persönliches und Intimes. Das ist so bedauerlich wie verständlich. Aber wieviel auch Golo Mann verschweigen mag und wie gern er sich mit Anspielungen begnügt und mit knappen, freilich vielsagenden Andeutungen, so erzählt er doch nichts, was den Leser auf eine falsche Fährte bringen könnte. Mehr kann man nicht verlangen.

Für die Aussparungen, mit denen wir uns abfinden müssen, entschädigt uns eine Eigentümlichkeit des Buches, die keineswegs selbstverständlich ist. Der Historiker Golo Mann hat sich nie Illusionen gemacht, man könne Geschichte *sine ira et studio* treiben, er weiß sehr wohl, daß jener, von dem diese beliebte Formulierung stammt, Tacitus also, seinen feierlichen Ankündigungen zum Trotz nicht einmal versucht hat, ohne Zorn und ohne Vorliebe zu arbeiten. Er, Golo Mann, hat immer *cum ira et cum studio* geschrieben. Doch dieses passionierte Engagement, das noch in dem kleinsten Gelegenheitsaufsatz spürbar wird, ist in seinen Schriften untrennbar verknüpft mit einem auffallenden, einem unbeirrbaren Gerechtigkeitssinn. Es mag ja sein, daß dieser gerade bei jenen besonders entwickelt ist, die sich in ihren frühen Jahren fortwährend ungerecht behandelt fühlten.

Das Bedürfnis nach Ordnung, das Vertrauen in die Vernunft und die Sehnsucht nach Gerechtigkeit – das sind die Grundpfeiler des schriftstellerischen und des wissenschaftlichen Werks von Golo Mann. Er war und ist ein Skeptiker, aber es geht nicht an, ihn, wie dies gelegentlich versucht wurde, als Pessimisten abzustempeln. Ganz abgesehen davon, daß diese Kategorie allzu simpel scheint: Wie kann man denn ein Pessimist sein, wenn man bei allem Zweifel an der Gerechtigkeit auf Erden nicht aufhört zu hoffen, daß es möglich sei, Menschen und Geschehnisse gerecht zu beurteilen?

Nun gibt es aber – wie Golo Mann in seinem Essay über Lord Acton, den Historiker, sagte – »keine Gerechtigkeit ohne den Glauben, daß gut gut und schlecht schlecht sei«, und zwar unabhängig von »sogenannten geschichtlichen Aufgaben«, von »Notwendigkeiten und Notlagen«. Es sei »gerade die Unbedingtheit seiner Weigerung, mit den Begriffen von Gut und Schlecht Hokuspokus zu treiben, für die wir ihm heute dankbar sind«.[6] Diese Unbedingtheit gilt für Golo Mann selber, ihr ist er ein Leben lang treu geblieben, und sie bildet, wie könnte es anders sein, das Rückgrat auch seiner ›Erinnerungen und Gedanken‹. Und eben deshalb hat er sich immer – wie er erst unlängst in einem Interview feststellte – »gegen die Zwangsjacke einer Doktrin« gewehrt, nie war er bereit, sich auf einen »Ismus« festzulegen.[7] Überzeugt, daß Doktrinen (und zwar ausnahmslos alle) die komplexe Wirklichkeit auf gefährliche Weise vereinfachen, beruft er sich auf die »Ideologie der Ideologielosigkeit«.[8]

Damit hängt es zusammen, daß er im Laufe der Jahrzehnte oft genug attackiert und denunziert wurde – von den Rechten als Progressiver und von den Linken als Reaktionär, von den einen als Kosmopolit und von den anderen als Nationalist. Den Platz zwischen allen Stühlen hält er offenbar für durchaus angemessen. Jedenfalls demonstriert er der deutschen Öffentlichkeit, wozu sich jene, die ihn so gern kritisieren, nicht aufschwingen können – Unabhängigkeit und Nonkonformismus. Man braucht bei uns glücklicherweise nicht viel Mut, um den Mächtigen zu widersprechen. Golo Mann indes hat immer wieder gewagt, was in unserer Gesellschaft ungleich riskanter ist – nämlich Ansichten zu äußern, die der

Mode und dem Zeitgeist zuwiderlaufen. Gern treibt er – auch hier, in den ›Erinnerungen und Gedanken‹ – die Dinge auf die Spitze, damit sie tatsächlich erkennbar werden, er fürchtet nicht den Irrtum, er sichert sich nicht ab. Schon als Student notierte er: »Wer sich scheut, Sätze zu schreiben, die nicht stimmen, der muß schweigen und zwar sein ganzes Leben lang.«

Daß er an politischer Einsicht Thomas und Heinrich Mann weit übertroffen hat, will, da beiden diese Materie eher fremd war, nicht viel heißen. Kein Zweifel, beider Verlautbarungen zum Tagesgeschehen hatten dereinst ein starkes Echo, doch vor allem deshalb, weil der eine die ›Buddenbrooks‹ und der andere den ›Untertan‹ verfaßt hatte. Golo Manns unkonventionelle und bisweilen eigenwillige Warnungen und Vorschläge werden um ihrer selbst respektiert – und nicht, weil er der Autor des ›Wallenstein‹ ist.

Sein Gerechtigkeitssinn und seine Vorurteilslosigkeit kommen naturgemäß den historischen Kapiteln des Buches besonders zugute, jenen also, in denen sich Golo Mann mit der Politik und der Geschichte Deutschlands vom Ersten Weltkrieg bis zur nationalsozialistischen Machtübernahme auseinandersetzt. Dabei unterläuft ihm nicht der berüchtigte Fehler, dem jugendlichen Helden seiner Autobiographie Überlegungen und Erfahrungen zuzuschreiben, die in Wirklichkeit aus späteren Zeitabschnitten stammen. Im Gegenteil: Er unterscheidet genau zwischen seinem damaligen Horizont (»Auch ich gehörte zu denen, die nachher viel viel klüger waren als vorher«) und seinen heutigen Erkenntnissen, er schildert, wie er im Frühjahr 1933 trotz der allgemeinen Unsicherheit damit beschäftigt war, seine berufliche Zukunft vorzubereiten – »so als ob alles in Ordnung wäre«.

Auch fällt es auf, daß Golo Mann, von jenen redend, die den neuen deutschen Machthabern zum Sieg verholfen haben, bei aller Strenge doch nie unnachsichtig oder rigoros urteilt. Sogar für diejenigen Großindustriellen, die Hitler gedient und finanziert haben, bringt er einen Schimmer von Verständnis auf: »Mit Stahlwerken kann man nicht so leicht auswandern wie mit einem Romanmanuskript.« Aber ob Entwicklungsroman oder zeitgeschichtliche Darstellung, ob »Erinnerungen« erzählt oder »Gedanken« mitgeteilt werden – hier wie da zeigt sich das bewundernswerte schriftstellerische Können Golo Manns. Sein nie nachlassendes Interesse für Geschichte, berichtet er, hätten die historischen Romane geweckt, die er in seiner Jugend las: »Und da sie alle, teils großartig, teils wenigstens geschickt geschrieben waren, so fand ich nichts natürlicher, als daß Historie so lesbar sein könne und müsse wie ein Roman.«

Für ihn ist Geschichtsschreibung nichts anderes als Literatur. Die Legitimation holt er sich von den alten Römern. Mit der ihm eigenen Entschiedenheit und Einfachheit erklärt er: »Alle römischen Historiker machen Literatur, mit Ausnahme Caesars ... Alle wollen sie großartig unterhalten, auch Tacitus.«[9] Doch sein wahres Vorbild ist ein deutscher Historiker: Schiller. Über ihn schreibt er: »Den Dingen einen Stil geben, Spannung, Drama bieten – anders konnte er es nicht. Immer war er *homme de lettres,* selbst als Philosoph ...« Er wußte, »daß Erzählen selbst dessen, was sich wirklich begeben, immer auch Deutung ist, weil es so, wie es wirklich gewesen, in seiner formlosen Unendlichkeit, sich ja doch nicht ergreifen läßt; daß, wer etwas erzählen will, es schön erzählen muß ...«[10]

Schiller habe gar nicht anders schreiben können, als er geschrieben hat, und auch ihm, Golo Mann, habe sich die Frage nach dem Stil niemals gestellt. Daran ist nicht zu zweifeln. Nur gehörten zu den Büchern, die er in seiner Jugend las, auch jene des Vaters. Um es überspitzt auszudrücken: Wahrscheinlich hat kaum ein Schriftsteller seinen Stil in höherem Maße geprägt als Thomas Mann; aber es war ein Einfluß in reziprokem Sinne. Hans-Martin Gauger spricht in einer gründlichen Untersuchung der Diktion Golo Manns treffend von einem »bewußt-unbewußten Anschreiben gegen Thomas Mann« und weist darauf hin, daß die kurzen Sätze des Historikers und deren Segmentierung der Prosa seines Vaters konträr entgegenstehen.[11] Mit seinem wohltuend natürlichen Parlando erreicht Golo Mann ein Maximum an Deutlichkeit und Anschaulichkeit. Sein Stil ist es, der ihn vor Gefahren bewahrt hat, denen sogar die Größten nicht immer entgehen konnten – diese Autobiographie kann man weder der Eitelkeit noch der Koketterie beschuldigen.

Makellos ist das Deutsch der ›Erinnerungen und Gedanken‹ allerdings nicht. Als Vladimir Horowitz unlängst eine Schallplatte einspielte, unterliefen dem alten Meister drei Fehler, die er aber leicht korrigieren konnte. Tatsächlich tat er dies, beseitigte jedoch nur zwei und ließ den dritten stehen: »Damit man merkt, daß ich ein Mensch bin.« Auch in diesem Sinne ist Golo Manns Buch sehr menschlich: Pedanten werden hier und da sprachliche Eigenarten oder gar Nachlässigkeiten beanstanden, nicht alle Informationen sind ganz exakt, manche Reflexionen scheinen etwas flüchtig, es gibt Kapitel, die zu ausführlich und, weit häufiger, solche, die leider viel zu knapp geraten sind. Mit einem vollkommenen Werk haben wir es also nicht zu tun. Aber gerade dies macht es noch sympathischer.

Es ist in dieser Autobiographie – und wen könnte das wundern? – viel Schwermut und auch Bitterkeit, doch keine Spur von Zynismus oder Menschenverachtung. Hinter der erstaunlichen Synthese aus Weisheit und Leichtigkeit verbirgt sich eine Einsicht, die Golo Mann in seinem Heine-Essay von 1972 formuliert hat: »Die sind der Wahrheit näher, die heiter mit ihr umgehen, weil sie von ihrer Unerschöpflichkeit wissen.«[12] Und schließlich: Er habe – schreibt Golo Mann – von Karl Jaspers gelernt, »daß der Mensch immer mehr ist, als er selber von sich wissen kann, daher sich selber durch sein Tun immer wieder überraschen wird«. So hat denn auch Golo Mann mit dem Buch ›Erinnerungen und Gedanken‹ sich selber überrascht – und uns alle.

F.A.Z. vom 30.9.1986.
Hier wiedergegeben nach: Marcel Reich-Ranicki, ›Thomas Mann und die Seinen‹. Frankfurt am Main 1990, S. 222–236.

[1] Golo Mann, ›Erinnerungen und Gedanken. Eine Jugend in Deutschland‹. Frankfurt am Main 1986.

[2] Golo Mann, ›Deutsche Geschichte des 19. und 20. Jahrhunderts‹. 17. Auflage der Sonderausgabe. Frankfurt am Main 1963, S. 722.

[3] Auszüge aus den Tagebüchern Katia Manns sind zu finden in: Golo Mann, ›Erinnerungen und Gedanken‹. A.a.O., S. 10–18.

[4] ›Indiskrete Antworten. Der Fragebogen des *F.A.Z.*-Magazins.‹ Herausgegeben von Georg Hensel und Volker Hage. Stuttgart 1985, S. 109.

[5] Heinrich Heine, ›Sämtliche Schriften‹. Herausgegeben von Klaus Briegleb. Sechster Band, erster Teilband. München 1975, S. 447.

[6] Golo Mann, ›Geschichte und Geschichten‹. Frankfurt am Main 1961, S. 90.

[7] *Buchjournal* 3/86.

[8] Golo Mann, ›Zeiten und Figuren. Schriften aus vier Jahrzehnten‹. Frankfurt am Main 1979, S. 79f.

[9] Ebenda, S. 365.

[10] Golo Mann, ›Geschichte und Geschichten‹. A.a.O., S. 82ff.

[11] Hans-Martin Gauger, »Zum Stil Golo Manns«. In: ›Was die Wirklichkeit lehrt. Golo Mann zum 70. Geburtstag‹. Herausgegeben von Hartmut von Hentig und August Nitschke. Frankfurt am Main 1979, S. 342.

[12] Golo Mann, ›Zwölf Versuche‹. Frankfurt am Main 1973, S. 292.

Der noble Enthusiast

Seine Aufsätze und Reden zur Literatur hat Golo Mann in einem Band mit dem eher anfechtbaren als einleuchtenden Titel ›Wir alle sind, was wir gelesen‹[1] gesammelt. Von den behandelten Autoren lebt nur noch ein einziger, und auch dieser (Ernst Jünger) ist im vergangenen Jahrhundert geboren. Aber mit der Literaturgeschichte und der Literaturwissenschaft hat Golo Mann nichts im Sinn, er selber sagt, er sei kein »Literaturgelehrter«. Wer also kommt hier zu Worte? Ein Liebhaber, ein nobler Bewunderer, der ein glänzender Kenner seiner Themen ist. Ein Schriftsteller, dem es Spaß macht, sich über andere Schriftsteller zu äußern. Ein Essayist, der feuilletonistische Mittel nicht verpönt. Ein Kritiker und somit – wie alle Kritiker – ein Enthusiast der Literatur.

Über die Bekenntnisse des Augustinus nachdenkend, ruft Golo Mann ganz ungeniert aus: »Welch gelungene Formulierungen!«[2] Sein Festvortrag über Wilhelm Busch beginnt mit den Worten: »Am liebsten würde man nur zitieren ...«[3] Man glaubt es diesem Redner, daß ihm das Zitieren mehr Freude bereitet als das Kommentieren. Aber Bewunderung habe, so Golo Mann, »rein gar nichts mit Unterwerfung zu tun. Im Gegenteil, sie erhöht ...«[4] Goethe spricht einmal von »genießender Bewunderung«. Bei Golo Mann haben wir es mit genießender und zugleich kritischer Bewunderung zu tun. Er ist oft verliebt, doch macht ihn die Liebe nicht blind. Diese ansteckend wirkende Begeisterungsfähigkeit, die mit den Jahren eher zugenommen hat, beeinträchtigt nicht seine Erkenntnisse, seine (ganz außergewöhnliche) Unvoreingenommenheit.

Er schwärmt für Tacitus, der Essay über den altrömischen

Kollegen ist ein vehementes, ja geradezu spannendes Prosastück. Eine Liebeserklärung? Gewiß, indes kein Kniefall. Er liest den Tacitus mißtrauisch, er klopft ihm auf die Finger. Über dessen Beurteilung des von Kaiser Augustus hinterlassenen Rechenschaftsberichts schreibt Golo Mann so unwirsch, als handle es sich um einen in der vergangenen Woche veröffentlichten und höchst schädlichen Leitartikel. Doch hütet er sich, Äußerungen von Historikern oder Schriftstellern immer ernst zu nehmen. Er zitiert eine ihn überraschende Ansicht des Tacitus und fragt, worauf sie denn zurückzuführen sei: »Weil er heute etwas heller gelaunt ist als gewöhnlich?... Morgen mag er wieder anderer Stimmung sein. Und völlig anders können die Dinge in zehn Jahren sein.«[5] Kurz: Er hält Tacitus für einen etwas unsicheren Kantonisten. Aber welcher Autor war oder ist das nicht?

Am Ende sind sie alle, wie einer der Größten unter ihnen gesagt hat, auf Allotria bedachte Kumpane.[6] Golo Mann schätzt und verehrt sie nicht trotzdem, sondern ebendeshalb. Denn er weiß, daß jene der Wahrheit näher sind, die heiter mit ihr umgehen: »Die trösten uns am verläßlichsten, die ihren tiefen Ernst hinter Scherzen verbergen.«[7] Daher sein vertrauliches und inniges Verhältnis zu Heine, zu Fontane und Wilhelm Busch und auch zu Cervantes. Natürlich sei Heine nicht der einzige Dichter gewesen, den man liebte, doch der einzige, mit dem man sich habe identifizieren können. Nicht mit Goethe oder Hölderlin, nicht mit Eichendorff oder Brentano, nicht mit der Droste. Warum also mit Heine?

Weil er, argumentiert Golo Mann, an dem »nie zur Ruhe kommenden geschichtlichen Prozeß« unmittelbar partizipierte, und zwar in doppeltem Sinne: Zugleich mit dem Fortschreiten der Zeit erlebte er sehr bewußt sein eigenes Fortschreiten in dieser Zeit. Und »weil er sich offener, natürlicher, schamloser gab als die anderen, weil hier die Beziehung zwischen Dichter und Gedicht oft die allerdirekteste war.« Dies eben hätten ihm die Deutschen verübelt, denn sie suchen im Dichter nicht »den lächelnden Bekenner«, sondern »den verborgenen König, den *Vater*«[8]. Der Poet als Seher und Prophet? Als geheimnisvoller Sachwalter des Überirdischen und Unbegreiflichen? Damit will Golo Mann nichts zu tun haben. Er scheut sich nicht zu behaupten, daß Goethes Genie zusammenhing und zu einem Teil sogar identisch war »mit einer beispiellos starken Dosis von gesundem Menschenverstand«[9], gerade darin liege der Reiz vieler seiner Werke.

Um die wissenschaftliche Literatur über die Schriftsteller, mit denen er sich beschäftigt, kümmert sich Golo Mann überhaupt nicht. Er beweist überzeugend, daß Schillers ›Wallenstein‹ auf Kleist stark gewirkt habe, zumal auf das ›Käthchen von Heilbronn‹. Dann heißt es: »Solche Zitierungen könnte ich vermehren; müßte mich übrigens wundern, wenn ich der erste wäre, der sie entdeckte.«[10] Aber wenn er sich auch nie auf die Sekundärliteratur beruft, so ignoriert er sie insofern nicht ganz, als er sich manchen Legenden, die von unseren Germanisten in Umlauf gebracht wurden, entschieden widersetzt – beispielsweise jenen über Kleist.

So stimme es nicht, daß dieser keine ermutigenden Kritiker gefunden hätte. Wahr sei vielmehr, daß es über ausnahmslos jede seiner Veröffentlichungen »neben törichten auch eine gute Zahl wohltuend verständnisvoller, nobler, ja bewundernder Besprechungen« gab.[11] Als Kleist aus dem Militärdienst ausschied, habe »die hohe preußische Bürokratie sich keineswegs schnöde, sondern lange Zeit überaus geduldig und wohlwollend ihm gegenüber« betragen. 1804 wurde er »trotz seines plötzlichen Verschwindens vier Jahre zuvor, trotz seines unerhörten, dem Berliner Hof genau bekannten Verhaltens in Frankreich« wieder angestellt, und zwar »unter väterlich-erzieherischen Bedingungen«[12]. Die Minister und andere Würdenträger Preußens hätten gar nicht zuvorkommender gegen ihn handeln können. Unter den Patrioten in seinem Bekanntenkreis und auch in seiner weiteren Umgebung gab es keinen einzigen, den die Fremdherrschaft, den die deprimierenden Verhältnisse im Vaterland zum Selbstmord getrieben hätten.

Golo Mann führt dies mit Nachdruck an, um die immer noch beliebte und ihn irritierende These zu widerlegen, Kleist sei ein Opfer der Epoche oder Preußens gewesen oder, auch das konnte man in West und Ost lesen, der Krise der bürgerlichen Aufklärung in Deutschland. Wenn man den berühmten Satz in seinem Abschiedsbrief an die Schwester (»Die Wahrheit ist, daß mir auf Erden nicht zu helfen war«) als »letztgültige Einsicht« begreife, dann sei es eben nicht der Weltlauf gewesen, der ihn tötete. So sieht Golo Mann die Gründe für den Selbstmord am Kleinen Wannsee ausschließlich in der seelischen Prädisposition Kleists. Es wird – schreibt der Bruder Klaus Manns – »der, der den Tod durch eigene Hand von Anfang an in sich trägt, zuletzt ihn finden«[13].

Übrigens mangelt es in dieser Studie nicht an Widersprüchen. Da heißt es, Kleist sei für die Politik »enorm begabt« gewesen, »ohne doch für sie zu taugen«[14]. Entweder – sollte man meinen – trifft dieses zu oder jenes. Aber Golo Mann hat sich bei seinem Befund schon etwas gedacht, nur will er es uns nicht so deutlich sagen: Wir haben die Wahl. Oder: Kleist war »gewiß einer der Scharfsinnigsten unter unseren großen Dichtern«. Andererseits wundert sich Golo Mann, daß Kleist mit dem ›Prinzen von Homburg‹ die Gunst des Berliner Hofes zu gewinnen hoffte, obwohl er doch wissen mußte, daß dem Hof »dergleichen Verwirrung so wenig liegen konnte wie das Romantisch-Neurotische, das in dem Drama waltet«[15]. Läßt sich als höchst scharfsinnig einer bezeichnen, der so gründlich die Realität verkannte? Derartige Unklarheiten, die nicht nur in dem Kleist-Vortrag auffallen, hängen mit dem Stil dieser kritischen Prosa zusammen: Denn wie dem Redner das Vorrecht zusteht, um der Kürze willen zu vereinfachen und zu überspitzen, so ist der Essayist nicht nur berechtigt, sondern beinahe verpflichtet, auch solche Fragen zu stellen, die er nicht beantworten kann oder nicht beantworten will.

In dem Aufsatz über den »stoischen« Ernst Jünger läßt Golo Mann besonders viel ungesagt, da findet sich manches nur zwischen den Zeilen. Schon 1930 polemisierte der junge Klaus Mann gegen Jünger, »der uns die Barbarei als neue Gesinnung vorgaukelt«[16]. Thomas Mann meinte im Herbst 1945, es könne einer mit »Menschen- und Engelszungen« reden und würde ihm dennoch Jünger nicht geheuer machen. Er hielt ihn für einen »Wegbereiter des Nazitums«, der »ein eiskalter Genießer des Barbarismus geblieben« sei.[17]

Wenn Golo Mann ein Fanatiker ist, dann lediglich ein Gerechtigkeitsfanatiker. Auch er sei, betont er gleich, kein Freund der Schriften Jüngers, er habe deren Lektüre immer als gar zu unheimlich, als quälend empfunden: »Im Grunde sprach er nie zum Publikum, sondern erteilte abgewandten Blickes seine Befehle...« Er möchte über Jünger freundlich schreiben, aber es will ihm nicht recht gelingen – die permanente Selbststilisierung stößt ihn ab, das Komödiantische. »Er stilisierte sich zu früh, zu großartig. Er bestieg früh das Prophetenroß, wurde zum Monument und kam nicht wieder herunter.« Sein Werk sei eine »stilisierte Konfession«, seine Tagebücher (»reich und klug und oft schön«) seien bloß »stilisierte Tagebücher, keine echten«. Zu seinen Aphorismen sagt er: »Auch da gibt er sich so, wie kein Mensch ist.« Golo Mann mag sie nicht, diese »Geste des Propheten«, diese »Maske des kühlen Richters, des furchtlosen Ritters«. Und nachdem sich Jünger so stilisiert hatte, konnte er »etwas Geringeres als Zukunft und Schicksal der Menschheit kaum noch anrühren«.

Die grauenvollste Aussicht sei die der Technokratie, nämlich »einer kontrollierenden Herrschaft, die durch verstümmelte und verstümmelnde Geister ausgeübt wird« – nicht ohne Widerwillen zitiert Golo Mann diese Meinung Jüngers, und er fragt höhnisch: »Immer noch die alten Illusionen, hochverehrter Herr? Immer noch die Erwartung des Menschen, der ganz aus Stahl gemacht sein wird, anstatt aus krummem Holz? Nach allem, was wir erlebt haben?«[18] Der Vergleich von Jüngers Buch ›An der Zeitmauer‹ (1959) mit seiner Abhandlung ›Der Arbeiter‹ (1932) fällt zugunsten der neueren Publikation aus: »Aber nicht ums Sterben würde er zugeben, daß die frühere Schrift eine Verirrung war.« Jünger »sollte zu den Unabhängigkeiten, die er bewies, auch noch die von den Irrtümern der eigenen Vergangenheit fügen«[19].

Woran mag es liegen, frage ich mich, daß manche Schriftsteller – Jünger ist wahrlich nicht der einzige – die Fehler, die ihnen früher unterlaufen sind, vielleicht insgeheim einsehen, doch sich nicht überwinden können, es öffentlich zuzugeben? Vermutlich hat diese Unfähigkeit mit einer Schwäche zu tun, derer sie sich schämen, mit einem Mangel an Souveränität und Selbstsicherheit, den sie unbedingt tarnen möchten, mit einer Eitelkeit, die ihre Selbstkontrolle schmälert.

Im Fazit drückt Golo Mann seine Anerkennung für Jünger so kühl wie möglich aus: Was er schreibe, bezaubere nur »augenblicksweise« und »die Durchschlagskraft der großen Thesen und Bilder« habe es nicht. Aber den Bedenken zum Trotz gehöre er zu jenen, »die unser Leben ein wenig reicher machen und von denen man, mit Vorsicht, lernen kann«. »Augenblicksweise«, »ein wenig«, »mit Vorsicht« – das sind unmißverständliche Einschränkungen. Dieser Aufsatz über Jünger stammt aus dem Jahre 1960. Doch da gibt es noch einen ›Nachtrag 1989‹, neun Zeilen alles in allem, der letzte Satz lautet: »Ernst Jünger ist zu einer ehrwürdigen Gestalt geworden.«[20] Was gilt nun – der generelle Vorbehalt von 1960 oder die Verbeugung von 1989? Wieder einmal haben wir die Wahl. Ich meine: Der neue Nachtrag zeugt in erster Linie von Golo Manns Güte und Menschenfreundlichkeit.

Von Güte ist auch der höchst aufschlußreiche Essay über Heinrich Mann und sein 1946 erschienenes Buch ›Ein Zeitalter wird besichtigt‹ geprägt. Sympathie, Zuneigung, Liebe? Wie immer man es nennen mag – kein Zweifel, daß Golo Mann mit großer Herzlichkeit an seinen Onkel Heinrich denkt und daß es ihm geradezu ein Bedürfnis ist, ihn zu loben und zu rühmen. Das ist aber keine einfache Aufgabe, zumal wenn von dem Band ›Ein Zeitalter wird besichtigt‹ die Rede sein soll.

»Ein schönes Buch und höchst eigenartig« – urteilt Golo Mann. Das meint er natürlich nicht ganz ernst. Denn Heinrich Mann hat ohne Plan und Konzeption die unterschiedlichsten Aufsätze, alte und neue, zusammengefaßt, es ist ein zunächst ärgerliches, doch bald trostloses und entwaffnendes Sammelsurium, in dem einige gut geschriebene Beiträge wie Fremdkörper wirken. Das liest sich bei Golo Mann so: »Der Band ist assoziiert, gewachsen, wild gewachsen, ist etwas wie ein alter nobler Garten, der lange keines Gärtners Hand sah.«[21] Noch nachsichtiger und freundlicher ließ sich dieser Sachverhalt gar nicht ausdrücken.

Aber der liebende Neffe ist auch ein unbestechlicher Kritiker – und so sagt er uns klipp und klar, daß der Onkel Heinrich von den historischen und politischen Themen, über die er sich in diesem Buch äußerte, meist keine Ahnung hatte. Das gilt beispielsweise für Friedrich den Großen und für den von ihm ohne Pardon gepriesenen Bismarck. Belehren ließ sich Heinrich Mann nicht: Wenn der Neffe versucht hätte, ihn zu korrigieren, »so hätte er erstens gar nicht verstanden, was ich meinte, und hätte er zweitens von da an bitteren Groll gegen mich gehegt. Denn er war ein sehr eigensinniger Mensch und konnte in Sachen, die für ihn wesentlich waren, durchaus keinen Widerspruch vertragen; kaum auch nur in unwesentlichen.«

Was in ›Ein Zeitalter wird besichtigt‹ über die Sowjetunion und den Kommunismus zu lesen ist, sei indiskutabel, wir hätten es mit »kindlich verblendeten Texten« zu tun, man möge, rät Golo Mann, »das ganze Zeug überschlagen«. Er erinnert sich an Gespräche mit Heinrich Mann in den dreißiger Jahren. Auch den geringsten Zweifel an der Güte, der Humanität und der Liberalität des Bolschewismus habe er nicht geduldet: »Sofort brach er alle Beziehungen ab.« Er sei unfähig gewesen, »ökonomisch, soziologisch, politisch zu fragen«. Wann werden unsere Heinrich-Mann-Forscher dies endlich begreifen? Aber es ehrt Golo Mann, daß er, allerlei törichte Darlegungen des Onkels beim Namen nennend und gelegentlich mit dem Ausruf »O misère!« kommentierend, gleichwohl nicht daran denkt, den alten und einsamen Exilschriftsteller, der offenbar zu einem lebenden Anachronismus geworden war, etwa zu verspotten: »Es rührte mich, was ich da noch einmal las, es gefiel mir sehr die Unschuld dieses bewundernden, liebenden Herzens.«[22]

Die kluge Studie über Heinrich Mann, die nichts beschönigt oder bagatellisiert und doch nobel ist, beweist vielleicht am überzeugendsten, was freilich der ganze Band ›Wir alle sind, was wir gelesen‹ erkennen läßt: daß hier ein Anwalt der Literatur spricht, den nichts hindern kann, sich selber die Treue zu halten. Formuliert ist das Ganze in einer Sprache, die man in der deutschen Literaturbetrachtung erst seit Heines ›Romantischer Schule‹ kennt und die immer noch Seltenheitswert hat: Golo Mann hat es gelernt zu schreiben, wie ihm der Schnabel gewachsen ist. Allerdings macht er es sich bisweilen sehr leicht – etwa, wenn er fragt, wie man »Magie« analysieren solle, und wir uns dann mit der Antwort begnügen müssen: »Man hat es oder man hat es nicht.«[23] Das tadle, wer will, der Schreiber dieser Zeilen darf es nicht, denn er verwendet mitunter das Wort »Charme« und kann es ebenfalls nicht definieren. Und so sei denn Golo Manns Buch, ganz ohne Reue, beides zugleich nachgerühmt: Magie und Charme.

Marcel Reich-Ranicki, ›Der noble Enthusiast‹. In: ›Die Anwälte der Literatur‹. Stuttgart 1994, S. 270–277. Erschien zuerst in der *F.A.Z.* vom 15.4.1989.

[1] Golo Mann, ›Wir alle sind, was wir gelesen. Aufsätze und Reden zur Literatur‹. Frankfurt am Main 1989.
[2] Ebenda, S. 75.
[3] Ebenda, S. 189.
[4] Ebenda, S. 102.
[5] Ebenda, S. 69.
[6] Thomas Mann XI/332.
[7] Golo Mann: ›Wir alle sind, was wir gelesen‹. A.a.O., S. 181.
[8] Ebenda, S. 173.
[9] Ebenda, S. 102.
[10] Ebenda, S. 119.
[11] Ebenda, S. 120.
[12] Ebenda, S. 126 und 128.
[13] Ebenda, S. 136f.
[14] Ebenda, S. 125.
[15] Ebenda, S. 123 und 117.
[16] Klaus Mann: ›Prüfungen. Schriften zur Literatur‹. Herausgegeben von Martin Gregor-Dellin. München 1968, S. 161.
[17] Thomas Manns Briefe vom 24. September 1945 und 10. Oktober 1945 sind zitiert in: ›Die Briefe Thomas Manns. Regesten und Register‹. Band 3: Die Briefe von 1944 bis 1950. Bearbeitet und herausgegeben unter Mitarbeit von Yvonne Schmidlin (Thomas-Mann-Archiv Zürich), von Hans Bürgin und Hans-Otto Mayer. Frankfurt am Main 1982, S. 187 und 194.
[18] Golo Mann: ›Wir alle sind, was wir gelesen‹. A.a.O., S. 292f.
[19] Ebenda, S. 294 und 302.
[20] Ebenda, S. 302f.
[21] Ebenda, S. 233 und 235.
[22] Ebenda, S. 240f. und 242–244.
[23] Ebenda, S. 210.

[Über Golo Mann]

An dem schweren, schrecklichen Schicksal, ein Sohn Thomas Manns zu sein, hat auch Golo Mann gelitten. Aber er war der einzige von den drei Söhnen, dem es gelang, das Wort des Vaters zu beherzigen, man solle dem Tode keine Herrschaft einräumen über seine Gedanken – man habe also der Verlockung zu widerstehen, die Stunde des Todes selber zu bestimmen. Golo Mann starb 1994 im Alter von 85 Jahren. Dank seiner ›Deutschen Geschichte des 19. und 20. Jahrhunderts‹ und dank seiner wahrhaft monumentalen ›Wallenstein‹-Biographie wurde er zum erfolgreichsten deutschen Historiker des Jahrhunderts – von Kollegen anerkannt und geschätzt und von unzähligen Lesern bewundert, auch von solchen, die sonst um historiographische Werke einen großen Bogen machen. Dennoch war er ein schwermütiger Einzelgänger, der sich lange Jahre hindurch für verfemt und ausgestoßen hielt. In seinen späten Jahren war er berühmt und wohlhabend, aber auf die Frage »Was möchten Sie sein?« im Fragebogen des *F.A.Z.-Magazins* antwortete er kurz und klar: »Jemand, der glücklicher ist als ich.«

Ich habe Golo Mann in Hamburg um 1970 kennengelernt. Doch zu näheren und kontinuierlichen Kontakten kam es erst 1974, als ich ihn mit Bittbriefen zu bedrängen begann – was ich bis Ende der achtziger Jahre unermüdlich und hartnäckig fortsetzte. An der möglichst intensiven Zusammenarbeit mit ihm lag mir ähnlich wie an jener mit Wolfgang Koeppen, wenn auch aus anderen Gründen: Golo Mann war in mancherlei Hinsicht der ideale Autor des Literaturteils der *Frankfurter Allgemeinen.* Weil er über ein außergewöhnliches Wissen verfügte, weil er ein wahrhaft gebildeter Mann war? Nicht nur. Ich hielt es für eine meiner wichtigsten Aufgaben, einen Literaturteil zu redigieren, der nicht bloß von Kollegen und Fachleuten gelesen würde, sondern von möglichst allen, die sich für Literatur interessieren. Im Unterschied zu manch einem anderen Mitarbeiter brauchte ich Golo Mann niemals daran zu erinnern, an welche Adressaten seine Beiträge gerichtet sein sollten. Denn sein Vorbild war Augustinus, von dem er sagte, noch das Schwierigste mache er dem Leser leicht.

Alle seine Schriften verfaßte er in einem wohltuend natürlichen Parlando, mit dem er ein Maximum an Klarheit, Deutlichkeit und Anschaulichkeit erreichte – in einem Parlando, das mit dem Stil seines Vaters nichts gemein zu haben scheint. Doch in Wirklichkeit war es gewiß anders: Golo Manns Sprache entwickelte sich sehr wohl unter dem Einfluß der überaus kunstvollen Diktion Thomas Manns, nur freilich im bewußten oder unbewußten Widerstand gegen diese Diktion – wie er sich auch schon früh für ein Leben gegen seinen Vater entschieden hatte. In einem Telefongespräch, in dem von seinem Verhältnis zum Vater die Rede war, sagte er mir: »Ich habe seinen Tod gewünscht.« Ich erschrak und fragte ihn ziemlich erregt: »Wissen Sie denn, was Sie da eben gesagt haben?« Darauf Golo: »Ja, so ist es. Ich habe seinen Tod gewünscht. Es war unvermeidlich.« Seine Bücher habe er, abgesehen von der Doktorarbeit über Friedrich von Gentz, allesamt erst nach dem Tod des Vaters schreiben können – damals war er immerhin schon 46 Jahre alt.

Wir trafen uns in Hamburg und Düsseldorf, Frankfurt und Zürich, aber nicht sehr häufig. Hingegen haben wir immer wieder korrespondiert und telefoniert. Zwei Themen standen im Mittelpunkt: die Literatur und die Familie Mann. Golo lobte meine Artikel und Bücher, brachte hier und da Einwände vor, hatte aber, sobald es in meinen Kritiken um seine Familienangehörigen ging, einen fundamentalen Einwand, den er bei verschiedenen Gelegenheiten vorbrachte. So schrieb er mir zu einem Essay über Klaus Mann, alle meine Urteile seien richtig, das Ganze aber sei es nicht: Es fehle »die Sympathie«. Auch wo er sich zu meinen Aufsätzen über die einzelnen Bände der ›Tagebücher‹ Thomas Manns äußerte, wiederholte Golo die generelle Beanstandung: Zu wenig Sympathie, zu wenig Liebe.

Wenn Kritiker Bücher seines Vaters besprochen hatten, war er verärgert und überlegte sich, ob er einen Protestbrief schreiben solle, was er dann meist doch unterließ. Ihm selber freilich machte es Spaß, schlecht über einzelne Werke von Thomas Mann zu reden. Vom ›Tonio Kröger‹ hielt er sehr wenig, in dem Gespräch mit Lisaweta stimme nichts, es sei »Unsinn«. Welche von den beiden schlechtesten Erzählungen Thomas Manns – ›Tonio Kröger‹ und ›Unordnung und frühes Leid‹ – denn die schlechtere sei, fragte er mich höhnisch. Ich nahm das alles nicht ernst. »Wenn man so hört«, sagte ich ihm, »wie Sie über die Bücher Thomas Manns reden, muß man zum Ergebnis kommen, daß Sie ihn für einen besonders schwachen, ja talentlosen Autor halten.« Golo Mann widersprach gleich: Das könne man nicht sagen, denn der ›Joseph‹-Roman sei, wenn es um Format und Qualität gehe, so etwas wie die ›Ilias‹, wie die ›Odyssee‹. Da sind wir, dachte ich mir, wieder zu Hause – und konnte beruhigt schlafen.

Gern erzählte Golo Mann Anekdoten über den Vater, meist solche, die für ihn nicht schmeichelhaft waren. Auch ich erzählte ihm eine Anekdote, die er, wie sich gleich herausstellte, nicht kannte. Im Herbst 1924 war der ›Zauberberg‹ erschienen, wenige Wochen später gab es schon allerlei Kummer – unter anderem mit Gerhart Hauptmann, der sich, im Roman als Mynheer Peeperkorn parodiert und karikiert, beleidigt und verärgert zeigte.

In dieser Zeit hielt sich Thomas Mann kurz in Zürich auf, wo er einen eleganten Herrenartikel-Laden in der Bahnhofstraße aufsuchte, zu dessen Kunden er längst gehörte. Es war am frühen Morgen. Er wurde von dem Inhaber mit gehöriger Devotion begrüßt. Doch schien dieser etwas unruhig, bat rasch um Entschuldigung und ging die Treppe hinauf in die erste Etage des Ladens. Nach wenigen Minuten kehrte er zurück und teilte Thomas Mann mit, in der oberen Etage sei jetzt ein anderer Kunde, der Herr Doktor Hauptmann, Gerhart Hauptmann. Ob der Herr Doktor Mann den Kollegen sehen möchte? Thomas Mann antwortete sofort: »Nein, es ist noch etwas zu *früh.*« Der Inhaber des Ladens verneigte sich höflich und sagte: »Der Herr Doktor Hauptmann ist der gleichen Ansicht.«

Golo Mann war entzückt: »In der Tat«, sagte er, »eine ausgezeichnete Anekdote. Nur: Sie ist von Anfang bis Ende erfunden, frei erfunden. Wenn das tatsächlich passiert wäre, dann hätte uns T.M. mit dieser Geschichte zahllose Male gequält.«

In einem unserer ausgedehnten Telefongespräche – es war im Dezember 1975 – unterhielten wir uns über die Sexualität Thomas Manns. Homosexuelle Gefühle und Gedanken, sagte Golo, seien Thomas Mann, wie bekannt, keineswegs fremd gewesen. Er sei aber nie ein praktizierender Homosexueller gewesen. Die Vorstellung, er habe Kontakte mit Strichjungen gehabt, sei absurd. Seine homosexuellen Aktivitäten seien, so Golo, »niemals unter die Gürtellinie gegangen«. Letztlich sei seine Homosexualität in pubertären Grenzen geblieben. Man könne sagen, meinte Golo, Thomas Manns Sexualleben habe dem eines preußischen Generals geähnelt. Frauen gegenüber sei er ängstlich und zurückhaltend gewesen. Eben deshalb habe er gelegentlich Dienste von Prostituierten in Anspruch genommen.

Befragt nach angeblich vorhandenen intimen Briefen Thomas Manns an Klaus Mann, deren Veröffentlichung von der Familie – Gerüchten zufolge – verhindert worden sei, erklärte Golo Mann, derartige Vermutungen zeugten von der Unkenntnis der tatsächlichen Vater-Sohn-Beziehung. Derartige Briefe konnte es nicht geben, weil Intimität zwischen Thomas und Klaus Mann nie existiert habe. Der Vater habe die Homosexualität seines Sohnes Klaus »verabscheut«, Aussprachen über dieses Thema seien zwischen ihnen niemals erfolgt. In seiner Familie, belehrte mich Golo, habe es zwei Arten von Homosexualität gegeben – eine Mannsche und eine Pringsheimsche. Die Mannsche sei scheu und voll von Hemmungen und Komplexen, die Pringsheimsche hingegen fröhlich und lebensbejahend. Klaus sei der Pringsheimschen Tradition verbunden gewesen, er selber jedoch weit eher der dunklen und komplizierten Mannschen Tradition.

Einmal gingen wir in der Nähe von Kilchberg spazieren. Da ich wußte, daß er zahllose Gedichte auswendig konnte, bat ich ihn, einige vorzutragen. Er sprach zuerst lateinische Verse (von Horaz und Ovid), später deutsche: Heine, Eichendorff und immer wieder Goethe. Ich fragte ihn, was ihm Goethe bedeute. Er sagte etwa, Goethe sei für ihn so notwendig wie die Luft, die wir zum Atmen brauchen, wie das Licht, ohne das wir nicht leben können. Dann hörte ich mehrfach die Vokabel »Dank«.

Ohne Übergang fragte ich nun nach seinem Verhältnis zu Thomas Mann. Golo wich nicht aus, aber er antwortete einsilbig. Jetzt hörte ich ganz andere Vokabeln: Angst, Abscheu, Bitterkeit, wohl auch Haß. Als wir den Kilchberger Friedhof passierten, schlug er vor, das Grab von Conrad Ferdinand Meyer aufzusuchen. Daß auf demselben Friedhof Thomas und Katia Mann beerdigt sind, blieb unerwähnt. Als Golo Mann 1994 starb, wurde auch er auf dem Kilchberger Friedhof begraben, doch auf seinen ausdrücklichen Wunsch möglichst weit vom Grab seiner Eltern entfernt. Tatsächlich befindet sich sein Grab unmittelbar an der Friedhofsmauer.

Auf dem Rückweg nach Zürich dachte ich mir, daß ich in meinem ganzen Leben noch nie einem Menschen begegnet sei, der soviel an seinem Vater gelitten und der soviel der Dichtung zu verdanken habe wie Golo Mann, der unglückliche Sohn eines Genies und der glückliche Bewunderer, der noble Enthusiast der Literatur.

Marcel Reich-Ranicki, ›Mein Leben‹. Stuttgart 1999, S. 512–517.

Ergänzender Copyrightnachweis

Golo Mann: ›Lebenslust und Weltangst‹. *Zu Conrad Ferdinand Meyer, ›Ein Pilgrim‹.* Aus: *Frankfurter Anthologie Band 1,* hg. v. Marcel Reich-Ranicki, Insel Verlag, Frankfurt am Main 1976, S. 59 ff.

–: ›Hinter dem Schein der Einfachheit‹. *Zu Friedrich Rückert, ›Nach Dscheladdin Rumi‹.* Aus: *Frankfurter Anthologie Band 2,* hg. v. Marcel Reich-Ranicki, Insel Verlag, Frankfurt am Main 1977, S. 53 ff.

–: ›Vom Gleiten der Zeit‹. *Zu Hugo von Hofmannsthal, ›Terzinen über Vergänglichkeit‹.* Aus: *Frankfurter Anthologie Band 5,* hg. v. Marcel Reich-Ranicki, Insel Verlag, Frankfurt am Main 1980, S. 147 ff.

–: ›Niederlage und Triumph‹. *Zu Heinrich Heine, ›Nicht gedacht soll seiner werden!‹.* Aus: *Frankfurter Anthologie Band 5,* hg. v. Marcel Reich-Ranicki, Insel Verlag, Frankfurt am Main 1980, S. 99 ff.

–: ›Erlösung in Weltentsagung‹. *Zu August von Platen, ›Lebensstimmung‹.* Aus: *Frankfurter Anthologie Band 6,* hg. v. Marcel Reich-Ranicki, Insel Verlag, Frankfurt am Main 1982, S. 69 ff.

–: ›Die Urballade‹. *Zu Johann Wolfgang von Goethe, ›Erlkönig‹.* Aus: *Frankfurter Anthologie Band 10,* hg. v. Marcel Reich-Ranicki, Insel Verlag, Frankfurt am Main 1986, S. 51 ff.

–: ›Das feuchte Weib‹. *Zu Johann Wolfgang von Goethe, ›Der Fischer‹.* Aus: *Frankfurter Anthologie Band 10,* hg. v. Marcel Reich-Ranicki, Insel Verlag, Frankfurt am Main 1986, S. 93 ff.

–: ›Die neue Form in Deutschlands Garten‹. *Zu Friedrich Rückert, ›Das vierzigste Ghasel‹.* Aus: *Frankfurter Anthologie Band 12,* hg. v. Marcel Reich-Ranicki, Insel Verlag, Frankfurt am Main 1989, S. 107 ff.

Marcel Reich-Ranicki: ›Die Befreiung eines Ungeliebten‹. Aus: *Thomas Mann und die Seinen,* Deutsche Verlags-Anstalt, Stuttgart 1987, S. 222–236.

–: ›Golo Mann. Der noble Enthusiast‹. Aus: *Die Anwälte der Literatur,* Deutsche Verlags-Anstalt, Stuttgart 1994, S. 270–277.

–: [Über Golo Mann]. Aus: *Mein Leben,* Deutsche Verlags-Anstalt, Stuttgart 1999, S. 512–517.